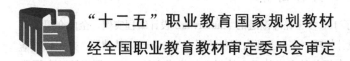

"十二五"职业教育国家规划教材

经全国职业教育教材审定委员会审定

高等应用型人才培养规划教材

Authorware 7.0 实例教程（第3版）
（中文版）

王丽萍　李若瑾　龙　咏　主编

李美村　杨　斌　万志伟　朱丽萍　副主编

王　岚　李　煦　等编著

电子工业出版社
Publishing House of Electronics Industry
北京·BEIJING

内 容 简 介

本书采用任务驱动式教学方法，组织了 100 多个循序渐进的 Authorware 设计编程实例，全面介绍了多媒体创作工具 Authorware 的基本知识和设计技巧。本书主要内容包括四大部分：一、基础篇，介绍软件基本功能、界面及图标工具；二、媒体篇，介绍各种多媒体元素的引入与集成方法；三、程序篇，介绍分支、循环、交互以及导航与框架结构的设计；四、技巧篇，介绍变量、函数、控件、媒体库、知识对象及程序的发布等。本书各重点章节配有精心设计的上机操作实习题目，并附有全部素材图片资料，便于教师教学和学生课下练习。

本书可作为本科院校、高职院校、短训班教材，也可供从事多媒体设计的创作人员参考。

图书在版编目（CIP）数据

Authorware 7.0 实例教程/王丽萍，李若瑾，龙咏主编. —3 版. —北京：电子工业出版社，2015.6
"十二五"职业教育国家规划教材　高等应用型人才培养规划教材
ISBN 978-7-121-26081-0

Ⅰ. ①A…　Ⅱ. ①王…　②李…　③龙…　Ⅲ. ①多媒体开发工具－高等职业教育－教材　Ⅳ. ①TP311.56

中国版本图书馆 CIP 数据核字（2015）第 103793 号

策划编辑：吕　迈
责任编辑：吕　迈
印　　刷：北京盛通数码印刷有限公司
装　　订：北京盛通数码印刷有限公司
出版发行：电子工业出版社
　　　　　北京市海淀区万寿路 173 信箱　邮编：100036
开　　本：787×1 092　1/16　印张：19　字数：486.4 千字
版　　次：2004 年 8 月第 1 版
　　　　　2015 年 6 月第 3 版
印　　次：2024 年 8 月第 11 次印刷
定　　价：43.00 元

凡所购买电子工业出版社图书有缺损问题，请向购买书店调换。若书店售缺，请与本社发行部联系，联系及邮购电话：（010）88254888，88258888。

质量投诉请发邮件至 zlts@phei.com.cn，盗版侵权举报请发邮件至 dbqq@phei.com.cn。

本书咨询联系方式：（010）88254569，xuehq@phei.com.cn，QQ1140210769。

前　　言

在计算机多媒体技术风行成为一种时尚的信息时代，各种多媒体软件"群雄并起、争霸天下"。Authorware 作为一种多媒体创作工具，以其独特的教学应用领域、丰富的集成环境、强大的交互功能，以及图标与编程共存的兼容性，强烈地吸引着多媒体设计人员和广大的教师群体。而在我国教育改革的时代大潮中，多媒体课件的制作也正在成为一项重要的产业。在此意义上，高等职业教育将 Authorware 作为计算机多媒体应用技术的一门专业课程是一种非常自然的选择。

Authorware 多媒体创作工具自 2.0 版开始引入我国，多年来经过广大创作人员和教师的开发研究，已获得丰硕成果，有关教材也林林总总，不可胜数。但是，在浩瀚的书海中，适用于教育教学的教材却为数不多。有些图书偏重于工具使用的介绍，缺乏实用性范例；有些图书则堆积大量范例，却不具备作为教材的循序渐进性。

在本书的创作群体中，有较早接触 Authorware 工具，具有丰富多媒体教学和创作经验的教师；有专攻现代教育技术学，承担多媒体理论科研项目的博士；更有长期从事职业教育，熟悉专业教学目标的高等职业院校教师。本书的编写力求以高等职业教育的基本要求为指导，充分考虑高等职业教育教学、考核及就业的特殊需要，在科学性、规范性和严肃性的基础上，强调实用性、灵活性和趣味性，力求写成既便于课堂教学又适合课下自学，同时又便于实施统一题库命题的实用教材。

本书采用现代教育技术中流行的任务驱动式教学方法，由浅入深地介绍知识体系，为每个重要知识点安排具有代表性的课件及多媒体作品制作实例；精心设计了 100 多个趣味性较强的实例，将制作过程予以详尽介绍，使学生可兴味盎然地轻松完成教学目标。教师可通过实例组织教学、安排学生上机实验和课下复习，达到使学生切实掌握该课程基础知识和基本技能，并能熟练用于工作实践的目的。为增强学生就业竞争的能力，在技巧篇中加入了许多内容深入而又实用的例子，供读者进一步提高运用 Authorware 独立编程水平时参考。

本书由王丽萍、李若瑾、龙咏任主编，李美村、杨斌、万志伟、朱丽萍任副主编。其他参编者有：王岚、李煦、李海兰、陈浩、封莉、赵雪、张媛媛、唐秋宇、王伟平、李莉。在此深表感谢。

本书教学实例中用到的源程序、习题答案、上机实习题与配套素材、电子教案、附录（系统变量表、系统函数表）均收纳于华信教育资源网（www.hxedn.com.cn）。

编　者

2015 年 3 月

目　录

第一部分 基　础　篇

第1章　Authorware 快速入门

1.1　Authorware 的主要功能和特点

　　Authorware 是美国 Macromedia 公司（现已被 Adobe 公司收购）出品的一个功能强大的多媒体创作工具，是一种面向对象的，基于设计图标并以流程线逻辑编辑为主导、以函数变量为辅助、以动态链接库和 ActiveX 等为扩展机制的易学易用的多媒体创作工具软件。Authorware 7.0 与其他软件不同的地方在于其具有不写程序或少写程序的优点。

　　我们经常能接触到 Authorware 的地方，就是众多的教学软件。Authorware 在教学方面的应用很突出，而 Authorware 7.0 更将这些功能加以扩展，使其支持在 JavaScript 语言中开发的应用程序，并可将课件同数据系统结合起来。

　　Authorware 7.0 主要功能和特点可以归纳为以下几方面：

　　（1）Authorware 7.0 具有多媒体素材的集成能力。多媒体作品的创作需要各种专业人士（美工、摄像师、录音师等），虽然 Authorware 7.0 本身不能生成音乐和数字化电影文件，在图形、图像的处理方面也比不上其他专业软件，但它的优势在于能将各种素材集成在一起，以特有的方式进行合理的组织安排，最终以适当的形式将各种素材表现出来，形成一个富有创意的多媒体作品。

　　（2）Authorware 7.0 具有多样化的交互作用能力。Authorware 7.0 提供了 11 种人机交互的手段，可以满足各种不同的设计需求。在运用 Authorware 7.0 创作多媒体交互作品时，有多种交互作用响应类型可供创作人员选择，而每种交互作用响应类型对用户的输入又可以做出若干种不同的反馈。对流程的控制既可以很简单，也可以很复杂，以满足不同层次创作人员的要求。最终的程序可以使用菜单、按钮，甚至是屏幕上的一个图像、一片区域同用户进行交互操作。

　　（3）Authorware 7.0 具备基本的图形、图像处理能力。Authorware 7.0 本身具有的图形工具栏使用户能够方便地绘制和编辑一些基本的几何图形，还可以导入经过 Photoshop 等更为强大的图像处理软件编辑的复杂图片，能够对图像进行缩放、改变图像的显示方式、控制对象的运动等。此外，Authorware 7.0 还具备文字处理能力，可以对一段文字进行简单的格式编排。

　　（4）Authorware 7.0 提供了 14 个具有不同功能的设计图标，每个图标可以独立完成不同的具体功能。在设计程序时，只需要把这些图标按照设计思想拖动到设计窗口的流程线上，再用鼠标单击设计图标，编辑各图标的内容和设置，就可以完成开发工作了。

　　（5）Authorware 7.0 允许将以前的开发成果以模块或库的形式保存下来，以便今后反复使用。

（6）Authorware 7.0 提供了知识对象（Knowledge Object）选项，这是一种智能化的设计模板，开发人员可以根据需要选用不同的知识对象，从而大大提高工作效率。

（7）Authorware 7.0 提供了丰富的系统函数和变量，可以满足专业化的设计和要求。此外，Authorware 7.0 还支持 ODBC、OLE 和 ActiveX 技术。

1.2 Authorware 7.0 的安装

由于 Macromedia 公司始终没有发布 Authorware 7.0 官方的中文版，为了方便国内用户的使用，一些公司和个人对 Authorware 7.0 进行了汉化。Authorware 7.0 的汉化版也就是目前的 Authorware 7.0 中文版（Authorware 7.02）。本书以 Authorware 7.0 中文版（周仲元、朱敏汉化版）介绍 Authorware 的使用方法。

（1）启动资源管理器找到并双击 Authorware 7.0 中文版的安装程序 SETUP.EXE，显示如图 1.1 和图 1.2 所示的欢迎画面。

图 1.1 Authorware 7.0 欢迎画面

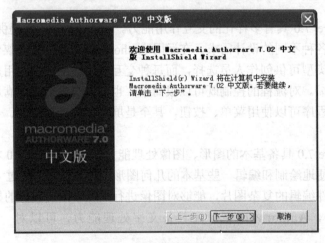

图 1.2 安装程序的欢迎画面

（2）单击"下一步"按钮，显示"许可证协议"对话框，如图 1.3 所示。可以通过垂直滚动条查看软件许可协议的全部内容。如果接受协议，则单击"是"按钮继续安装过程；否则，单击"否"按钮放弃安装。

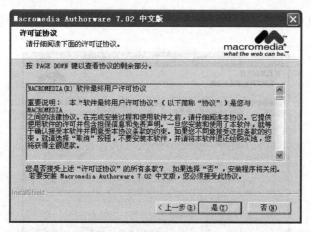

图 1.3 "许可证协议"对话框

（3）单击"是"按钮，显示如图 1.4 所示的"选择目的地位置"对话框。在"目的地文件夹"选项组中提示用户，系统默认将本软件安装在 C:\Program Files\Macromedia\Authorware 7.0 文件夹中。用户如果要改变安装位置，可单击对话框中的"浏览"按钮，弹出"选择文件夹"对话框，如图 1.5 所示；重新设定后，单击"确定"按钮，返回"选择目的地位置"对话框。

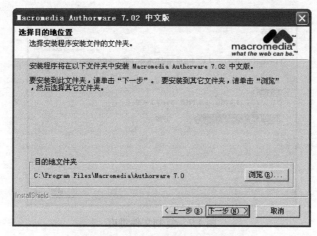

图 1.4 "选择目的地位置"对话框

图 1.5 "选择文件夹"对话框

（4）目标位置设定完毕，单击"下一步"按钮继续，显示"开始复制文件"对话框，如

图 1.6 所示；若对其中所显示的"当前设置"不满意，可以单击"上一步"按钮回到上一步重新设置。

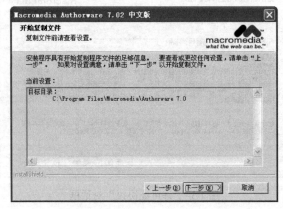

图 1.6 "开始复制文件"对话框

（5）单击"下一步"按钮，安装程序开始按照前面的设置将相应的 Authorware 7.0 文件安装到指定的目标路径中。屏幕上显示当前已完成任务的百分比，如图 1.7 所示。同时，中央区域以字幕形式显示有关说明 Authorware 7.0 特色的文字。

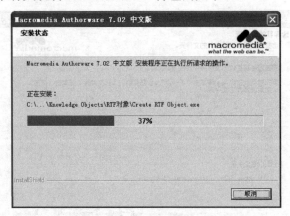

图 1.7 复制文件进度

（6）文件安装完成，显示如图 1.8 所示的"InstallShield Wizard 完成"对话框，单击"完成"按钮结束安装。

图 1.8 "InstallShield Wizard 完成"对话框

1.3 Authorware 7.0 的启动

启动 Authorware 7.0 的方式与启动其他 Windows 应用程序类似，通常有以下 3 种方法。

（1）从"开始"菜单启动 Authorware，如图 1.9 所示。选择菜单命令"开始"→"所有程序"→"Macromedia"→"Macromedia Authorware 7.02 中文版"，即可启动 Authorware 7.02 中文版，如图 1.10 所示。

图 1.9 从"开始"菜单启动 Authorware

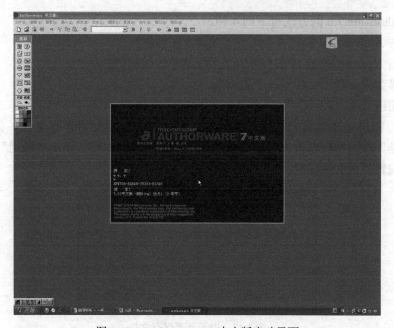

图 1.10 Authorware 7.0 中文版启动界面

（2）安装了 Authorware 7.0 后，在 Windows 桌面上会出现一个快捷方式，双击快捷方式可以启动 Authorware。

（3）直接双击 Authorware 7.0 存盘文件，扩展名为 a7p，图标为 ，可以启动 Authorware。

启动软件后，屏幕上会出现"新建"对话框，如图 1.11 所示，可以从中选择程序提供的知识对象向导程序产生新文件。一般程序设计时不使用它，如果希望以后打开 Authorware 7.0 时不再出现这个对话框，只要取消对"创建新文件时显示本对话框"复选框的选择就可以了。单击 不选 按钮，即可进入软件的用户界面。

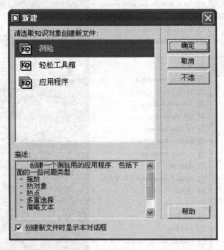

图 1.11 "新建"对话框

1.4 Authorware 7.0 的退出

退出 Authorware 7.0 的方法有下列 4 种。

（1）单击 Authorware 窗口右上角的"关闭"按钮 。

（2）双击 Authorware 窗口左上角的"系统菜单"按钮 。

（3）选择菜单命令"文件"→"退出"。

（4）使用组合键"Alt+F4"。

退出前，如果正在编辑的程序未存盘的话，系统会提示是否保存文件，如图 1.12 所示。单击"是"按钮则保存该文件，单击"否"按钮则放弃保存，单击"取消"按钮则回到 Authorware 编辑界面继续编辑。

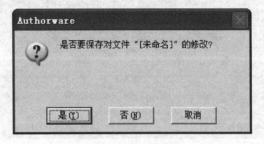

图 1.12 提示是否保存文件

本 章 小 结

本章对 Authorware 7.0 的开发环境和基本功能进行了总体性的介绍，使大家在初步认识 Authorware 7.0 的同时，也对 Authorware 7.0 具有的功能和应用范围有了一定的了解，这对将来学习 Authorware 7.0 很重要。通过本章的学习，将为进一步的学习打下基础。

练 习

一、选择题

1．Authorware 是一种什么软件？

    A．教学软件

    B．多媒体写作工具软件

    C．字处理软件

    D．系统软件

2．下面哪项不属于 Authorware 的优点？

    A．可视化的编程方法

    B．流程图式的程序构造方式

    C．不用函数和变量也能编制功能强大的多媒体作品

    D．对媒体的控制最灵活

二、简答题

1．当前 Authorware 的最新版本是什么？

2．Authorware 有哪些基本特点？

3．Authorware 共有多少种工具？

4．如何启动和退出 Authorware？

5．简述从 Internet 上下载并安装 Authorware 的方法。

第2章 Authorware 窗口界面及基本操作

2.1 Authorware 7.0 中文版窗口界面

Authorware 7.0 中文版窗口界面如图 2.1 所示，其绝大部分功能都集中在工具栏和图标栏中。流程窗口是 Authorware 的主窗口，是构造流程结构的地方，当中的一根竖线叫做流程线，所有的元素诸如声音、图像、交互等都在流程线上顺序排列，这样就构成了一个流程结构。利用属性窗口可以设置图标和程序的属性。

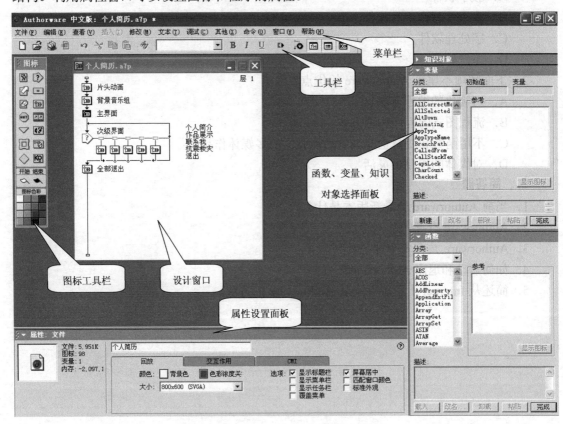

图 2.1 Authorware 7.0 中文版窗口界面

2.1.1 菜单栏

窗口界面的顶端有一个菜单栏，包含了文件操作、编辑、窗口设置、运行控制等一系列的命令和选项，如图 2.2 所示。

| 文件(F) | 编辑(E) | 查看(V) | 插入(I) | 修改(M) | 文本(T) | 调试(C) | 其他(X) | 命令(O) | 窗口(W) | 帮助(H) |

图 2.2 菜单栏

1. "文件"菜单

"文件"菜单，主要提供关于文件、媒体素材、模块，以及打印、发送电子邮件等操作命令。其中：

（1）新建：新建一个文件或库。

（2）打开：打开一个已有文件或库。

（3）关闭：关闭文件。

（4）保存：保存文件。

（5）另存为：将文件另外起名保存。

（6）压缩保存：对文件压缩后保存。

（7）全部保存：保存全部内容，包括当前文件和库。

（8）导入和导出：引入外部媒体素材或将作品中的媒体素材输出保存。

（9）发布：发行软件，设置发行参数，选择发行方式，将当前文件打包成可执行文件。

（10）存为模板：将选中的图标保存为模板。

（11）转换模板：把以前版本的模板转换为 Authorware 7.0 版本的模板。

（12）参数选择：对外接视频设备等进行设置。

（13）页面设置：对页面进行设置。

（14）打印：打印 Authorware 7.0 文件。

（15）发送邮件：向网络上发送电子邮件。

（16）退出：退出 Authorware 7.0 系统。

2. "编辑"菜单

该菜单用于实现剪切、复制和粘贴等操作，还可以同时为一组图标设置相同的属性，以及改变 OLE 对象的属性等。其中：

（1）撤销：撤销上一次操作。

（2）剪切：剪切所选择的图标或媒体，将其置于（虚拟的）剪贴板上。

（3）复制：复制所选择的对象到剪贴板上。

（4）粘贴：将剪切或复制到剪贴板上的内容，插入到当前位置。

（5）选择粘贴：为剪贴板上的内容，选择不同的格式链接或嵌入到当前位置。

（6）清除：清除所选择的内容，但不会将它置于剪贴板中，其功能与键盘上的"Delete"键等效。

（7）选择全部：选中当前窗口中的所有对象。

（8）改变属性：同时改变或设置选中的多个图标的属性。

（9）重改属性：将改变属性中设置的属性再次应用到所选择的图标。

（10）继续查找：用于查找图标标题或运算图标中的文本等。

（11）OLE 对象链接：更新 OLE 链接对象。

（12）OLE 对象：改变或设置 OLE 对象的属性。

（13）打开图标：打开所选择的图标对应的演示窗口或属性对话框。

（14）增加显示：将当前图标中的对象添加到演示窗口，但不清除演示窗口中已有的对象。

（15）粘贴指针：移动并粘贴"手形光标"到流程线上指定的位置。

3."查看"菜单

"查看"菜单用来显示或关闭 Authorware 集成环境中的某些显示对象，菜单选项及其功能如下：

（1）当前图标：在程序运行时，选择该菜单命令，将从演示窗口切换到流程设计窗口，可以查看当前执行的图标。

（2）菜单栏：决定是否显示系统菜单栏。

（3）工具条：决定是否显示系统工具栏。

（4）浮动面板：决定是否显示浮动控制面板。

（5）显示网格：决定是否显示演示窗口中的定位网格线。

（6）对齐网格：使移动、绘制或加入到演示窗口中的对象自动与演示窗口中的网格线靠齐（与是否显示网格线无关）。

4."插入"菜单

"插入"菜单的功能可实现在流程线上插入图标或者插入所需要的素材。其中：

（1）图标：在流程线上插入各种图标，以创建各种对象。

（2）图像：插入外部图像。

（3）OLE 对象：插入 OLE 对象。

（4）控件：插入 ActiveX 控件对象。

（5）媒体：插入如 Flash、Gif 动画等媒体对象。

5."修改"菜单

"修改"菜单用于设置图像、图标或程序文件的属性，定位或组合选择多个对象，菜单选项及其功能如下：

（1）图像属性：设置演示窗口中图像的属性。

（2）图标：设置图标的属性、关键字和变换效果等。

（3）文件：查看或修改演示窗口属性、调色板和导航设置等。

（4）排列：打开排列多个对象的控制面板。

（5）群组：将选中的其他图标转换为群组图标。

（6）取消群组：将群组图标解组转换为其他图标。

（7）置于上层：将所选择的对象置于其他对象的前面。

（8）置于下层：将所选择的对象置于其他对象的后面。

6."文本"菜单

"文本"菜单用于设置文本对象的属性，其中：

（1）字体：设置文本字体。

（2）大小：设置文本大小。

（3）风格：设置文本风格。

（4）对齐：设置文本对齐方式。

（5）卷帘文本：建立滚动文本，便于滚动浏览大量文本。

（6）消除锯齿：消除文本边缘的锯齿，使文本边缘产生平滑效果。

（7）保护原始分行：防止文本断行显示。

（8）数字格式：创建数字样式。

（9）导航：建立导航文本。

（10）应用样式：将自定义文本样式应用到选中的文本框。

（11）定义样式：建立自定义文本样式。

7．"调试"菜单

"调试"菜单主要用来调试运行程序。其中：

（1）重新开始：从流程线上的起始图标开始执行程序。

（2）停止：终止运行程序。

（3）播放：运行程序。程序运行后，该选项变为"暂停"，此时单击"暂停"选项则暂停程序运行；再次单击该选项则继续运行。

（4）复位：重新设置运行的起始位置。

（5）调试窗口：单步执行程序，并显示每一步的执行结果。

（6）单步调试：单步执行程序，但不显示映射图标或分支结构中的信息。

（7）从标志旗处运行：从放置标志旗的位置开始执行程序。

（8）复位到标志旗：将程序运行的起始位置重新设置为开始标记处。

8．"其他"菜单

"其他"菜单提供了一些附加功能，如查看库链接情况、声音文件格式转换、拼写检查等功能。其中：

（1）库链接：显示当前程序文件与资料库文件链接的图标。

（2）拼写检查：用于检查或更正图标标题和图标关键字等文本的拼写错误。

（3）图标大小报告：将当前文件中所有图标的尺寸等信息保存于文本文件中。

（4）其他：其他功能，如将 wav 格式的声音文件转换为 swa 格式的声音文件。

9．"命令"菜单

"命令"菜单如图 2.3 所示。该菜单不常使用，其选项及其功能解释从略。

10．"窗口"菜单

"窗口"菜单共分为 5 个菜单组，可分别完成打开/关闭控制面板、切换流程设计窗口和演示窗口、打开函数或变量对话框、建立/编辑按钮或光标等功能。其中：

（1）打开父群组：打开父映射图标窗口。

（2）关闭父群组：关闭父映射图标窗口。

（3）层叠群组：级联排列当前映射窗口。

（4）层叠所有群组：级联排列全部映射窗口。

图 2.3 "命令"菜单

（5）关闭所有群组：关闭所有映射窗口。

（6）关闭窗口：关闭当前窗口。

（7）面板：打开实现属性、函数、变量、知识对象等浮动面板。

（8）显示工具盒：从中选择子菜单，可分别打开线型、填充、叠加模式和调色板浮动控制面板。

（9）演示窗口：打开/关闭演示窗口。

（10）设计对象：选择打开的流程设计窗口。

（11）函数库：显示/关闭库文件窗口。

（12）计算：计算变量或函数的值。

（13）控制面板：调出程序运行控制面板，进行跟踪调试。

（14）模型调色板：打开模型调色板对话框，用来创建模型文件。

（15）图标调色板：关闭图标调色板。

（16）按钮：打开按钮对话框，编辑按钮或加载自定义按钮。

（17）鼠标指针：打开鼠标指针对话框，编辑或加载自定义鼠标指针。

（18）外部媒体浏览器：查看链接的外部媒体。

11．"帮助"菜单

在"帮助"菜单中，单击其中的菜单选项，可获得相关的帮助信息。

选择"帮助"→"Authorware 帮助"命令，打开 Web 帮助页面，可分别按主题目录、首字符索引或关键字查找来获得相关的帮助内容。

在"帮助"菜单中选择其他帮助主题选项，可获得关于 Authorware 教程、示例、变量和函数等方面的帮助。

2.1.2 工具栏

Authorware 的工具栏中提供了一些较为常用的命令按钮，用以提高设计工作的效率。工具栏中提供的命令按钮如图 2.4 所示。

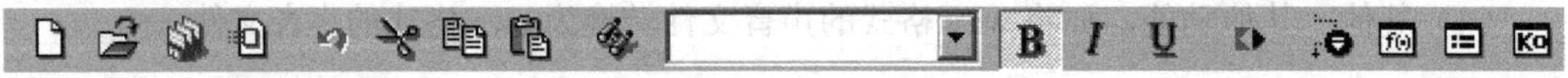

图 2.4 工具栏

（1）□ "新建"按钮，用于创建一个新的程序文件，单击此按钮将会出现一个"未命名"的流程设计窗口。如果当前程序文件尚未存盘，Authorware 会弹出一个提示窗口提醒设计人员保存目前的工作。组合键："Ctrl+N"。

（2）□ "打开"按钮，用于打开一个已经存在的程序文件，单击此按钮将会出现一个标准的 Windows "选择文件"对话框，在其中可选择希望打开的程序文件。如果当前程序文件尚未存盘，Authorware 会弹出一个提示窗口提醒设计人员保存目前的工作。组合键："Ctrl+O"。

（3）□ "保存"按钮，用于将当前的文件存盘。如果当前文件未命名，则 Authorware 会提示用户为未命名的文件命名。组合键："Ctrl+S"。

（4）□ "导入文件"按钮，用于向程序中导入多媒体数据文件。单击此按钮会出现一个"导入哪个文件？"对话框，可以选择要导入的文件。组合键："Ctrl+Shift+R"。

（5）![撤销图标]"撤销"按钮，单击此按钮可以撤销最近一次的操作。组合键："Ctrl+Z"。

（6）![剪切图标]"剪切"按钮，单击此按钮可以将当前选中的内容转移到剪贴板上。当前选中的内容可以是设计图标，也可以是文本、图像、声音和数字化电影等。组合键："Ctrl+X"。

（7）![复制图标]"复制"按钮，单击此按钮可以将当前选中的内容复制到剪贴板上。当前选中的内容可以是设计图标，也可以是文本、图像、声音和数字化电影等。

菜单命令："编辑"→"复制"；组合键："Ctrl+C"。

（8）![粘贴图标]"粘贴"按钮，单击此按钮可以将剪贴板上的内容复制到当前光标所处的位置。

菜单命令："编辑"→"粘贴"；组合键："Ctrl+V"。

（9）![查找图标]"查找"按钮，用于查找和替换指定的对象。单击此按钮，会出现一个"查找"对话框，如图 2.5 所示，设计人员可在其中输入待查找的对象、用以替换的内容，以及设置查找的方式。组合键："Ctrl+F"。

图 2.5 "查找"对话框

（10）![文本风格列表框] "文本风格列表框"，用于选择一种预定义的文本样式，并将其应用到当前的文本对象上。

（11）![B按钮] "粗体"按钮，用于将选中的文本对象设置为粗体样式。例如，将"Authorware"改变为"**Authorware**"。组合键："Ctrl+Alt+B"。

（12）![I按钮] "倾斜"按钮，用于将选中的文本对象设置为斜体样式。例如，将"Authorware"改变为"*Authorware*"。组合键："Ctrl+Alt+I"。

（13）![U按钮] "下画线"按钮，用于将选中的文本对象设置为带下画线的样式。例如，将"Authorware"改变为"<u>Authorware</u>"。组合键："Ctrl+Alt+U"。

（14）![运行按钮] "运行"按钮，用于运行当前打开的程序。如果在程序中插入了"开始标志"（参阅图标工具栏），Authorware 控制程序将从"开始标志"所处的位置开始运行。组合键："Ctrl+R"。

（15）![控制面板按钮] "控制面板"按钮，单击此按钮，会出现"控制面板"窗口，如图 2.6 所示，用于控制程序的运行，也可以对程序代码进行调试。组合键："Ctrl+2"。

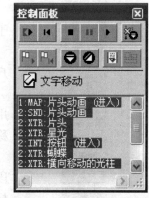

图 2.6 "控制面板"窗口

（16）![函数窗口按钮] "函数窗口"按钮，单击此按钮，会出现"函数"窗口，如图 2.7 所示。窗口中列出了所有的系统函数、自定义函数，以及对函数的描述。组合键："Ctrl+Shift+F"。

（17）![变量窗口按钮] "变量窗口"按钮，单击此按钮，会出现"变量"窗口，如图 2.8 所示。窗口中列出了所有的系统变量、自定义变量，以及对变量的描述。组合键："Ctrl+Shift+V"。

（18）  "知识对象窗口"按钮，单击此按钮，会出现"知识对象"窗口。组合键："Ctrl+Shift+K"。

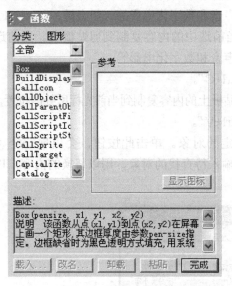

图 2.7 "函数"窗口

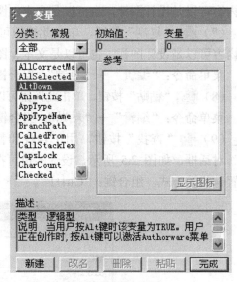

图 2.8 "变量"窗口

2.1.3 图标工具栏

图标工具栏提供的 14 种基本设计图标，是构成 Authorware 多媒体应用程序的基本元素，如图 2.9 所示。

（1） 显示图标：用于显示文本、图形和图像，其内容可以由 Authorware 提供的创作工具生成，也可以是从程序文件外部导入的文本文件和图像文件。

（2） 移动图标：用于移动屏幕中显示的对象。移动图标可以控制对象移动的速度、路线和时间，可以用它获得精彩的动画效果，被移动的对象可以是文本、图形、图像，甚至是一段数字化电影。

（3） 擦除图标：用于擦除屏幕中显示的对象，其精彩之处在于能够指定对象消失的效果，如逐渐隐去、关闭百页窗等。

（4） 等待图标：用于设置程序等待的方式。例如，等待用户按键，等待用户单击按钮或等待一段指定长度的时间。

（5） 导航图标：导航图标与框架图标共同构成导航结构，用于控制程序在各个页图标之间进行跳转。附属于框架图标的图标称做页图标。

（6） 框架图标：提供在 Authorware 程序内部导航的便捷手段，其中包含一组默认的导航设计图标，其下附属的图标称为页图标，可作为导航设计图标的目的地。

图 2.9 图标工具栏

（7） 判断图标：用于设置一种逻辑判断结构。附属于判断图标的其他设计图标称做分支图标，分支图标所处的分支流程称做分支路径。利用判断图标不仅可以决定分支路径的执行次序，还可以决定分支路径被执行的次数。

（8） 交互图标：用于提供交互接口。附属于交互图标的其他图标称做响应图标，交互图标与响应图标共同构成交互作用分支结构。Authorware 强大的交互能力正源于交互作用分支结构。

（9）![计算图标]　计算图标：用于容纳代码。在这里可以编写一行或一段程序语句。

（10）![群组图标]　群组图标：用于容纳多个设计图标，还可以包含自己的逻辑结构。

（11）![数字电影图标]　数字电影图标：用于导入一个数字化电影文件，并可以对数字化电影的播放进行控制。

（12）![声音图标]　声音图标：用于导入声音文件，并可以对声音的播放提供控制。

（13）![DVD图标]　DVD 图标：用于在程序中控制 DVD 设备的播放。

（14）![知识对象图标]　知识对象图标：可用来插入一个知识对象图标，使程序拥有更强大的功能。

（15）![调试工具]　调试工具：除了设计图标之外，图标工具栏还提供了下列两种调试工具。

![开始标志]　"开始"标志：用于设置程序运行的起点。

![结束标志]　"结束"标志：用于设置程序运行的终点。

设置好开始标志和结束标志的位置后，单击"运行"按钮则程序从开始标志处运行到结束标志处。它们只在程序设计期间有效。

（16）![图标色彩板]　图标色彩板：允许设计者为当前流程设计窗口选中的一个或多个设计图标设置一种颜色，以区分其层次性、重要性或特殊性，对程序的执行结果没有任何影响。

2.2　Authorware 文件操作

2.2.1　新建 Authorware 文件

选择菜单命令"文件"→"新建"→"文件"，或者组合键"Ctrl+N"，或者单击工具栏中的![]按钮，可以新建一个空白的流程线窗口，然后就可以在其中编辑程序了。

2.2.2　打开 Authorware 文件

单击工具栏中的![]按钮，可以打开如图 2.10 所示的"选择文件"对话框，这时可选择需要的文件并将其打开。

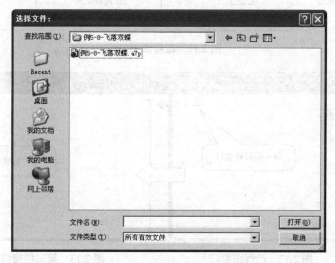

图 2.10　"选择文件"对话框

选择一个文件后，所选择的文件就会出现在流程图窗口中，这时就可以开始编辑程序流程或者运行、调试该程序了。

2.2.3　流程图窗口

流程图窗口类似典型的 Windows 窗口，如标题栏中的标题、"最小化"按钮、"最大化"按钮（不可用）及"关闭"按钮等，如图 2.11 所示。

窗口最左侧的直线称为主流程线，其他的线段称为分支流程线。流程线上图标之间的箭头表示程序运行的方向。流程线最上端的小矩形框称为开始点，最下端的小矩形框称为结束点。所有程序均沿着流程线从开始点开始运行，到结束点结束运行。流程线上的"☞"标志称为图标插入点，表示将在此位置加入图标，在流程线上单击鼠标左键，可以改变插入点的位置。

Authorware 7.0 使用层次来管理设计窗口的结构。在图 2.12 中，可以看到窗口的右上角有"层 1"字样，表示这个窗口的层次为 1。双击"层 1"窗口中的群组图标，可以打开一个新的设计窗口，如图 2.13 所示，这个窗口的层次为 2（窗口的右上角有"层 2"字样）。同样，如果"层 2"窗口中有群组图标，双击后可以打开"层 3"窗口，以此类推。

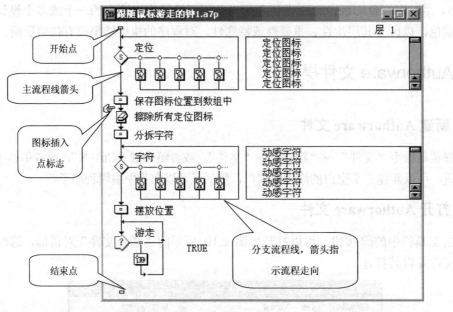

图 2.11　流程图窗口

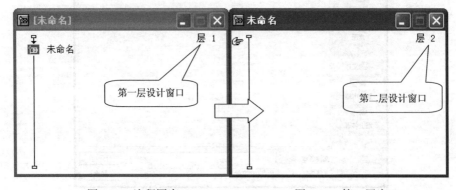

图 2.12　流程图窗口　　　　图 2.13　第二层窗口

2.2.4 演示窗口

在程序制作过程中，必须随时掌握程序运行的效果，以便及时进行适当的修改和完善。程序运行的结果会在演示窗口中给出。

选择菜单命令"调试"→"重新开始"，或者单击工具栏中的"运行"按钮，都可以执行程序，从而显示演示窗口，如图 2.14 所示。

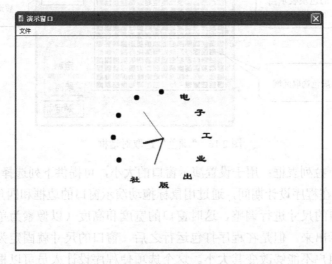

图 2.14　演示窗口

2.3　设置 Authorware 文件属性

选择菜单命令"修改"→"文件"→"属性"，或按下组合键"Ctrl+Shift+D"，打开"属性：文件"对话框，如图 2.15 所示。

演示窗口外观的控制选项都集中在"回放"选项卡中，下面介绍这些控制选项的作用。

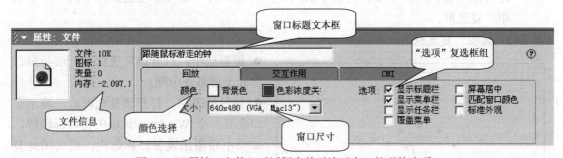

图 2.15　"属性：文件"对话框中关于演示窗口外观的选项

（1）窗口标题文本框：此框中输入的文字在程序打包运行后将会作为演示窗口的标题。默认情况下，演示窗口以程序文件名（不包含.a7p 扩展名）作为窗口标题，但是在程序设计期间，演示窗口的名称总是"演示窗口"。

（2）"颜色"选择框。

● 单击"背景色"按钮，出现"颜色"选取对话框，如图 2.16 所示，在该对话框中可以选取演示窗口的背景色，默认的背景色为白色。

● 单击"色彩浓度关键色"按钮，出现"色彩浓度关键色"对话框，选取用于视频叠加卡的色彩浓度关键色。

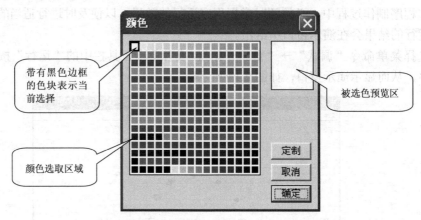

带有黑色边框的色块表示当前选择

被选色预览区

颜色选取区域

图 2.16　"颜色"选取对话框

（3）"大小"下拉列表框：用于设置演示窗口的大小，可提供下列选择。

● 根据变量：在程序设计期间，通过用鼠标拖动演示窗口的边框和四角，设计人员可以对演示窗口的尺寸进行调整，这时窗口的宽度和高度（以像素为单位）会在窗口的左上角显示出来。但是在程序打包运行之后，窗口的尺寸就固定为最后一次调整时的数值，用户不能够改变其大小。这个选项使程序设计人员可以根据实际需要对窗口的大小进行精确调整。

● 512×342（Mac 9"）至 1152×870（Mac 21"）：设置演示窗口为固定大小，尺寸从 512×342 到 1152×870，以像素为单位。演示窗口的默认设置为 640×480（VGA，Mac l3"）。

● 使用全屏：使演示窗口占据整个屏幕而不管用户的系统当前处于何种显示模式。如果现在所开发的程序将来可能会在不同尺寸的屏幕中显示，那么在程序设计期间最好将演示窗口的大小设置为较小的尺寸，并且打开"选项"复选框组中的"屏幕居中"复选框。

（4）"选项"复选框组。

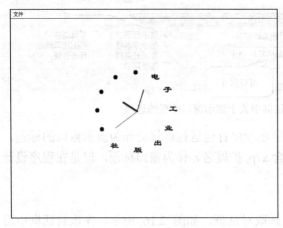

图 2.17　不显示标题栏的窗口

● 屏幕居中：打开该复选框后，演示窗口将处于屏幕正中间。

● 显示标题栏：打开该复选框后，演示窗口会有一个 Windows 风格的窗口标题栏，如果不希望出现窗口标题栏，则关闭此复选框，图 2.17 所示为不显示标题栏的窗口。

● 显示菜单栏：打开该复选框后，演示窗口会有一个 Windows 风格的菜单栏，在默认情况下仅包含"文件"菜单，其下只有用于退出程序的"退出"菜单选项。此复选框默认情况下为打开状态。没有菜单栏的窗口如图 2.18 所示。

- 显示任务栏：如果此复选框处于打开状态，当程序打包运行后演示窗口尺寸会大于或等于屏幕尺寸（显示分辨率），当演示窗口设置为"使用全屏"模式时，允许 Windows 任务栏显示于演示窗口之前。同时，必须将 Windows 任务栏属性选项中的"总在最前"复选框打开，而将自动隐藏复选框关闭。

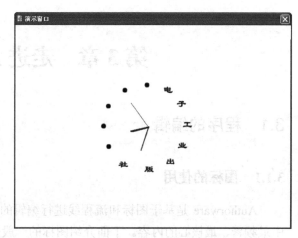

图 2.18　没有菜单栏的窗口

- 覆盖菜单：该选项决定菜单栏是否在垂直方向上占用 20 像素的窗口空间。默认情况下菜单栏左下角的坐标为（0，0）。打开"覆盖菜单"复选框后，该点坐标为（0，20），即菜单栏占用了窗口的坐标空间。
- 匹配窗口颜色：该复选框的设置一般在 Windows 3.x 或者非 Windows 系统下才有意义，功能是使用 Windows 系统的调色板。
- 标准外观：Windows 系统默认的立体对象（如按钮等）的颜色为灰色，用户可以通过修改系统显示属性来改变这一点。此复选框被选中之后，演示窗口中用到的立体对象的颜色将采用用户的设置，而忽略程序设计期间指定的颜色。

本 章 小 结

本章介绍了如何使用 Authorware，并将 Authorware 当做一种工具去设置作品属性，让创作的作品拥有与其他工具相同的属性。通过本章的学习，同学们需要懂得在创作 Authorware 作品前，应该且必须做的事项，并了解有关 Authorware 文件的基本知识。

练 习

简答题

1．Authorware 的工作环境中有哪些主要窗口？
2．设计窗口中的程序流程图有哪些要素？
3．如何设置作品窗口的大小？
4．如何设置作品窗口的背景颜色？
5．图标工具栏中有哪些图标？
6．开始标志和结束标志的作用是什么？
7．控制面板的作用是什么？
8．Authorware 7.0 可以打开的 Authorware 文件的扩展名有哪些？

第3章 走进 Authorware

3.1 程序的编辑

3.1.1 图标的使用

Authorware 是基于图标和流程线进行编辑的多媒体软件，对图标的操作是整个开发过程中最频繁、最核心的内容。下面介绍图标的一般使用方法。

1．图标的插入

单独的图标并不能实现任何功能，只有当图标被放置在流程线上时，它才成为程序的一部分。向流程线上放置图标有下列两种方法。

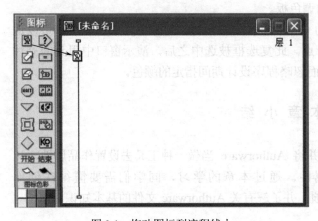

图 3.1 拖动图标到流程线上

（1）使用鼠标单击图标栏中的某一图标，然后按住鼠标左键将其拖动到流程线上的相应位置并释放，即在该位置出现一个图标，如图 3.1 所示。

（2）选择菜单命令"插入"→"图标"，单击所选择的图标类型，流程线上将自动生成一个图标，如图 3.2 所示。

2．图标的删除

若要删除一个图标，只需选择该图标，按"Delete"键即可。值得注意的是，有的图标（如群组图标和交互图标）包含其他图标，用户在删除时需要明确删除的范围。Authorware 也会给出相应的提示，如图 3.3 所示。剪切、复制等操作与一般软件的操作近似，不再赘述。

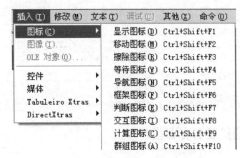

图 3.2 使用菜单插入图标

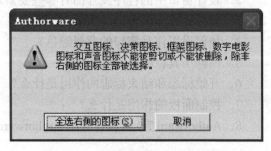

图 3.3 确认删除范围

3.1.2 图标的命名原则

命名一个图标，只需在流程线上单击该图标右侧的空白区域，即可修改它的名称。Authorware 为每个图标给出的默认名称是"未命名"。由于多媒体程序的结构有时比较复杂，因此有必要通过恰当命名图标来保证程序结构的清晰和明确。

另外，建议为每个图标命名一个唯一的名称，这样在编写的程序代码中引用该图标时，就不会出现重复的情况了。

3.1.3 图标的编辑

一般情况下，单击某一图标，会在窗口下方山现该图标所对应的属性对话框，以交互图标为例，其属性设置对话框如图 3.4 所示。该对话框中包含了该图标的各种属性，用户可以直接进行修改。

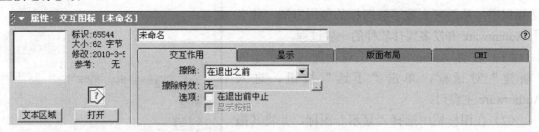

图 3.4 交互图标属性设置对话框

对于可能包含在演示窗口直接显示内容的图标（如移动图标、数字电影图标等），除了弹出该图标对应的属性对话框之外，还将出现演示窗口，供用户直接参照演示效果进行各项参数的设置。移动图标的属性对话框和演示窗口如图 3.5 所示。

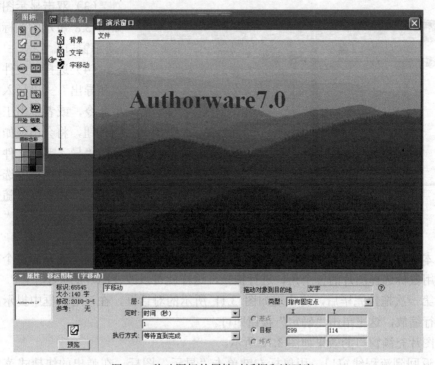

图 3.5 移动图标的属性对话框和演示窗口

显示图标和交互图标的属性设置比较特殊，具体方法为双击显示图标，将直接出现演示窗口和图解工具箱，供用户对其内容进行编辑。如果需要设置图标的属性，可以直接单击相应的图标，则会在窗口下方出现其属性设置窗口。

3.2 程序实例

【实例 3.1 欢迎图】 该实例程序见网上资源"教材实例\第 3 章走进 Authorware\欢迎图\欢迎图.a7p"。

下面以实例 3.1 说明 Authorware 多媒体软件的具体操作过程。该实例主要应用显示图标、声音图标、运动图标、交互图标、擦除图标、等待图标和计算图标，以及"导入"等功能制作简单的动画和交互程序，从而可大致了解图标的使用方法，体会用 Authorware 开发多媒体软件的一般过程。

（1）启动 Authorware，出现如图 3.6 所示的"新建"对话框，单击"不选"按钮，进入 Authorware 主窗口。

（2）在图标栏中选择"显示"图标，并将其拖动到流程线上，此时将会在流程线上出现一个"显示"图标，默认图标的名称为"未命名"，如图 3.7 所示。单击"未命名"图标，图标名称反显，将图标名称更改为"背景"。

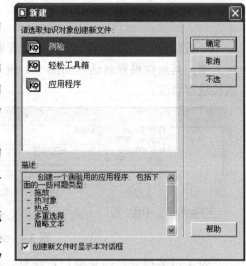

图 3.6 "新建"对话框

（3）双击显示图标，打开如图 3.8 所示的图标编辑窗口（演示窗口）。

（4）选择"文件"→"导入和导出"→"导入媒体"菜单命令，或者单击工具栏中的 回按钮，将会出现如图 3.9 所示的"导入哪个文件？"对话框，在该对话框中选择要导入的图片，读者可以随便选择一张图片，然后单击"导入"按

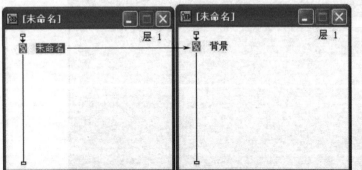

图 3.7 程序流程图

钮即可。

（5）本例导入的图片如图 3.10 所示。可以看出这个图片太小，不能充满整个窗口，读者可以使用鼠标选择图片的各个角，进行拖拉，这样就可以改变图片的大小了。

（6）第一次拖拉完毕后，将出现如图 3.11 所示的对话框，在该对话框中提示用户是否对图片进行缩放，这里单击"确定"按钮即可。

（7）图片充满窗口的效果如图 3.12 所示。

（8）返回到流程线窗口，用鼠标右键单击"显示"图标，在弹出的快捷式菜单中选择

"属性"命令，在窗口下方将会出现"属性：显示图标"对话框，如图 3.13 所示，在该对话框中可以设置"显示"图标的各种属性。

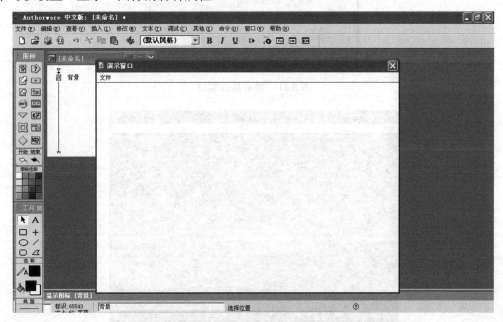

图 3.8　"显示"图标编辑窗口

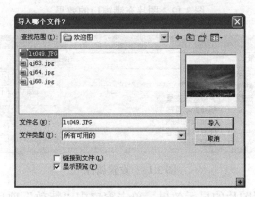

图 3.9　"导入哪个文件？"对话框

图 3.10　导入图片

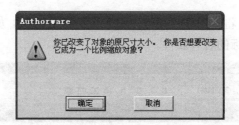

图 3.11　提示是否缩放

图 3.12　图片充满窗口的效果

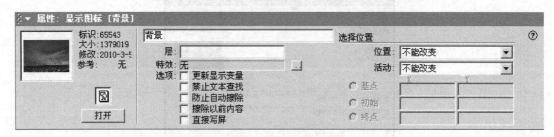

图 3.13　设置属性

（9）在该实例中设置图片的显示效果。单击窗口中"特效"项目后面的按钮，将出现如图 3.14 所示的对话框。这里选择"内部"项目中的"马赛克效果"，然后单击"确定"按钮完成设置。

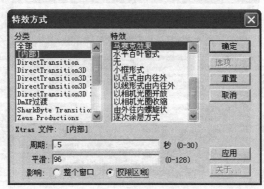

图 3.14　设置过渡效果

（10）单击工具栏上的运行按钮 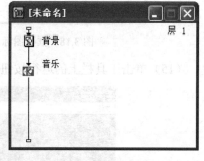，看到程序的运行效果如图 3.15 所示。

（11）背景图片设置完成后，现在加入背景音乐，如图 3.16 所示，将声音图标拖动到流程线上。

图 3.15　运行效果

图 3.16　加入声音图标

（12）设置声音图标的属性，单击"导入"按钮，选择导入声音文件，进行如图 3.17 所示的设置。

图 3.17　选择导入声音文件

（13）拖动一个框架图标 到流程线上，重新命名为"浏览图片"，准备构造一个简单的浏览图片程序，如图 3.18 所示。

（14）拖动 3 个显示图标到框架图标"浏览图片"右方，分别命名为"图片 1"、"图片 2"和"图片 3"，并各自导入不同的图片，如图 3.19 所示。

图 3.18　框架图标　　　　　　　　　　　　　图 3.19　导入浏览图片

（15）单击工具栏上的运行按钮 ，将会看到如图 3.20 所示的程序运行效果。

图 3.20　程序运行效果

（16）运行程序时发现，背景音乐在背景图片出现后才开始播放。能不能在背景图片出现前就播放背景音乐呢？当然是可以的。将声音图标"音乐"拖放到显示图标"背景"的前面就可以了，如图 3.21 所示。

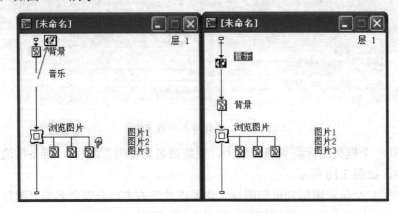

图 3.21　将声音图标拖放到背景图标前面

（17）现在虽然"万事俱备"了，但是还有一点缺憾。程序名称为欢迎图，但是没有一句欢迎词。这时可在背景出现后加入一句欢迎词，即将一个显示图标拖放到显示图标"背景"下方，并命名为"欢迎词"，如图 3.22 所示。

（18）双击显示图标"欢迎词"打开演示窗口，单击工具箱中的文本工具，在演示窗口中单击鼠标确定文字输入位置，输入文字"欢迎使用 Authorware 7.02"，如图 3.23 所示；单击工具箱中的重叠方式按钮 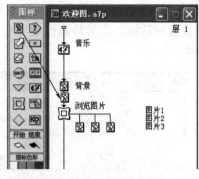，选取透明方式。

图 3.22　程序流程结构

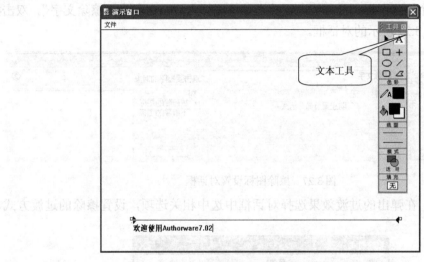

图 3.23　加入欢迎词

（19）拖动一个移动图标 📄 放到"欢迎词"下方，并命名为"移动欢迎词"，如图 3.24 所示。

（20）双击移动图标打开设置面板，单击文字"欢迎使用 Authorware 7.02"并将它拖放到需要移动到的位置上去，如图 3.25 所示。

图 3.24　加入移动图标

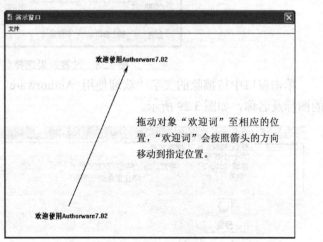

拖动对象"欢迎词"至相应的位置，"欢迎词"会按照箭头的方向移动到指定位置。

图 3.25　设置移动图标

（21）拖动一个等待图标到流程线上，放在移动图标之后，双击等待图标弹出等待属性设置对话框。在等待属性设置对话框中，进行如图 3.26 所示的设置，即设置等待时间为 2 秒。

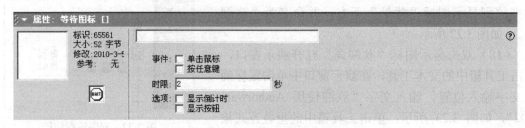

图 3.26　设置等待图标的等待时间

（22）拖动一个擦除图标到流程线上，放在等待图标之后，命名为"擦除文字"。双击擦除图标，弹出如图 3.27 所示的对话框。

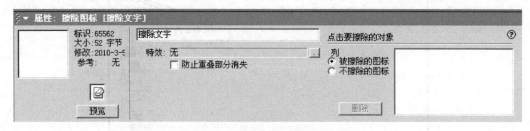

图 3.27　擦除图标设置对话框

单击按钮[　]，在弹出的过渡效果选择对话框中选中相关选项，设置擦除的过渡方式，如图 3.28 所示。

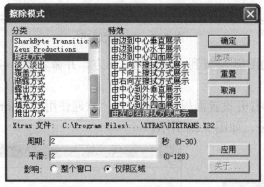

图 3.28　过渡效果选择对话框

单击窗口中待擦除的文字"欢迎使用 Authorware 7.02"，列表框中列出了擦除对象所在的图标及名称，如图 3.29 所示。

图 3.29　擦除图标设置面板

（23）拖动一个计算图标到流程线上，命名为"退出"。双击该计算图标，弹出如图 3.30 所示的窗口，在窗口中输入"quit()"。

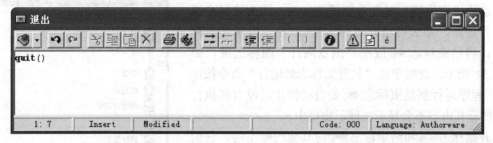

图 3.30　计算图标脚本

最后完成的程序如图 3.31 所示。

单击工具栏上的"运行"按钮 ，这一次可以看到移动的欢迎词，还可以听到声音，更可以看到精美的图片，单击控制面板上的按钮 便可以退出运行。

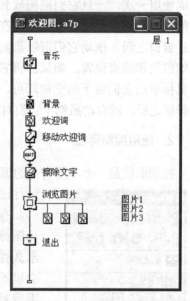

图 3.31　"欢迎图"程序

3.3　程序的调试

编写一个好的程序时需要在流程线上加入各种图标，而当图标越来越多的时候，错误也会随之出现。将包含错误的图标从众多的图标当中区分出来很不容易。为了做到这一点，Authorware 提供了多种程序调试方法，其中包括通常只有在专门的编程语言中才提供的跟踪调试手段，这样可以使设计者快速而高效地查出错误，进而排除错误。

程序中的错误分为两类，即运行错误和逻辑错误。

运行错误很容易被发现。例如，使用了错误的函数、出现语法错误，或者打开了一个根本不存在的外部文件等，在这些情况下 Authorware 会在程序设计期间或运行期间自动提示出错。

逻辑错误是指因为流程设计不合理或语句使用不合理而导致不能得到理想运行效果的情况。这种错误并不停止程序的运行，只是运行没有达到设想的效果而已，这时 Authorware 并不会提示出错，因此这种类型的错误隐蔽性较大，很可能会一直存在于程序之中。程序设计者应尽量避免出现这类错误，另外 Authorware 的调试工具对于发现这类错误也能提供很大的帮助。

1．使用开始标志 和结束标志

通常情况下，单击"运行"命令按钮 ，Authorware 会从程序开始处运行程序，直到流程线上最后一个设计图标或者遇到 Quit()函数。但是，有时所要调试的程序段只是整个程序的一部分，此时可以利用开始标志 和结束标志 来帮助调试这段程序。开始标志和结束标志的用法很简单，只要从图标选择板中将开始标志 拖放到流程线上欲调试程序段的开始位置（此时"运行"命令按钮 会变成"从开始标志处运行"命令按钮 ），而将结束标志 拖放到流程线上欲调试程序段的结束位置，此时单击按钮 ，就可以只运行两个标记之间的程序段了。

以"欢迎图"程序为例，如果调试（如需要改变文字移动的终点位置）时不希望播放音乐，因为这样会影响运行速度，那么可将开始标志 放在"音乐"图标之后，将结束标志 放在"浏览图片"图标之前，如图 3.32 所示。此时单击"从开始标志处运行"命令按钮 ，程序运行到结束标志 处自动停止，没有被执行到的图标其内容不会显示在展示窗口中。

开始标志 和结束标志 与其他图标不同，它们只能使用一次，一旦它们被拖放到设计窗口之中后，原来的位置上就会形成一个空位。在设计窗口中（或不同设计窗口之间）拖动它们可以重新设置欲调试程序段的起始位置和结束位置。如果想将它们放回图标选择板，用鼠标单击它们留下的空位即可。将 或 放回图标选择板之后，就自动撤销了它们对程序的影响。

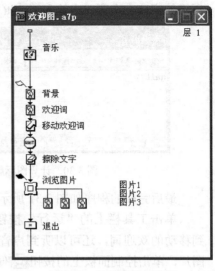

图 3.32　放置调试标志旗

2．使用控制面板

控制面板是一个非常有效的调试工具。利用控制面板，可以控制程序的显示并对程序的运行过程进行跟踪调试。

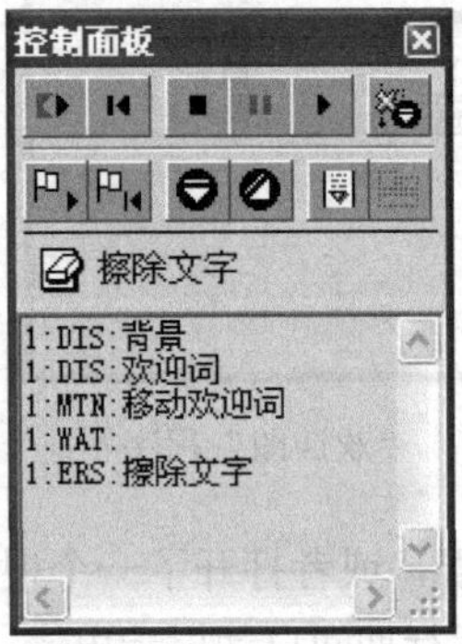

有时只依靠设计窗口中的流程结构图并不能准确地判断设计图标真正的执行顺序，尤其是在程序中存在许多定向控制、永久性响应、复杂交互作用分支结构的情况下，设计图标可能会以不同的顺序被执行，这时就可以使用控制面板提供的各种手段对设计图标的执行顺序进行跟踪，控制面板窗口中会显示出设计图标真正的执行顺序。单击"控制面板"命令按钮 ，将打开或关闭控制面板，如图 3.33 所示。

图 3.33　控制面板

首次打开的控制面板中包含许多控制按钮，这些控制按钮用于控制程序的执行过程，其作用如表 3.1 所示。

表 3.1　控制面板中的控制按钮及其作用

图标	英文名称	中文名称	作　用
	Restart	"运行"按钮	使程序从头开始运行。此时 Authorware 会首先清除跟踪记录和演示窗口中已有的内容，并将程序中所有的变量设置为初始值，然后开始运行程序
	Reset	"复位"按钮	使程序复位。此按钮的作用与"运行"按钮相似，只是程序回到起点后并不开始向下执行，而是等待进一步的命令
	Stop	"停止"按钮	终止程序的运行
	Pause	"暂停"按钮	使程序暂停运行
	Play	"播放"按钮	使程序从刚才停止的地方继续运行
	Show Trace	"显示跟踪"按钮	单击此按钮弹出控制面板窗口和扩展控制按钮，此时该按钮变为"隐藏跟踪"按钮

图标	英文名称	中文名称	作　用
	Hide Trace	"隐藏跟踪"按钮	单击此按钮会缩回控制面板窗口和扩展控制按钮，此时该按钮变为"显示跟踪"按钮
	Restart From Flag	"从标志旗开始运行"按钮	使程序从开始标志处开始运行，此按钮只在使用了开始标志时才起作用
	Reset To Flag	"初始化到标志旗处"按钮	此按钮的作用与"复位"按钮类似，只是将程序复位至开始标志所处位置并等待进一步的命令
	Step Over	"向后执行一步"按钮	每单击一次此按钮，Authorware 就向下执行一个设计图标，如果遇到了群组图标或者分支结构，Authorware 在执行其中的图标时并不暂停。该按钮提供了一种速度较快但是较粗略的单步跟踪执行方式
	Step Into	"向前执行一步"按钮	每单击一次此按钮，Authorware 就向下执行一个图标，与"向后执行一步"方式不同的是，如果遇到了群组图标或者分支结构，Authorware 仍是采取"一步一个"的方式执行其中的图标，这个按钮提供了一种速度较慢但是更深入的单步跟踪执行方式
	Trace On	"打开跟踪方式"按钮	单击此按钮，则变为不显示跟踪记录，此时该按钮变为
	Trace Off	"关闭跟踪方式"按钮	单击此按钮，则变为显示跟踪记录，此时该按钮变为
	Show Invisible Items	"显示看不见的对象"按钮	按下此按钮不松开，会显示本来在程序运行过程中不可见的内容，如热区、文本输入区等。松开此按钮，这些内容又恢复为不可见

控制面板窗口中的内容记录了程序运行过程中每一个图标的进出情况，其中主要包括下列信息。

（1）设计图标所处的设计窗口层次，以数字表示，数字越小，显示的层次越在底层。

（2）设计图标类型，以缩写表示。Authorware 中的 14 种设计图标对应的名称缩写如表 3.2 所示。

表 3.2　设计图标类型缩写

设计图标类型	名称缩写	设计图标类型	名称缩写
显示图标	DIS	判断图标	DES
移动图标	MTN	交互图标	INT
擦除图标	ERS	计算图标	CLC
等待图标	WAT	群组图标	MAP
导航图标	NAV	数字电影图标	MOV
框架图标	FRM	声音图标	SND

（3）设计图标名称。

（4）在使用"向后执行一步"或"向前执行一步"方式执行群组设计图标或各种分支结构时，显示进入和退出信息。

（5）跟踪函数的返回值，可以是提示信息或特定变量的值。

从上述内容可以看出，控制面板中提供的调试手段已经相当完善，结合使用开始标志和结束标志，可以很方便地找到程序中出现错误的地方。

对于拥有更多需要调试的计算图标中的脚本程序来说，控制面板中按钮的作用不大，Authorware 会利用其他的调试手段来解决脚本程序调试问题。

本 章 小 结

本章介绍了 Authorware 中的一个重要的概念——图标。介绍了如何使用和编辑图标，同学们可在自己的第一个 Authorware 作品中体会到如何使用不同的图标来构造流程结构。通过对程序调试的学习，在设计复杂的程序时，可以更方便地查找错误所在。

练 习

1. 在制作 Authorware 作品的过程中有哪些基本步骤？
2. Authorware 中有多少种调试手段？区别是什么？
3. 使用多种工具图标设计一个 Authorware 程序。

第二部分 媒 体 篇

第4章 文本、图形与图像的应用

通过对前面的"基础篇"内容的学习，我们已经对 Authorware 环境有了初步了解，并尝试创作了第一个 Authorware 作品。在多媒体作品中，文本、图形和图像这 3 种视觉媒体可以通过最单纯、最自然的手段向用户传达大量的信息，因此在多种媒体中，它们的应用最为广泛。在 Authorware 程序中，屏幕上文字、图形和图像的出现和消隐一般是利用显示图标和擦除图标实现的。下面先介绍显示、擦除、等待图标的使用方法，然后再分别介绍文本、图形和图像的引入、编辑、组织，以及各种应用。

4.1 显示、擦除、等待图标的使用方法

4.1.1 显示图标的使用方法

显示图标圖位于图标工具箱中的第一个位置，是 Authorware 程序流程中最常引用的一个图标，提供对文本、图形和图像等多种静态视觉媒体的显示功能。另外，还可通过对它的适当设置产生动感显示效果（详见第 5 章）。下面介绍使用显示图标显示媒体对象的基本步骤。

（1）创建显示图标。按住鼠标左键拖曳图标工具箱中的显示图标圖到流程线的某一位置，松开鼠标左键，此时流程线上出现显示图标，其右侧标记为"未命名"，这时可通过输入该图标的标题为其命名。建议为图标取一个具有明确意义的名字（如"circle"指出该显示图标的显示内容是圆），以便将来查找和引用。

（2）打开演示窗口和编辑工具箱，进入图标编辑状态。

一般文本对象和图形对象要在演示窗口中创建或输入，然后再进行位置和属性等的编辑。外部引入的文本和图像也要在图标编辑状态中进行调整，并进行预演调试。系统提供了一个用于文本对象和图形对象创建及编辑的工具箱，称为编辑工具箱，如图 4.1 所示。

进入图标编辑状态的方法有下列 4 种。

① 用鼠标左键双击流程线上的显示图标进入其演示窗口，并打开编辑工具箱。

② 用鼠标左键单击流程线上的显示图标，在它的属性设置对话框左部单击"打开"按钮，进入其演示窗口，并打开编辑工具箱。

小技巧：如屏幕下方没出现属性设置对话框，则可用鼠标右键单击流程线上的显示图标，在弹出的组合式菜单中选中"属性"打开对话框；也可选择"修改"→"图标"→"属性"菜单命令打开对话框。然后进入其演示窗口，并打开编辑工具箱。

③ 运行程序。当遇到尚未输入内容的空显示图标时，动态显示将暂停，并打开编辑工具箱，表明已进入图标编辑状态。

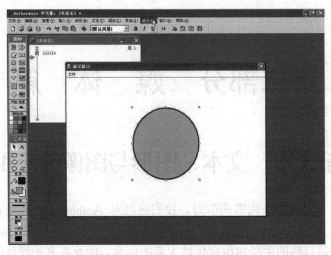

图 4.1　显示图标的演示窗口和编辑工具箱

④ 程序运行过程中如欲修改某个显示对象，可在屏幕上双击这个对象，动态显示将暂停，并打开编辑工具箱；或选择"调试"菜单中的"暂停"（组合键"Ctrl+P"）命令暂停动态显示，进入图标编辑状态。

（3）使用编辑工具箱中的多种工具编辑显示内容。编辑工具箱是一个浮动面板，为编辑方便，可用鼠标单击工具箱的标题栏将它拖曳到屏幕的任何位置。

在编辑工具箱上部排列放置着 8 个用于选取物体对象、写入文字、绘制图形的工具，使用它们可对演示窗口内的物体对象进行选取、移动、拉伸，以及文字的写入、图形的绘制等操作。下面介绍这些工具的作用。

① 选取物体对象。使用标记为箭头的选取工具 ，可实现对物体对象的选取。首先用鼠标单击选中选取工具，然后单击演示窗口中的某物体，此时物体四周出现控制柄（调节方块），表明此物体已被选取成为当前操作对象。如欲选取多个物体，可在按下"Shift"键的同时单击选中各物体。

② 移动物体对象。在使用选取工具选取物体对象后，用鼠标单击物体内部一点，将它拖曳到适当的位置释放鼠标，对象就被移动到新的位置了。用键盘上的↑键、↓键、←键和→键也可移动物体（每次只按指定方向移动一个像素），且常用于精确地指定物体位置，或用于同时移动多个物体。如果在拖动物体的同时按下"Shift"键，可使物体沿水平方向、垂直方向或 45°角方向移动。

③ 拉伸物体对象。在选取物体对象后，用鼠标单击物体的一个控制柄内部的一点，可将物体横向或纵向拉伸变形为任意尺寸（对文本对象和某些格式的影像对象无效）。

小技巧：按下"Shift"键的同时，拖曳对角线上的控制柄将等比例改变对象的大小；拖曳对象左右两边的控制柄仅改变对象的宽度；同样，拖曳对象上下两边的控制柄仅改变对象的高度。

④ 写入文字。使用标记为 A 字的工具 A ，可实现文字的写入。

⑤ 绘制图形。使用标记为十字、斜线及各种图形的工具，可实现对图形的绘制。

在编辑工具箱下部排列放置着用于设定显示物体对象的颜色、线型、覆盖方式、填充方式等属性的面板，其名称和功能如下。

⑥ "色彩"面板：用于设置文字、图形外框和图形内部的颜色。首先用鼠标单击选中

演示窗口中的某物体，然后单击编辑工具箱"色彩"面板下标记为画笔和字母 A 的颜色块，弹出一个颜色选择对话框，可从中选择文字对象的颜色，或是图形物体外框的颜色。除了可选取颜色板上提供的 256 种 Windows 标准颜色外，还可以单击下方的"选择自定义色彩"色块，调出任选色对话框选取自己喜爱的任何颜色，并将其定义以备今后方便选取。同样，单击"色彩"面板下标记为颜料桶的颜色块，可分别为图形对象设置前景色和背景色，如图 4.2 所示。

⑦ "线型"面板：用于设置直线、折线或图形外框线的虚实、粗细，以及箭头形式。首先用鼠标单击选中演示窗口中某物体，然后单击编辑工具箱"线型"面板下的线型，系统弹出一个线型选择对话框，可从中选择一种线型，并可为它设置箭头方向，如图 4.3 所示。

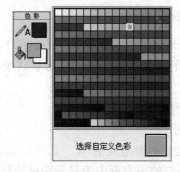

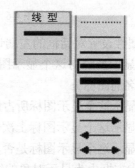

图 4.2 "颜彩"面板　　　　　　　　图 4.3 "线型"面板

⑧ "模式"面板：用于设置某物体对象在屏幕上与其他物体对象重叠显示时，位于上方的物体的覆盖效果。首先用鼠标单击选中演示窗口中某物体，然后单击编辑工具箱"模式"面板下的图形标记，弹出一个覆盖模式设置对话框，可从中选择一种覆盖模式。系统默认的模式为"不透明"，常用的模式为"透明"，其他模式的用法见第 5 章相关内容，如图 4.4 所示。

⑨ "填充"面板：用于设置某图形对象内部的图案填充效果。首先用鼠标单击选中演示窗口中某图形对象，然后单击编辑工具箱"填充"面板下的实心黑色色块标记，弹出一个填充模式设置对话框，可从中选择一种底纹进行填充，如图 4.5 所示。

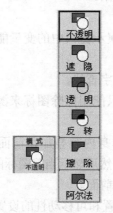

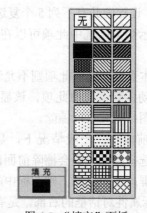

图 4.4 "模式"面板　　　　　　　　图 4.5 "填充"面板

（4）设定显示对象的属性，选择显示效果。显示层次、可移动性、防擦除性及渐变效果等均是各种显示对象的重要属性，可在 Authorware 提供的显示图标属性设置对话框中进行设置和修改。

单击选中流程线上的显示图标，屏幕下方出现显示图标属性对话框。若此对话框为关闭状态，可执行"修改"→"图标"→"属性"命令，或者在显示图标上单击右键，再在弹出的组合式菜单中选择"属性"命令使其出现，此外使用组合键"Ctrl+I"也可以打开显示图标属性设置对话框，如图4.6所示。

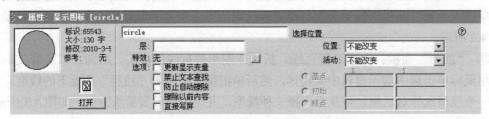

图4.6　显示图标属性设置对话框

显示图标属性设置对话框的左端记录了显示对象的有关信息，其中包括下列内容。

- 标识：显示系统为这个显示图标所分配的编号（用于唯一地标识这个判断图标，以区别同名的图标）。
- 大小：显示这个显示图标所占用的存储空间大小（字节数）。
- 修改：显示这个显示图标上次修改的日期。
- 参考：显示这个显示图标是否具有用于控制的参考变量。

左上部的大方框中为显示对象的缩略图，下部的小方框中为显示图标的标志，单击其下方的"打开"按钮，Authorware将保存当前设置，关闭对话框，并打开该显示图标进入编辑状态。

在显示图标属性设置对话框的中部上方，是图标名称文本框，可按需要为它取名（用于方便查找或控制程序转移），流程线上显示图标的名称也将随之改变。

在显示图标属性对话框的中下部，是显示对象重要属性设置的关键选项，其中包括下列内容。

- "层"文本框：用于设置显示图标的层属性。
- "特效"文本框：用于设置显示图标的出场过渡效果。

在"选项"设置中共有下列5个复选框。

- 更新显示变量：选中此项可以在程序运行时，使演示窗口中的变量能够随时显示其变化。
- 禁止文本查找：选中此项则不允许对该图标进行文字查找。
- 防止自动擦除：选中此项，该显示图标中的内容只能用擦除图标来擦除，而不允许后面的图标对其自动擦除。
- 擦除以前内容：一般情况下，显示图标只是将本身内容叠加在前面已显示的画面上，若选择此项，则会擦除前面已有的画面内容，然后显示当前图标的内容。
- 直接写屏：选中此项，则图标中的内容总是处于最前面。

在显示图标属性对话框的右部，是有关对象的显示位置和可移动性的设置选项，其中包括下列内容。

- 位置：显示对象的显示位置下拉列表框。
- 活动：显示对象的可移动性下拉列表框。

在显示图标属性对话框的右下方，是显示范围及当前值的设置对话框，可在其中设置具体数值。

　　恰当应用以上显示图标的层、位置、可移动性、转场效果及特殊选项，将能创造出丰富多彩的多媒体效果。

　　（5）退出编辑状态，返回流程设计窗口。用鼠标单击编辑工具箱窗口左上角的按钮即可退出编辑状态，返回流程设计窗口。

　　（6）浏览显示图标的内容。在显示图标上单击鼠标右键，在弹出的组合式菜单中选择"预览"命令，其内容立即出现在一个方框中（若较大则按比例缩小），按任意键显示内容消失。这样可对图标进行快速、连续的浏览，如图4.7所示。

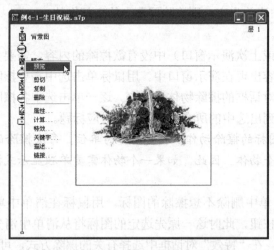

图4.7　显示图标的组合菜单及预览图

4.1.2　擦除图标的使用方法

　　擦除图标位于图标工具箱左边的第三个位置，使用它擦除屏幕上的物体对象，可以擦除显示的所有物体，也可以擦除指定的某图标中的物体。下面介绍使用擦除图标进行擦除操作的具体步骤。

　　（1）在流程线上建立擦除图标。用鼠标单击图标工具箱中的擦除图标，按住鼠标左键将其拖曳到流程线上某指定位置，松开鼠标左键，此时流程线上出现擦除图标，可为它命名。

　　（2）打开擦除方式选择对话框。用鼠标左键单击流程线上的擦除图标，屏幕下方弹出擦除方式选择对话框，同时打开演示窗口，这时可显示出位于擦除图标前面的显示图标内容（或最近一次的显示内容）以供设计者选择擦除对象（图）。另外，在运行过程中，如果遇到一个空的擦除图标，系统将会暂停运行，自动打开一个擦除方式选择对话框，同时打开演示窗口，如图4.8所示。

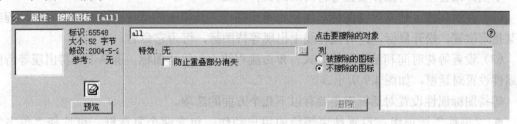

图4.8　擦除图标属性设置对话框

下面介绍擦除图标属性设置对话框中的几个主要选项。

- "特效"文本框：用于设置擦除图标的消失过渡效果。
- "防止重叠部分消失"复选框：当不选择此复选框时，相邻擦除图标的擦除动作同时进行（交错擦除）；相邻擦除图标均选择此复选框后，各擦除对象按擦除图标的先后顺序逐个被擦除。
- "列"选项组：用于选择欲擦除的显示对象（以图标为单位），包含两种选择方式。
  - "被擦除的图标"单选按钮：选择此单选按钮，将擦除清单中所列出的所有图标。
  - "不擦除的图标"单选按钮：选择此单选按钮，将擦除清单中所列图标外的全部显示物体，如清单为空，则擦除屏幕上的全部物体。

（3）选择擦除内容。

若当前演示窗口（或上次演示窗口）中没有欲擦除的内容，需要先打开包含欲擦除内容的图标，使欲擦除的内容出现在演示窗口中。用鼠标单击选中需要擦除的物体，此时该物体所在的显示图标出现在对话框的擦除物体清单中。逐一单击选中各擦除对象，此时在对话框中的擦除物体清单中将列出选中的所有显示图标及对应标题。

👀注意：擦除图标的擦除动作以指定图标为单位，每次擦除的是指定图标的全部内容，而不仅是其中的一个物体。因此，如果一个物体需要单独显示或擦除，必须单独放置在一个图标中。

（4）从擦除物体清单中删除不想擦除的图标。用鼠标在清单中单击选中不想擦除的图标，然后单击"删除"按钮，此时这一原先选定的图标将从清单中消失。

（5）选择擦除方式。在"特效"对话框中选择有关的擦除方式，可以设定与丰富多彩的显示方式对应的各种擦除方式，包括马赛克、百叶窗和自左至右、自右至左等多种不同效果。

（6）浏览查看擦除内容。在擦除图标上单击右键，在弹出的组合式菜单中选择"预览"命令，其第一个欲擦除图标的内容会立即出现在一个方框中（若图形较大则按比例缩小），按任意键则擦除内容消失。

4.1.3 等待图标的使用方法

屏幕上文字、图形和图像的出现和消隐可利用显示图标和擦除图标实现，但如果在流程线上连续设置显示图标和擦除图标，则显示内容会被瞬间擦除，这是由于在显示和擦除动作之间没有时间间隔。Authorware 提供了一个灵活的等待图标，用来控制程序的节奏，使画面得以停顿以便观看，或等待用户进一步操作。使用等待图标🔳，可以在程序运行中的任何位置设置等待一段时间，或通过用户用鼠标单击屏幕或按键盘上的任意键来自由控制等待时间，还可显示一个等待按钮，通过用户按下按钮的动作控制程序的执行。

下面介绍使用等待图标设置等待时间的具体步骤。

（1）在流程线上建立等待图标。用鼠标单击图标工具箱中的等待图标并拖动它到流程线上某指定位置，松开鼠标，此时流程线上出现等待图标，可为它命名。

（2）设置等待时间和结束等待方式。单击流程线上的等待图标，屏幕下方将出现等待图标属性设置对话框，如图 4.9 所示。

等待图标属性设置对话框中主要有以下几个方面的选项。

- "事件"选项组：设置结束等待的用户动作，包含两个复选框。可选择"单击鼠标"或"按任意键"方式，也可两项均选。

- "时限"文本框：设置一定的等待时间秒数。
- "选项"选项组：包含两个复选项，选择"显示倒计时"复选框时，在程序运行中等待期间将显示一个倒计时时钟；选择"显示按钮"复选框时，在等待期间将显示一个等待按钮，用户按下按钮结束等待，也可两项均选。

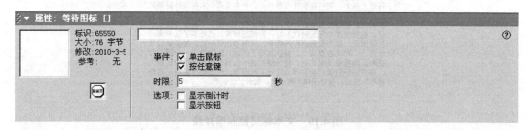

图 4.9 等待图标属性设置对话框

（3）运行程序（可用开始标志 ↶ 和结束标志 ↷ 限制仅运行欲调节的程序段，以节省调试时间），反复调整等待时间以取得满意效果。

📢))小技巧：以所需等待的时间秒数为等待图标命名，然后在等待图标属性设置对话框中将等待时间设置为变量 IconTitle（图标名称），在反复调整等待时间时仅需改变等待图标名而无须再打开等待图标属性设置对话框进行设置。还可以结合计算图标的使用，用一个变量控制多个等待图标的等待时间，这种方法有利于统一修改和调试等待时间，实现方法参见本书第 8 章实例 8.2 中的相关程序。

4.2 文本的编辑与引入

4.2.1 文本编辑及显示属性的设置

1. 文本的输入和编辑修改

（1）在流程线上加入一个显示图标，双击它打开演示窗口和编辑工具箱。

（2）在编辑工具箱中单击选中文本工具 Ａ，单击演示窗口的任意一处，屏幕上出现一条文本标尺控制缩排线，拖曳左、右边距调整控制块可以控制输入文本的宽度，调整文章的左、右边界；拖曳左下小三角状的首行缩进标记可以控制某段落第一行的缩进量；拖曳左上和右端的段落缩进标记可以控制某段落的左、右缩进量，如图 4.10 所示。

（3）在文本缩排线下方的光标闪烁处连续输入文本（如英文、中文及各种符号）。

（4）输入完毕，在编辑工具箱中单击选中标记为箭头的选取工具，文本缩排线消失，鼠标光标形状还原，表示退出了文本输入状态。此时已输入的文字块四周出现控制点，表示这个文字块已成为屏幕上当前选定的处理对象。此时可单击这个文字块内部一点，根据需要将它拖曳到屏幕上的任意位置。

（5）如欲修改已输入的文本，可重新单击选中文本工具，在欲修改的文本字符串左侧单击，再次进入文本输入状态。然后拖曳鼠标光标覆盖欲修改的文本字符串，再输入新字符串，还可以对鼠标光标覆盖的文本字符串使用复制、剪切、粘贴等命令进行编辑修改，最后退出文本输入状态。

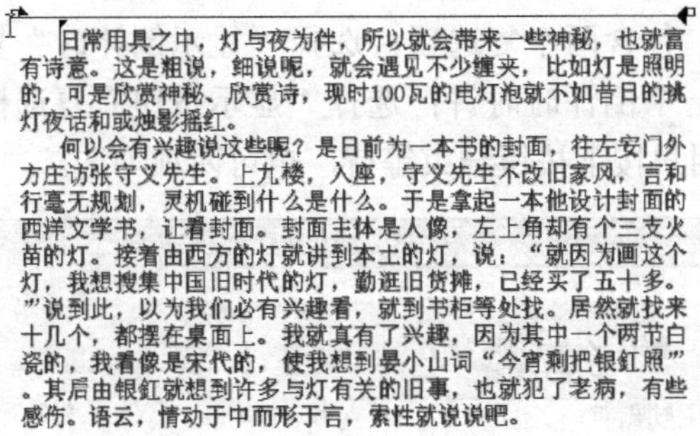

日常用具之中，灯与夜为伴，所以就会带来一些神秘，也就富有诗意。这是粗说，细说呢，就会遇见不少缠夹，比如灯是照明的，可是欣赏神秘、欣赏诗，现时100瓦的电灯泡就不如昔日的挑灯夜话和或烛影摇红。
何以会有兴趣说这些呢？是日前为一本书的封面，往左安门外方庄访张守义先生。上九楼，入座，守义先生不改旧家风，言和行毫无规划，灵机碰到什么是什么。于是拿起一本他设计封面的西洋文学书，让看封面。封面主体是人像，左上角却有个三支火苗的灯。接着由西方的灯就讲到本土的灯，说："就因为画这个灯，我想搜集中国旧时代的灯，勤逛旧货摊，已经买了五十多。"说到此，以为我们必有兴趣看，就到书柜等处找。居然就找来十几个，都摆在桌面上。我就真有了兴趣，因为其中一个两节白瓷的，我看像是宋代的，使我想到晏小山词"今宵剩把银釭照"。其后由银釭就想到许多与灯有关的旧事，也就犯了老病，有些感伤。语云，情动于中而形于言，索性就说说吧。

图 4.10　文本标尺控制缩排线

2. 文本显示属性的设置

已输入的文本成为屏幕上当前选定的处理对象后，可以使用"文本"菜单提供的文本操作命令，设置字体、字号、字形风格、对齐方式等，还可以使用"卷帘文本"命令，为选定的较大的文本块建立一个滚动显示窗口，以便用户浏览观看。"文本"菜单命令如图 4.11 所示。

Authorware 中文版：例4-1-生日祝福.a7p *
文件(F) 编辑(E) 查看(V) 插入(I) 修改(M) 文本(T) 调试(C) 其他(X) 命令(O) 窗口(W) 帮助(H)
图标
开始 结束
字体(F)
大小(S)
风格(Y)
对齐(L)
卷帘文本(R)
消除锯齿(T)
保护原始分行(P)
数字格式(N)...
导航(V)...
应用样式(A)... Ctrl+Alt+Y
定义样式(D)... Ctrl+Shift+Y
黑体
隶书
Times New Roman Greek
Times New Roman
其他(O)...
愿你的笑容像鲜花

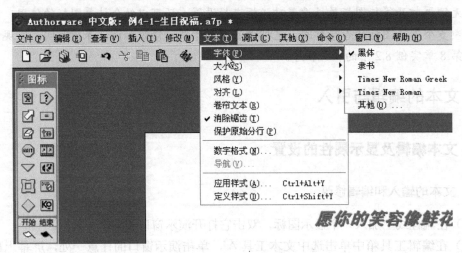

图 4.11　"文本"菜单命令

4.2.2　文本的直接输入

Authorware 提供了多种输入文本的方法，使用键盘逐个字符输入文本，是其中最基本的方法，它提供了与 Word 等字处理软件类似的基本功能。

以下通过一个简单实例介绍文本直接输入的应用。

【实例 4.1　生日祝福】　该实例程序见网上资源"教材实例\第 4 章文本图形和图像的应用\4-1-文本的编辑与引入\例 4-1-生日祝福\例 4-1-生日祝福.a7p"，程序运行效果如图 4.12 所示。

程序运行时，在以花朵图案为背景的贺卡上出现了带有立体层次效果的中、英文词语，表达了对朋友生日的美好祝愿。

实例 4.1 的程序如图 4.13 所示。

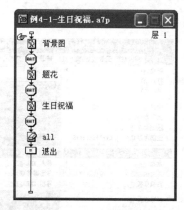

图4.12　"生日祝福"程序运行效果　　　　　　　图4.13　"生日祝福"程序

下面介绍实例4.1程序的主要设计步骤和方法。

（1）选择"修改"→"文件"→"属性"菜单命令，打开文件属性设置对话框，设置程序的基本参数。选定分辨率为"640×480（VGA，Mac13″）"，去除标题栏和菜单栏选项，设置为在屏幕中心显示，如图4.14所示。

（2）在流程线上建立两个显示图标，分别为它们命名为"背景图"和"题花"，单击图标"背景图"打开演示窗口。

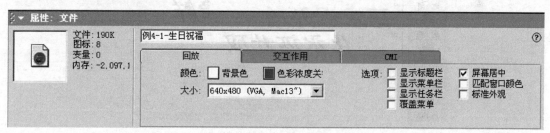

图4.14　文件属性设置

（3）选择"文件"→"导入和导出"→"导入媒体"菜单命令，在弹出的对话框中找到网上资源"教材实例\第 4 章文本图形与图像的应用\4-1-文本的编辑与引入\例 4-1-生日祝福"下的图片"背景图.jpg"，然后单击"导入"按钮，将它导入图标"背景图"中作为背景。同样为图标"题花"导入图片"flowers1.jpg"，如图4.15所示。

（4）在流程线上再建立一个名为"生日祝福"的显示图标，单击它打开演示窗口。在编辑工具箱中单击选中文本工具Ａ，用鼠标单击演示窗口上方的一点，在出现的文本缩排线下方的光标位置连续输入中文祝福语。输入完毕，单击选取工具按钮▶退出文本输入状态，已输入的文字块四周出现控制点。

　小技巧：在打开了背景图标的演示窗口后，按住"Shift"键再双击打开下一个显示图标，可同时看到两个显示图标的内容。在本例中使背景图上出现文字对象，这样有利于调整在不同图标中的图像或文字的相对位置。

（5）设置文字的字体、字号及风格等，并使用工具箱中的前景色填充工具，将文字设置为灰暗色调，成为立体层次文字的暗影部分。使用"编辑"菜单中的"复制"命令（或使用"Ctrl+C"组合键），复制已设置好的文字对象到 Windows 剪贴板上，再使用"编辑"菜单中的"粘贴"命令（或使用"Ctrl+V"组合键），将复制的文字对象粘贴到演示窗口中。然后使用工具箱中的前景色填充工具，将文字设置为明亮色调，成为立体层次文字的主体部分，如图 4.16 所示。

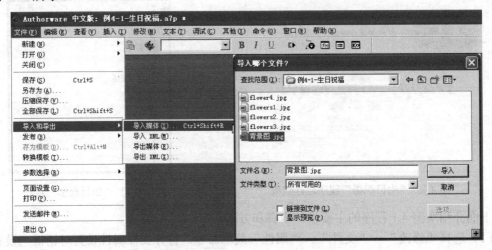

图 4.15 由文件导入图片

图 4.16 重叠立体文字不透明效果

（6）文字的主体部分目前叠加在文字的暗影部分之上，由于文字周围带有白色边框，不能将下面的阴影全部显示出来。这时单击编辑工具箱中的"模式"选项，在弹出的选项对话框中将其重叠效果设置为透明模式，以去除文本块的白色边框部分，露出下面的文字阴影，如图 4.17 所示。

图 4.17 重叠立体文字透明效果

（7）用键盘上的↑键、↓键、←键和→键仔细调整两个文字对象的相对位置，使主体部分位于暗影部分的左上方，产生具有立体层次效果的文字。

))小技巧：包含于一个显示图标中的多个物体对象，可能在位置上相互重叠，此时可利用菜单命令"修改"→"置于下层"和"修改"→"置于上层"调整文字对象的前后相对位置。但这两个命令在重叠对象分属不同显示图标时无效。

（8）在菜单中执行"编辑"→"选择全部"命令（或使用"Ctrl+A"组合键），选取立体文字的各部分，再选取此菜单中的"群组"命令（或使用"Ctrl+G"组合键），将各部分打包组合为完整的立体文字。此时可单击它内部任意一点，根据需要将它拖曳到屏幕上的任意位置。

))小技巧：利用"群组"命令将一个显示图标中的多个物体对象打包成为一组，其中对象的相互位置关系被固定下来，可使它们作为一个整体被任意拖曳以调整显示位置。如果需要修改其中某部分，还可以再利用对应的"取消群组"命令将其拆散。

（9）在这个图标中用同样方法输入英文祝福语，制作立体效果文字并结组。

（10）在流程线上的显示图标"背景图"与"题花"之间建立一个等待图标，单击显示其属性设置对话框，在"时限"框中输入等待时间秒数 0.5，如图 4.18 所示。

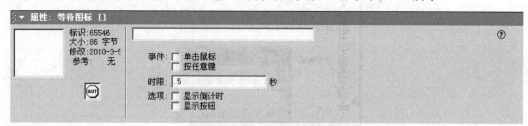

图 4.18　等待时间设置

在等待图标上单击鼠标右键，在弹出的组合式菜单中选择"复制"命令复制此图标；在流程线上的显示图标 "题花"与"生日祝福"之间单击鼠标（出现手指标记，指示下一操作位置），再使用"编辑"菜单中的"粘贴"命令（或使用"Ctrl+V"组合键），将复制的等待图标粘贴到"题花"与"生日祝福"之间，单击它显示其属性设置对话框，在"时限"框中修改等待时间秒数为 1。同样复制并粘贴一个等待图标到"生日祝福"下方，单击它显示其属性设置对话框，在"时限"框中修改等待时间秒数为 5，并选中"单击鼠标"和"按任意键"两个复选项，以允许用户在没有耐心等待 5 秒时通过单击鼠标或任意键的方式终止等待，如图 4.19 所示。

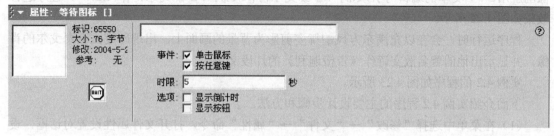

图 4.19　等待终止选项设置

（11）在流程线下方建立一个名为"all"的擦除图标，在其属性对话框中选择"不擦除的图标"单选按钮，以擦除屏幕上全部显示对象，如图 4.20 所示。

运行程序，观看并调整运行效果。

（12）在流程线最下端建立一个计算图标，单击其打开对话框，在其中输入文本：

Quit（0）

这是一个由系统提供的函数，它可以完成自动退出程序运行，返回 Windows 界面的功能，在以后的程序中会经常用到，如图 4.21 所示。

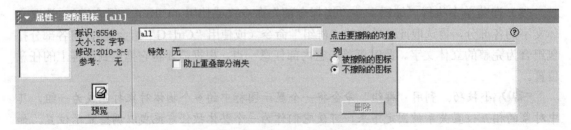

图 4.20　擦除全部显示对象设置

图 4.21　计算图标中的退出函数

4.2.3　由 Windows 剪贴板粘贴文本

在 Authorware 环境中使用键盘逐个字符地输入文本，一般仅用于显示一些标题等简短的文本。由于它毕竟不是专用的字处理软件，大量的文本往往从其他软件的处理界面或直接从网页界面中复制，然后粘贴到 Authorware 程序之中。

下面通过实例介绍由 Windows 剪贴板复制并粘贴文本的应用。

【实例 4.2　泰戈尔诗作 1】　该实例程序见网上资源"教材实例\第 4 章文本图形和图像的应用\ 4-1-文本的编辑与引入\例 4-2-泰戈尔诗作 1\例 4-2-泰戈尔诗作 1.a7p"，程序运行效果如图 4.22 所示。

程序运行时，会在以充满东方风韵舞姿剪影为背景的画面上，出现印度文豪泰戈尔的肖像，并显示出他的著名散文诗作《吉檀迦利》的片段文字。

实例 4.2 的程序如图 4.23 所示。

下面介绍实例 4.2 程序的主要设计步骤和方法。

（1）在菜单中选择"修改"→"文件"→"属性"命令，打开文件属性设置对话框，设置程序的基本参数。选定分辨率为"640×480（VGA，Mac13"）"，去除标题栏和菜单栏选项，设置为在屏幕中心显示。

（2）在流程线上建立一个名为"背景图"的显示图标，单击图标打开演示窗口。在菜单中选择"文件"→"导入和导出"→"导入媒体"命令，导入网上资源"教材实例\第 4 章文本图形和图像的应用\4-1-文本的编辑与引入\例 4-2-泰戈尔诗作 1"下的图片"背景图.jpg"。

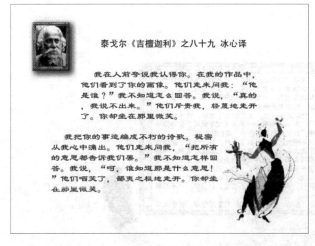

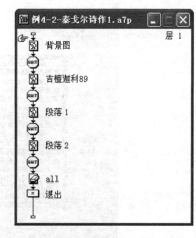

图 4.22 "泰戈尔诗作 1" 程序运行效果　　　　图 4.23 "泰戈尔诗作 1" 的程序

（3）在流程线上建立一个名为"吉檀迦利 89"的显示图标，单击它打开演示窗口。在编辑工具箱中单击选中文本工具Ａ，单击演示窗口上方的一点，在出现的文本缩排线下方的光标位置连续输入诗作标题及译者。然后，设置文字的字体、字号、风格及颜色，并按需要调整其位置。

（4）将 Authorware 窗口最小化，在网上资源"教材实例\第 4 章文本图形和图像的应用\4-1-文本的编辑与引入\例 4-2-泰戈尔诗作 1"下的 Word 文件"吉檀迦利片断-89.doc"，双击使其在 Word 环境中打开，将文字全部选中；在菜单中选择"编辑"→"复制"命令（或使用"Ctrl+C"组合键），将文字粘贴到 Windows 剪贴板上，然后关闭 Word 窗口。

（5）单击 Windows 任务栏中的 Authorware 最小化窗口将其还原，在流程线上建立一个名为"段落 1"的显示图标，单击它打开演示窗口。在菜单中选择"编辑"→"粘贴"命令（或使用"Ctrl+V"组合键），将剪贴板上的文字粘贴到图标中，并对它设置文字的字体、字号、风格及颜色。

（6）在流程线上复制并粘贴"段落 1"显示图标，并将其改为"段落 2"；打开"段落 1"删除其中第 2 个段落的文字；打开"段落 2"并仅保留第 2 个段落的文字。试运行程序并在演示窗口中双击第 1 个段落文字暂停程序，打开"段落 1"显示图标，单击文字内部任意一点，拖曳文字调整文字在屏幕上的位置。同样双击第 2 个段落文字打开"段落 2"显示图标，调整其在屏幕上的位置。

（7）在流程线上建立等待、擦除及计算图标，设置在等待几秒之后将屏幕显示对象全部擦除，然后用函数退出程序运行。

4.2.4　滚动文本的应用

当一段文本过长，在一个屏幕的画面中无法显示时，可利用 Authorware 提供的滚动文本形式，为整段文本加上一个滚动条，使用户可以方便地控制文本的上下滚动，以便观看。

下面通过一个简单实例介绍滚动文本的设置方法。

【实例 4.3　背影】　该实例程序见网上资源"教材实例\第 4 章文本图形和图像的应用\4-1-文本的编辑与引入\例 4-3-背影\例 4-3-背影.a7p"，程序运行效果如图 4.24 所示。

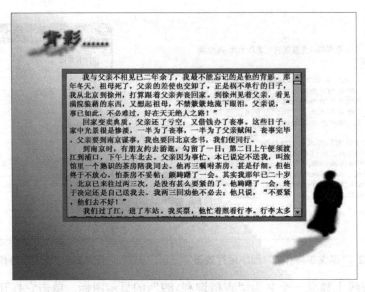

图 4.24　"背影"程序运行效果

程序运行时，会在踽踽独行的人物背影画面上，出现朱自清先生的散文《背影》的全文，可用滚动条控制逐行欣赏。

实例 4.3 的程序如图 4.25 所示。

下面介绍实例 4.3 程序的主要设计步骤和方法。

（1）在菜单中选择"修改"→"文件"→"属性"命令，设置程序的基本参数。选定分辨率为"640×480（VGA，Mac 13"）"，去除标题栏和菜单栏选项，设置为在屏幕中心显示。

（2）在流程线上建立两个显示图标，分别将它们命名为"背景图"和"标题"，在菜单中选择"文件"→"导入和导出"→"导入媒体"命令，在弹出的对话框中寻找

图 4.25　"背影"的程序设计步骤

并选取网上资源"教材实例\第 4 章文本图形和图像的应用\4-1-文本的编辑与引入\例 4-3-背影"下的图片"背影-背景.jpg"和"背影-标题.jpg"，分别导入两个图标中。

（3）在流程线上再建立一个命名为"背影-滚动文字"的显示图标，单击它打开演示窗口，将在 Word 中打开的同目录下的文件"背影.doc"的全部内容经剪贴板粘贴到图标中，形成一个较大的文字块。

（4）单击屏幕上的文字，四周出现控制块，表明它已被选中为操作对象；在菜单中选择"文本"→"卷帘文本"命令，将文本设置为滚动文本形式，文本四周出现文本框，右侧出现滚动控制条。拖曳文本右下方的小控制块，调整文本框大小，并重新设置字体、尺寸和风格等；也可单击文本框内部任意一点，拖曳文本调整其在屏幕上的位置。为改善文本框的单调风格，还可使用编辑工具箱中的矩形工具在文本框外侧画出一个彩色边缘。

（5）在流程线下方建立等待、擦除及计算图标，设置在等待几秒钟之后将屏幕显示对象全部擦除，然后用函数退出程序运行。

4.2.5 位图形式文本的应用

Authorware 虽然可以设置各种字体，但要求选中的字体必须安装在未来的运行环境中，否则系统会以其他字体取代原设置；这样不仅会失去原效果，而且可能因各种字体尺寸的差异，造成文本错位而产生乱码。解决的方式是在作品光盘上附带该字体文件，并建立一个安装文件，自动为计算机安装该字体，以保证运行效果，运行完毕再予以删除。但此种方式需要改动计算机的设置，一般不宜提倡。在更多场合可将文字利用 Photoshop 等图像处理软件进行前期处理，转化为位图形式，再作为图片引入 Authorware 图标进行显示，这样即使是在一个不支持中文操作系统的计算机上，也能完美地显示任何中文文字（以图片形式显示）。

下面通过一个简单实例介绍位图形式文字的应用方法。

【实例 4.4　泰戈尔诗作 2】　该实例程序见网上资源"教材实例\第 4 章文本图形和图像的应用\4-1-文本的编辑与引入\例 4-4-泰戈尔诗作 2\例 4-4-泰戈尔诗作 2.a7p"，程序运行效果如图 4.26 所示。

图 4.26　"泰戈尔诗作 2"程序运行效果

程序运行时，会在印度风情浓郁的人物画面上，出现诗人泰戈尔的肖像及《吉檀迦利》标题，然后分段出现两部分经过 Photoshop 艺术处理的散文诗段落文字。

实例 4.4 的程序如图 4.27 所示。

在这个例子中，利用 Photoshop 处理并引入位图文字的方法如下。

（1）打开 Photoshop 图像处理软件，在网上资源"教材实例\第 4 章文本图形与图像的应用\4-1-文本的编辑与引入\例 4-4-泰戈尔诗作 2"下的图片"献歌.jpg"和"泰戈尔-tagore.gif"，将其组合成为一个名为"泰戈尔-假如.psd"的图像文件，并进行分层调整，然后加入标题文字并进行艺术处理。

（2）将"泰戈尔-假如.psd"图像文件按层次合并后复制为原目录下的"泰戈尔-假如-背景"、"泰戈尔-假如-画像"、"泰戈尔-假如-标题" 3 个经过压缩的图像文件。打开

图 4.27　"泰戈尔诗作 2"的程序

Authorware 窗口，在菜单中选择"文件"→"导入和导出"→"导入媒体"命令，将它们分

别导入到 Authorware 流程线上的 3 个显示图标中。

（3）回到 Photoshop 窗口，在原图像文件中选择文字工具，导入原目录下的文本文件"吉檀迦利片断-44.doc"并将其分段成层进行调整，加入艺术效果，再按段落复制为两个图片文件"泰戈尔-假如-段落 1.jpg"和"泰戈尔-假如-段落 2.jpg"。打开 Authorware 窗口，将它们分别导入到 Authorware 流程线上的两个用于显示文字的图标中。

其他步骤同以上实例，不再赘述。

4.2.6 外部文本的引入

除了利用 Windows 剪贴板外，Authorware 还提供了组合的文本引入方法，可以直接将外部的文本引入到 Authorware 程序内部，但在文本的输入格式方面有一定的限制，只能输入 TXT 格式和 RTF 格式的文件。当然，也可以从某个目录下直接拖曳一个文本文件进入 Authorware 程序，显示其内容文本。

下面通过实例说明直接将外部的 RTF 文本文件引入到 Authorware 程序中的方法。

【实例 4.5　绝妙好词笺】　该实例程序见网上资源"教材实例\第 4 章文本图形和图像的应用\4-1-文本的编辑与引入\例 4-5-绝妙好词笺\例 4-5-绝妙好词笺.a7p"。程序运行时，会在古朴淡雅的画面上，依次出现三首宋词，文字采用滚动形式以方便浏览，如图 4.28 所示。

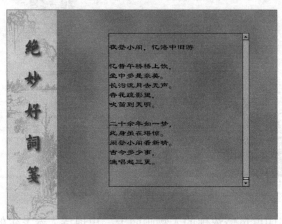

图 4.28　"绝妙好词笺"程序运行效果

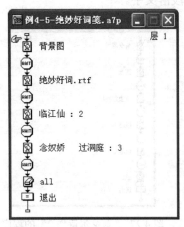

图 4.29　"绝妙好词笺"的程序

实例 4.5 的程序如图 4.29 所示。

在这个例子中，直接将外部的 RTF 文本文件引入到 Authorware 程序中的方法如下。

（1）建立一个新文件，设置程序的基本参数。建立一个名为"背景图"的显示图标，为它输入"教材实例\第 4 章文本图形与图像的应用\4-1-文本的编辑与引入\例 4-5-绝妙好词笺"下的图片"好词笺-背景.jpg"。

（2）用鼠标单击流程线上的显示图标"背景图"下方的一点（出现手指标记，指示下一操作位置），在菜单中选择"文件"→"导入和导出"→"导入媒体"命令，在弹出的对话框中选择文本文件"绝妙好词.rtf"后单击"导入"按钮，弹出一个导入文本文件的对话框，如图 4.30 所示。

在此对话框中，若选中"忽略"单选按钮，Authorware 将忽略分页符，把文本输入到一个显示图标中；若选中"创建新的显示图标"单选按钮，Authorware 在遇到分页符时将自动创建一个新的显示图标并自动命名新图标。若选中"标准"单选按钮，Authorware 将以标准格式输入文本；若选中"滚动条"单选按钮，Authorware 将输入的文本以滚动格式显示。

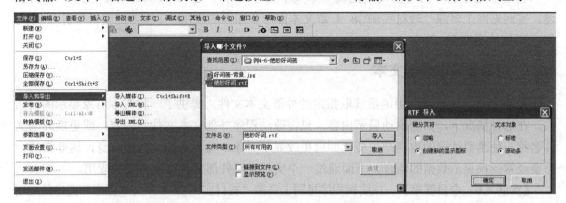

图 4.30　输入 RTF 格式文本文件

本例中选中"创建新的显示图标"单选按钮，同时选中右面的"滚动条"单选按钮。

（3）打开显示图标"绝妙好词.rtf"，利用编辑工具箱中的"模式"覆盖属性设置工具，将文字的重叠效果设置为透明模式，以去除文本的白色边框部分，露出下面的背景。在菜单中选择"文本"→"定义样式"命令，在弹出的文本格式定义对话框中将字体设置为"隶书"，字号设置为"14"，并将左下角框中默认的文本格式名称更改为"好词-隶书 14"，单击"完成"按钮关闭对话框，如图 4.31 所示。

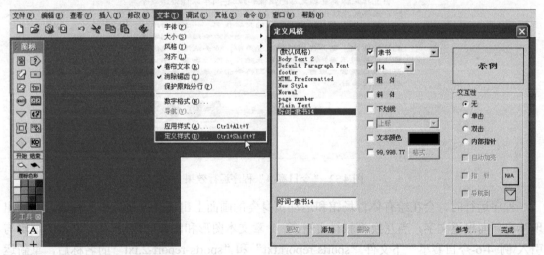

图 4.31　定义文本样式

在菜单中选择"文本"→"应用样式"命令，对 3 个文本显示图标中的文字逐一应用新定义的文本格式。

（4）在相邻的显示图标之间放置一个等待图标，设置等待时间为 10 秒，并允许通过单击鼠标或按任意键终止等待；当用户读完一页时，单击屏幕便可浏览下一页。

（5）为防止 3 个文本框在屏幕上重叠显示，在第 2 个和第 3 个文本显示图标的属性设置对话框中选中"擦除以前内容"选项，以自动擦除前面的显示内容。试运行程序，发现第 2

首词出现时不仅删除了第 1 首词，还将背景图删掉了。为防止背景图被删掉，在"背景图"图标的属性设置对话框中选中"防止自动擦除"选项，以阻止被后面显示的内容自动擦除。

（6）最后设置等待、擦除，以及"退出"计算图标。

利用上述方法，也可以直接拖曳一个文本文件（.txt）进入 Authorware 程序，不再赘述。实例见网上资源"教材实例\第 4 章文本图形和图像的应用\4-1-文本的编辑与引入\例-与你远航\例-与你远航.a7p"

4.2.7 用函数读取外部文本

Authorware 还可以利用函数读取指定的外部文本文件，提供了一种文本对象显示的灵活性。在这种情况下，如需改动显示内容，只需改动程序外部文本文件的内容，或更换外部文件名称，使函数读取的内容产生变化即可更改显示对象，而不必改动程序自身，这非常适合需要经常变换显示数据的场合。下面通过一个实例说明外部文件读取方式的应用。

【实例 4.6 今日赛事】 该实例程序见网上资源"教材实例\第 4 章文本图形和图像的应用\4-1-文本的编辑与引入\例 4-6-今日赛事\例 4-6-今日赛事.a7p"，程序运行效果如图 4.32 所示。

图 4.32 "今日赛事"程序运行效果

程序运行时，会在绘有体育场馆和运动员身姿的画面上出现"今日赛事"标题，然后出现体育新闻报道文字，当互换"教材实例\第 4 章文本图形和图像的应用\ 4-1-文本的编辑与引入\例 4-6-今日赛事"下文件"sports-report.txt"和"sports-report-2.txt"的名称后，重新运行程序，发现文字已经改变为次日的体育新闻报道。

实例 4.6 的程序如图 4.33 所示。

下面介绍实例 4.6 程序的主要设计步骤和方法。

（1）在流程线上加入两个显示图标，分别导入原文件目录下的"今日赛事背景.jpg"和"今日赛事标题.jpg"。

（2）在流程线上加入一个计算图标，双击它打开计算窗口。在窗口中写入赋值语句：

    string:=ReadExtFile（"sports-report.txt"）

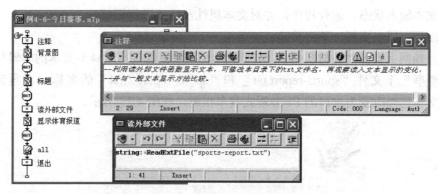

图 4.33 "今日赛事"的程序

在这个赋值语句中，string 是一个自定义变量，用于保存读入的字符串；ReadExtFile 是一个系统提供的函数，它的值用于指定文件的内容。该赋值语句的作用是读出指定路径下的外部文本文件的内容，并将读出的内容送入字符串变量 string 中。系统将打开一个自定义变量对话框，可将 string 的初始值设置为 0，还可对它的作用给予简单描述。

在弹出的自定义变量对话框中将 string 的初始值设置为 0，关闭计算窗口。

■))小技巧：这里并未给出文件"sports-report.txt"所在的路径，实际上这是一个相对路径，即与程序文件同在一个目录下，只要将文本文件放在这个目录下，就无须再指定绝对路径了，如此可避免因光驱盘符变化而使文件无法找到导致的错误。

（3）在流程线上加入一个显示图标，单击它打开演示窗口和编辑工具箱。在编辑工具箱中单击选中文本工具，输入文本：

{string}

以上输入串表示此显示图标的显示对象是变量 string 的内容，如图 4.34 所示。退出文本编辑状态，发现屏幕上的{string}已变为初始值 0（因此时尚未运行程序，上方计算图标中读入文件内容的函数还未执行，字符串暂时为空）。

图 4.34　变量内容文本字符串显示

■))小技巧：在显示图标中显示一个变量或表达式的值，一定要在变量或表达式字符串两边加上花括号，如{string}，表示欲显示的不是字符串 string 而是它所代表的值。

• 51 •

退出文本输入状态，运行程序，并对文本属性及位置进行调整。

其他步骤同以上实例，不再赘述。

最后互换网上资源"教材实例\第 4 章文本图形和图像的应用\4-1-文本的编辑与引入\例4-6-今日赛事"下文件"sports-report.txt"和"sports-report-2.txt"的名称，再重新运行程序，发现文字已经改变为次日的 F1 方程式赛车报道，如图 4.35 所示。

图 4.35　外部文件内容改变影响程序显示

4.3　图形的创建与编辑

图形一般是指区别于位图形式图像的具有一定形状的静止物体对象，如圆形、矩形等，它们往往以矢量图的形式存在。Authorware 作为多媒体集成环境，也提供了绘制简单图形的功能。

4.3.1　简单图形的创建与编辑

在 Authorware 中，图形的创建与编辑是运用编辑工具箱中的图形工具实现的，下面介绍各种图形工具的用途。

（1）直线工具 ＋：用于绘制水平方向、垂直方向或 45°角方向的直线。方法是用鼠标先单击绘图工具箱中的 ＋ 按钮，此时鼠标指针变为"＋"形。然后在演示窗口中沿水平方向或垂直方向拖曳鼠标，就会画出水平方向或垂直方向的直线；沿倾斜的方向拖动鼠标，可画出呈 45°角的直线。

（2）斜线工具 ／：用于在任意两点之间画线。方法是用鼠标先单击绘图工具箱中的 ／ 按钮，此时鼠标指针也会变为"＋"形。然后在演示窗口中沿任意方向拖曳鼠标，就会画出任意角度的斜线。如果在画线的同时按下"Shift"键，其效果同直线工具。

（3）椭圆工具 ○：用于绘制各种曲率、任意大小的椭圆。方法是单击绘图工具箱中的按钮 ○，然后在演示窗口中沿任意方向拖曳鼠标，就会画出一个椭圆，如果同时按下"Shift"键，则画出圆形。拖曳椭圆上下两边的调节控制柄可改变椭圆的短轴，而拖曳椭圆左右两边的调节控制柄则可改变椭圆的长轴。

（4）矩形工具 □：用于绘制任意大小的矩形。方法是单击绘图工具箱中的按钮 □，然后

· 52 ·

在演示窗口中拖曳鼠标，即可画出一个矩形。如果同时按下"Shift"键，则可画出正方形。

（5）圆角矩形工具 ：用于绘制各种大小和各种曲率的圆角矩形。方法是单击绘图工具箱中的 □ 按钮，然后在演示窗口中拖曳鼠标，就会画出一个圆角矩形。如果同时按下"Shift"键，则画出圆角正方形。用鼠标拖曳圆角矩形左上角的曲率调节块，可以改变圆角的曲率。

（6）多边形工具 ⊿：用于绘制多边形。在绘制过程中逐个点出多边形转折点的位置，每单击一下屏幕，就会出现一条与上一点相连的直线，最后一点双击作为结束。如果终点与起点重合，则多边形封闭，否则为折线。

Authorware 允许通过下列 3 种操作来改变或设置直线、折线，以及任意图形边框的线型。

（1）在窗口中画一条直线，释放鼠标后，直线两端出现两个调节柄；这时用鼠标单击线型选择面板中的某一线型，当前的线条就会变为相应的形状。如果再单击线型选择框下部的箭头样式，当前的线条就会被加上相应的箭头，如左箭头、右箭头或双箭头。

（2）先打开"线型"面板，选择适当的线型样式，然后在窗口中直接画出所需要的线条。

（3）如果想修改已经绘制好的线条，可以先选中该线条，然后再打开"线型"面板，单击需要的线型即可。

下面通过一个实例介绍简单图形创建与编辑的一般方法。

【实例 4.7　几何空间】　该实例程序见网上资源"教材实例\第 4 章文本图形和图像的应用\4-2-图形的创建与编辑\例 4-7-几何空间\例 4-7-几何空间.a7p"，程序运行效果如图 4.36 所示。

程序运行时，依次出现几个带有暗影部分的简单图形，组成简洁美观的几何图案。

实例 4.7 的程序如图 4.37 所示。

图 4.36　"几何空间"程序运行效果　　　　图 4.37　"几何空间"程序

下面介绍实例 4.7 程序的主要设计步骤和方法。

（1）在流程线上加入 5 个显示图标，分别命名为"长方形"、"三角形"、"圆角矩形"、"平行四边形"和"圆形"。

（2）单击后打开"长方形"图标的演示窗口，在编辑工具箱中选中矩形工具按钮 □，画出一个适当大小的矩形。复制并粘贴一个矩形，改变其颜色，调节两个矩形的相对位置和重叠选项，制造出暗影效果。将二者构成一组，拖曳它以便调节它在屏幕上的位置。

（3）用同样方法分别绘制各图形，拖曳它们进行相对位置的调节。

（4）加入等待、擦除和包含退出函数的计算图标，完成整个程序。

4.3.2 利用图形工具绘图

在 Authorware 中，不仅可以画出简单的几何形体，还可以利用多边形工具，配以各种填充方式和调色功能，绘制出各种物体，构成漂亮的图画。

下面介绍为图形对象填充底纹的一般方法。

（1）绘制一个需要填充底纹的图形对象。

（2）单击编辑工具箱中"填充"面板下的实心黑色色块填充方式标志，在弹出的填充模式设置面板的 36 种底纹中单击选取一种，即可将该底纹填充到当前的图形。

👀注意：填充模式设置面板中的"无"表示不填充；白色表示用图形颜色设定的背景色填充（如未设置则默认为白色）；黑色表示用图形颜色设定的前景色填充；其他为用以背景色为底的前景色规则图案填充。在对图像进行编辑时，只能利用编辑工具箱中的面板修改其覆盖方式，其他无效。

下面通过一个实例介绍利用图形工具绘图的方法。

【实例 4.8　山间小屋】　该实例程序见网上资源"教材实例\第 4 章文本图形和图像的应用\4-2-图形的创建与编辑\例 4-8-山间小屋\例 4-8-山间小屋.a7p"，程序运行效果如图 4.38 所示。

程序运行时，屏幕上会依次出现山地、房子、树木、太阳和云，这些景物均由填充了不同底纹的简单图形构成，笔触稚拙、童趣盎然，最后天空中还出现了一只绘制精细的飞鹰。

实例 4.8 的程序如图 4.39 所示。

图 4.38　"山间小屋"程序运行效果

图 4.39　"山间小屋"的程序

下面介绍实例 4.8 程序的主要设计步骤和方法。

（1）在流程线上加入 5 个显示图标，分别命名为"山地"、"房子"、"树"、"太阳和云"和"鸟"。

（2）分别打开各显示图标的演示窗口，在编辑工具箱中选中多边形工具按钮◿，画出用折线构成的各个图形；为它们设置颜色，并设置不同的填充效果；拖曳它们以调整在屏幕上的相对位置。

👁️👁️注意：欲修改多边形形状，应先单击选中多边形，再在编辑工具箱中单击多边形工具 ⬡，这时多边形各角上的控制点全部出现，可拖曳它们改变多边形形状。如果仅选中多边形而没有选中多边形工具，则只出现多边形四周的控制点，仅允许缩放其大小，而不能任意改变其各角点的位置。

（3）为使图形"鸟"更加逼真，可引入一个飞鹰矢量图形。方法是打开图标"鸟"，在编辑工具箱中选中文本工具，输入"abcdefg…xyz"一串字母，然后在命令菜单中选择"文本"→"字体"命令，在弹出的文本字体对话框中将字体设置为"Animals1"，发现字母全部变为不同的动物矢量图形，将飞鹰以外的其他动物图形删除，并为飞鹰设置较大的字号尺寸，如图 4.40 所示。

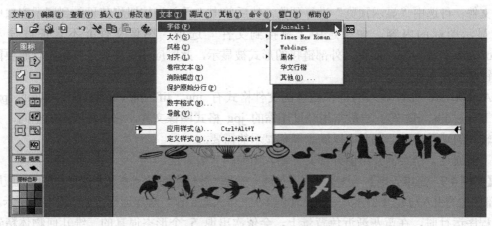

图 4.40　引入矢量文字图形

（4）加入等待、擦除和包含退出函数的计算图标，完成整个程序。

🔊))小技巧：如果计算机上未装载"Animals1"字体，还可以到"Webdings"、"Wingdings"、"Wingdings2"、"Wingdings3"等字体中试探查找矢量图形。

4.4　外部图像的引入与编辑

4.4.1　外部图像的引入

Authorware 的显示对象编辑工具箱仅提供了一些基本的绘图功能，只能绘制比较简单的图形，而高质量的多媒体作品需要展示大量丰富多彩的图像，显然，仅仅依靠编辑工具箱无法达到实际的要求，因此更多的情况是需要从 Authorware 系统外部输入已制作成功的图片或照片（统称为图像）。Authorware 提供了引入外部对象的功能，可以插入多种格式的图片及 OLE（对象的链接和嵌入），使 Authorware 的多媒体素材更加丰富，多媒体效果更加完美。

在使用外部图像时，应注意图像的颜色深度指标，如果 256 色可以表现出所需的色彩，就没有必要使用 16 位或 32 位的真彩色图像，这样可以节省文件占用的空间。由于 Authorware 作品通常用于屏幕播放，而 Windows 系统屏幕的标准显示分辨率为每英寸 72 像素，因此没有必要使用每英寸 100 像素以上的图片。另外，尽管外部图像引入 Authorware 后还可调整其大小尺寸，但为了避免对位图图像缩放造成质量下降，最好用 Photoshop 等图像处理专业工具将其设置为需要的尺寸再予以引入。

在 Authorware 中插入图片时一般采用以下两种方法。

（1）由剪贴板输入用其他绘图软件绘制的图形。利用其他图像处理软件打开图片，选取需要导入的图像进行复制操作，在 Authorware 演示窗口中进行粘贴操作，既可作为显示图标的内容。

（2）由外部文件导入图像。一些已制作完成的图像是以文件的形式存放的，使用数字相机或扫描仪也可将照片、图片等转换为图像文件。Authorware 在"文件"菜单下提供了导入外部文件的命令，可用于引入背景图等外部图像。

由外部文件输入图像的一般方法是，在打开显示图标的演示窗口后，选取菜单命令"文件"→"导入和导出"→"导入媒体"，在弹出的文件选择对话框中寻找并选取某目录下的图像文件，可选中"显示预览"进行预览，然后单击"导入"按钮将其导入到演示窗口中，作为显示图标的内容。如果选中"链接到文件"选项，图像文件并不真正被导入到Authorware 程序内部，而仅以外部链接的形式被显示，此时应注意在程序打包发行时要附带外部链接图像文件。

Authorware 允许输入的外部图像的文件格式有 jpg、tif、pic、pct、pcx、wmf、pnt、eps、bmp、dib、rle 等。一般常用经过压缩的 jpg 格式图像文件，它占用较小的空间，并可达到较高的画面质量，完全可以满足屏幕显示的需要。

下面通过一个实例介绍由外部文件输入图像的一般方法。

【实例 4.9　三维天地】　该实例程序见网上资源"教材实例\第 4 章文本图形和图像的应用\4-3-外部图像的引入与编辑\例 4-9-三维天地\例 4-9-三维天地.a7p"，程序运行效果如图 4.41 所示。

程序运行时，在蓝灰渐近色背景上，会依次出现 5 个形态逼真的三维几何物体精致图片，与此相比，用编辑工具箱工具画出的简单二维几何物体实在不可与之相提并论。

实例 4.9 的程序如图 4.42 所示。

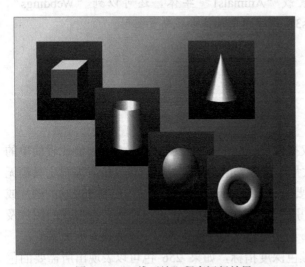

图 4.41　"三维天地"程序运行效果

图 4.42　"三维天地"的程序

下面介绍实例 4.9 程序的主要设计步骤和方法。

（1）在流程线上加入 6 个显示图标，分别命名为"背景"、"长方体"、"圆柱体"、"球体"、"圆环"和"圆锥体"。

（2）单击后打开"背景"图标的演示窗口，选取菜单命令"文件"→"导入和导出"→

"导入媒体"，在弹出的文件选择对话框中寻找并选取"教材实例\第 4 章文本图形和图像的应用\4-3-外部图像的引入与编辑\例 4-9-三维天地"中的文件"背景.jpg"，然后单击"导入"按钮将其导入到演示窗口中，作为显示图标的内容。

（3）用同样方法分别为其他显示图标导入文件夹中的对应图像文件，并拖曳它们调整相对位置。

（4）加入等待、擦除和包含退出函数的计算图标，完成整个程序。

4.4.2　多个图像的对齐编辑

除运用 Photoshop 等图像处理软件组合编辑图像素材外，Authorware 自身也提供了一些对多个图形、图像对象进行编辑的简单方法，但主要是用来调整多个图像的前后、左右相对位置的，并不能对图像进行诸如旋转等操作。

下面通过实例介绍选择"修改"→"排列"命令对齐图片对象的方法。

【实例 4.10　琳琅满目的工艺品】　该实例程序见网上资源"教材实例\第 4 章文本图形和图像的应用\ 4-3-外部图像的引入与编辑\例 4-10-琳琅满目的工艺品\例 4-10-琳琅满目的工艺品.a7p"，程序运行效果如图 4.43 所示。

图 4.43　"琳琅满目的工艺品"程序运行效果

程序运行时，屏幕上会依次出现排列整齐的 16 件古朴的图腾面具和精美的镶嵌珠宝，展示了琳琅满目的民族手工艺品。

实例 4.10 的程序如图 4.44 所示。

图 4.44　"琳琅满目的工艺品"的程序

下面介绍实例 4.10 程序的主要设计步骤和方法。

（1）在 Photoshop 图像处理软件中利用文字工具，产生包含标题的背景图；其中文字运用了艺术字变形处理，并应用了金属浮雕和阴影效果；将其存为文件夹 "第 4 章文本图形和图像的应用\4-3-外部图像的引入与编辑\例 4-10-琳琅满目的工艺品" 下的 "背景.jpg" 文件，并将其导入 Authorware 程序中形成显示图标 "背景.jpg"。

（2）将系列素材图片 "f1.jpg" 至 "f4.jpg"、"d1.jpg" 至 "d4.jpg"、"d5.jpg" 至 "d8.jpg"、"f5.jpg" 至 "f8.jpg" 4 张一组，分别导入到 Authorware 流程线上命名为 "左"、"上"、"下"、"右" 的 4 个图标中。

（3）双击流程图上名为 "左" 的显示图标打开演示窗口，单击选中编辑工具箱中的选取工具按钮 ![选取工具]，在演示窗口中用鼠标画出一个虚线选框，将由 4 张图片 "f1.jpg" 至 "f4.jpg" 导入的 4 个面具显示对象全部选中，或选取菜单命令 "编辑" → "选择全部"（或按组合键 "Ctrl+A"）将其全部选中；选取菜单命令 "修改" → "排列"，打开一个对齐操作浮动面板，选取左端对齐，4 个面具靠左端对齐。调整好上下两个面具的位置后，再选取均衡纵向距离，4 个面具的间距被均衡拉开，如图 4.45 所示。

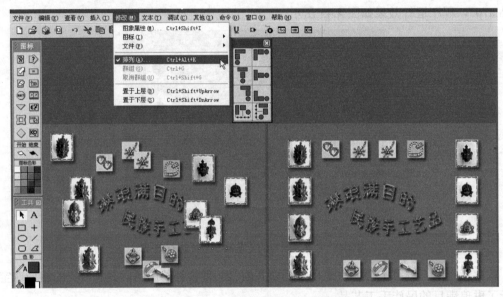

图 4.45 对齐图标中的显示对象

（4）另外复制 3 个名为 "左" 的显示图标，为 4 个 "左" 图标从上至下分别改名为 "左1"、"左 2"、"左 3"、"左 4"，按从上至下的顺序使每个图标中只保留一个面具，其他的删掉，小心不要移动被保留面具的位置。选取菜单命令 "修改" → "群组" 将 4 个图标成组，并在其中加入等待图标，将生成的群组图标命名为 "左"。

（5）用同样方法生成名为 "上"、"下"、"右" 的群组图标。

其他步骤同以上实例，不再赘述。

上述在不同图标中对齐显示对象相对位置的方法，是通过将显示对象先行放置在一个图标中对齐，再将其分配到各图标中实现的，设计过程比较繁杂。调整前后两个显示图标中对象的位置，一般可在显示前一画面后按住 "Shift" 键再双击下一显示图标，选中并移动后一图标中的对象，以调整不同显示图标中对象的相对位置。另外，还有如下所述的快速对齐不同显示图标中对象的方法。

首先运行程序使各显示图标中包含的显示对象全部显示在屏幕上，再按"Ctrl+P"组合键暂停程序，双击选中某一个显示对象进入其演示窗口，然后在按住"Ctrl"键的同时画虚线框全部选中这些对象，最后选择菜单命令"修改"→"排列"调出对齐操作浮动面板，选择所需操作，即可轻松实现多个图标中对象的对齐。

本 章 小 结

本章介绍了多媒体作品中最常用的 3 种媒体（文字、图形、图像）的创建、引入与编辑的基本方法，要求重点掌握以下几点。

- 使用显示图标、擦除图标、等待图标的基本方法。
- 在显示图标中创建文本，设置字体、大小和颜色，消除锯齿，以及文字滚动的方法。
- 输入、粘贴引入及用函数链接外部文本的方法。
- 在显示图标中创建图形的方法。
- 在显示图标中引入或链接图像的方法。
- 在显示图标中对齐对象的方法。

练 习

一、简答题

1. 如何打开显示图标？
2. 如何打开图标的属性对话框？
3. 如何使用"线型"面板？
4. 如何使用"填充"面板？
5. 如何使用透明模式面板？
6. 如何使用颜色设置面板？
7. 怎样在 Authorware 中输入和编排文字？
8. 怎样设置文字滚动窗口？
9. 如何将文本、图像等外部素材导入 Authorware 程序内部？
10. 如何建立 Authorware 程序与文本、图像等外部素材的链接？

二、上机操作题

1. 制作显示输入了标题和内容文字的母亲节贺卡画面的程序。
2. 利用 Word 文本文件制作显示一段文字的程序，要求文字自动消除锯齿并加入滚动条。
3. 利用函数制作链接外部文本文件并显示的程序。
4. 利用工具箱中的绘图工具及特殊文字符号自行绘制并显示"山林动物狂欢节"的连续画面。
5. 利用图片制作"神秘的图画"的连续画面显示程序。

第5章 多媒体效果设计

我们在第 4 章中学习了如何在多媒体作品中引入文字、图形和图像，然而如果各种媒体对象都是以一种直白的方式突兀地在屏幕上出现或消失，会使人感到效果单一乏味。Authorware 为此提供了多种转场技巧，以实现各显示对象的巧妙衔接，产生丰富细腻的过渡效果。Authorware 还为显示图标中的物体对象设置了许多显示属性，如覆盖方式、层属性、活动属性、位置属性等，通过对这些属性的多变设置，可使文字、图形和图像等多个对象的显示更加灵活，从而为设计者提供了一个得心应手的多媒体效果设计环境。

5.1 显示与擦除的过渡效果

5.1.1 显示图标与擦除图标过渡效果的设置

为显示图标设置一种效果，让显示内容在一定的时间内以一定的方式逐渐地呈现出来，这种效果称为过渡效果，也称为转场技巧，是多媒体制作中常用的表现手段之一。

为显示图标设置过渡效果，需要打开"特效方式"设置对话框，打开该对话框的方法有下列 4 种。

（1）单击选中显示图标，在属性对话框中部的"特效"选项就是过渡效果选项，默认选择的"无"表示没有设置过渡效果，单击其右侧的方形按钮，即可打开转场效果设置对话框，如图 5.1 所示。

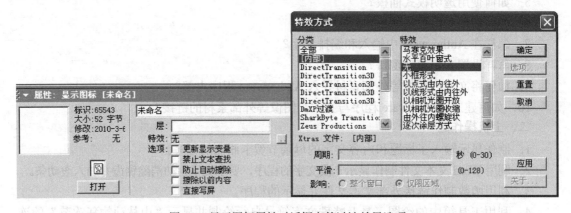

图 5.1 显示图标属性对话框中的过渡效果选项

（2）在显示图标上单击鼠标右键，在弹出的快捷式菜单中选取"特效"命令即可打开转场效果设置对话框，如图 5.2 所示。

（3）单击选中显示图标，选择"修改"→"图标"→"特效"菜单命令，打开转场效果设置对话框。

（4）单击选中显示图标，按"Ctrl+T"组合键，打开转场效果设置对话框。

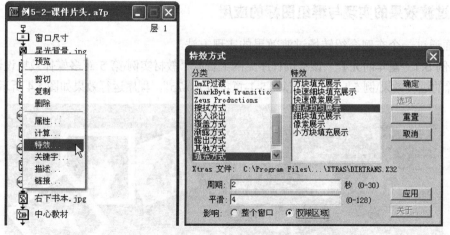

图 5.2 由快捷式菜单打开转场效果设置对话框

在转场效果设置对话框中，左边"分类"列表框中的内容是转场效果的类别，右边"特效"列表框中的内容是选中的类别选项包括的全部过渡效果。"[内部]"类别是内部过渡效果，发行时不需要附带 Xtras 文件即可实现这些效果。其他类别的过渡效果都需要 Xtras 文件的支持，发行时需要提供 Authorware 目录下的 Xtras 文件夹。当选择一种非内部过渡效果后，在两个列表框的下面将显示出这一效果所对应的 Xtras 文件。此外还可以安装更多的插件以实现更为丰富多彩的转场效果。

转场效果设置对话框中的"周期"选项用于设置过渡效果完成的时间（单位为秒）。

转场效果设置对话框中的"平滑"选项用于设置过渡的平滑程度，范围为 0~128 的整数，数值越小，过渡越平滑。

单击"应用"按钮，可以预览所设置的过渡效果。确认后，单击"确定"按钮，关闭对话框。

当一个图标中的内容被擦除时，如果不设置过渡效果，屏幕上的物体对象将突然消失。与显示转场过渡效果对应，可以设置各种擦除转场过渡效果。

为擦除图标设置过渡效果时同样需要打开"擦除模式"转场效果设置对话框，打开的方法与为显示图标设置过渡效果时采用的方法类似，可供选择的转场过渡效果也与显示图标的转场过渡效果完全相同，如图 5.3 所示。

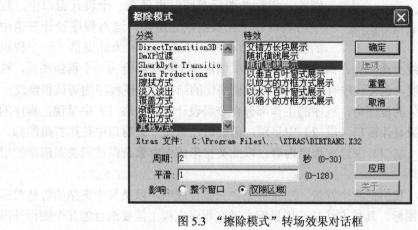

图 5.3 "擦除模式"转场效果对话框

5.1.2 过渡效果的实现与群组图标的应用

下面通过一个实例介绍转场过渡效果的实现方法。

【实例 5.1 童年时光】 该实例程序见网上资源"教材实例\第 5 章多媒体效果设计\5-1-显示与擦除的过渡效果\例 5-1-童年时光\例 5-1-童年时光.a7p",程序运行效果如图 5.4 所示。

图 5.4 "童年时光"程序运行效果

程序的原始素材只是一张三个儿童的老照片,但经过 Photoshop 处理后得到了水印效果的背景图、三个男孩的单人彩照,以及加有白色边框的反转胶片、彩色照片和黑白照片,这些照片以多种方式在屏幕上出现、消失,多彩的童年时光以一种灵动的方式被逐渐展现出来,增强了画面的感染力。

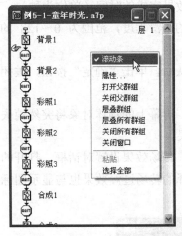

图 5.5 "童年时光"程序的滚动条

由于程序中引入了较多的显示、等待和擦除图标,因此形成了较长的流程线,在屏幕上不便完全显示。这时可用鼠标右键单击程序流程设计窗口中的空白处,在弹出的快捷式菜单中选择"滚动条"选项,为流程图加上滚动条以便浏览画面,如图 5.5 所示。

若想去掉滚动条,仍可用右键单击窗口中的空白处,在弹出的快捷式菜单中取消"滚动条"选项,关闭滚动条。

随着 Authorware 程序的设计难度不断增加,程序越来越长,图标也越来越多,尽管可以用滚动条控制浏览,但这些图标都同时出现在一个设计窗口中,程序将显得过于冗长而缺乏层次,这与程序设计理论中的模块化理念不符。Authorware 为此提供了一个群组图标,可将在流程线上连续存在而又在内容上相关联的多个图标组合为一个群组图标,这样既缩短了程序的长度,也使程序有了层次,形成模块化的结构,方便程序的调试和修改。

在层次化、模块化的程序中,程序的主体部分在一级设计窗口(层 1)中呈现;程序的局部在群组图标的二级设计窗口(层 2)中呈现,需要时还可在二级窗口中使用群组图标,并在相应的三级窗口(层 3)中建立程序内容。以此类推形成内容繁杂但逻辑关系清晰的层次结构。

在本例的程序中,我们把两个背景、三张彩照、三张合成照,以及其中夹杂的等待图标分别组合成 3 个群组图标。具体方法是,用鼠标左键在程序流程上需要组合的几个图标外围画出一个矩形虚线选框，以选中流程线上多个连续的图标，指定欲组合的图标范围；然后执行"修改"→"群组"命令，或者按"Ctrl+G"组合键，就可以将这些图标组合在一个群组图标中了，最后为群组图标命名，如图 5.6 所示。

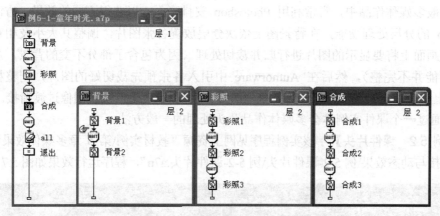

图 5.6 "童年时光"程序的分层

如果需要恢复原来的层次关系，可选中群组图标后执行菜单命令"修改"→"取消群组"，或者按"Ctrl+Shift+G"组合键，即可解除组合，使群组图标设计窗口中的多个图标回到上级窗口流程线上。

以上将多个图标成组的方法，是对程序规模缺乏事先估计的情况下，为改善程序结构而临时采取的补救措施。事实上，初学者往往有时并没有事先想好要在哪里使用群组图标，而是当问题出现或程序变得冗长不堪时，才想到需要将多个图标进行组合；在进行成组操作时又往往不顾及图标间的逻辑关系，而只是简单地将几个连续的图标合为一组，以致造成结构混乱，使程序的易读性下降，不利于程序的调试和修改。

正确的程序设计方法是预先分析程序的大致结构，将主体部分分成几个模块（完成简单功能的图标除外），每个模块使用一个群组图标；各模块中再划分出更细的模块，如此逐步完成整个程序的设计。

在程序中使用群组图标的一般操作步骤如下。

（1）拖曳一个群组图标到流程线上某适当位置以建立群组。

（2）双击打开群组图标，在群组图标窗口中的流程线上加入图标，完成次级程序内容的设计。

（3）关闭群组图标窗口。

5.2 素材的衔接与动态效果

5.2.1 利用 Photoshop 图片裁切实现图像衔接

例 5.1 中出现的各张图片均经过 Photoshop 处理，加之引入了多变的转场过渡，因而取得了多彩的显示效果。大家也许已经注意到，例 5.1 中所使用的全部图片都与演示窗口的尺寸相同，尽管从上一画面到下一画面仅有局部的变化，但也是用的一张铺满全部画面的图片覆盖的原图，这样各张图片依次重叠，若不及时擦除位于下层的原图片将会造成内存空间的浪费。因此，应在显示图标的属性设置对话框中选中"擦除以前内容"选项，以自动擦除前面的显示内容。而对于需要保留的内容，可在属性设置对话框中选中"防止自动擦除"选项，以防止被后面显示的内容自动擦除。

在一般多媒体作品中，常常利用 Photoshop 安排画面，以获得不同的效果。方法是利用 Photoshop 的分层处理功能，在背景图上依次分层放置各张图片，调整其大小及相对位置，并对每个画面上将要显示的图片进行归并裁切处理（因为包含了部分不变的背景，从单张图片看来可能并不完整），然后在 Authorware 中引入各张预先裁切好的图片，调整相对位置（与屏幕上原有画面对齐位置组合为完整画面），安排转场效果，实现图像过渡衔接。

下面通过一个课件实例体会多媒体作品片头处理的一般方法。

【实例 5.2　课件片头】　该实例程序见网上资源"教材实例\第 5 章多媒体效果设计\5-2-素材的衔接与动态效果\例 5-2-课件片头\例 5-2-课件片头.a7p"，程序运行效果如图 5.7 所示。

图 5.7　"课件片头"程序运行效果

程序运行时，在星光点点的夜空中，由左上角的星球延伸出多条数字光带，并依次出现多个通信脉冲波形。然后以此为背景拉出了用 Photoshop 制作的具有金属质感的艺术字课件标题，以及相对应的英文标题、制作单位、联系方式等。右下角是课件所介绍的实验系统设计者的原作教材，经过背景逐渐虚化，原作教材成为画面的主体。

利用 Photoshop 进行处理的 psd 格式图片及分层效果如图 5.8 所示。

图 5.8　课件界面分层处理 psd 图

由 Photoshop 合并裁切完毕，提供给 Authorware 进行组合衔接过渡的各张图片如图 5.9 所示。

图 5.9　经裁切后的素材图片

实例 5.2 的程序如图 5.10 所示。

程序实现方法与前面例子大同小异，不再赘述。

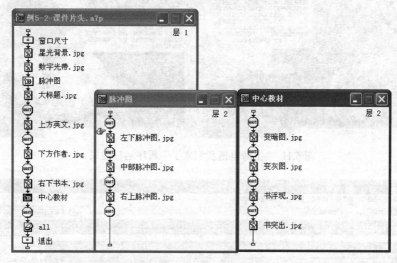

图 5.10　"课件片头"程序

5.2.2　图文综合效果的实现

利用 Photoshop 的分层处理功能，可以将多媒体程序的基本界面和各画面的图文素材全部安排妥贴后，再逐一引入 Authorware 进行衔接过渡，实现综合效果。

下面通过一个实例体会多媒体作品图文综合效果的实现。

【实例 5.3　上海世博我们来了】　该实例程序见网上资源"教材实例\第 5 章多媒体效果设计\5-2-素材的衔接与动态效果\例 5-3-上海世博我们来了\上海世博我们来了.a7p"，程序运行效果如图 5.11 所示。

程序运行时，首先出现 2010 上海世博会的会徽，然后引出标题文字"中国 2010 上海世博会　我们来了！"，随后屏幕上依次出现一些上海世博会场馆的图片和文字介绍。最后以"中国 2010 上海世博会　欢迎你！"结束演示。

在这个实例中，每屏画面都是利用 Photoshop 安排组织的。网上资源"教材实例\第 5 章多媒体效果设计\5-2-素材的衔接与动态效果\例 5-3-上海世博我们来了\资料图片组织"下带有全部的 Photoshop 效果图，可供同学们参考。其中一个画面图文素材的 psd 格式图像及分层效果如图 5.12 所示。

图 5.11 "上海世博我们来了"程序运行效果

图 5.12 在 psd 图中组织画面图文素材

实例 5.3 的程序如图 5.13 所示。

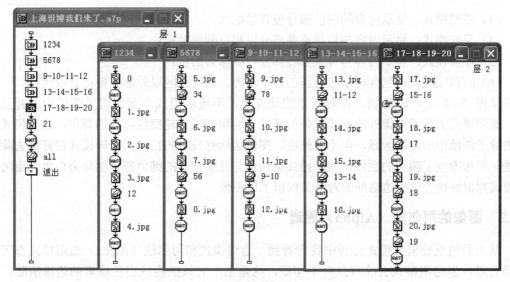

图 5.13 "上海世博我们来了"程序

程序实现方法与前面例子大同小异，不再赘述。

5.3 显示图标的属性应用

5.3.1 图像的重叠覆盖效果

当一个显示图标中的物体出现在屏幕上时，若此处原来有一个显示对象，则原物体将成为后出现物体的衬托背景。为使创作者能控制物体以其他显示对象为背景时产生不同的显示覆盖效果，Authorware 在显示图标的编辑工具箱中提供了"模式"面板，可灵活设置当前选定显示内容与背景的重叠效果。可供选择的模式和效果如图 5.14 所示。

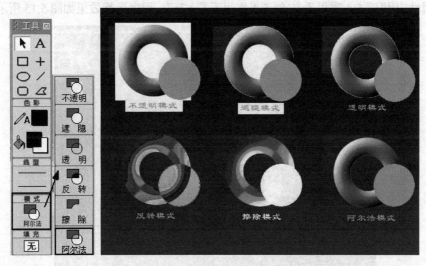

图 5.14 模式选项及重叠覆盖效果比较

（1）不透明模式：显示内容（包括边缘部分）完全覆盖背景。

（2）遮隐模式：显示内容的白色边缘部分被背景取代。

（3）透明模式：显示内容的白色部分被背景取代。

（4）反转模式：显示内容与背景重叠部分以相反颜色显示。

（5）擦除模式：显示内容与背景重叠部分被擦除为白色。

（6）阿尔法模式：包含阿尔法通道的显示内容，通道选区以外部分被背景取代。

从图 5.14 中可以看到，在对背景的处理上，不透明模式全部保留了图像中的背景区域；遮隐模式去除了图像外轮廓线以外的背景，而保留了外轮廓线以内的背景；透明模式全部去除了图像中的背景区域，但不够彻底，图像边缘有残存的白边；反转模式很好地去除了背景，但却改变了图像的颜色；擦除模式将图像与背景重叠的纯色部分擦除为白色；而阿尔法模式则很好地去除了边缘外的背景又保留了原图像。

5.3.2　图像的阿尔法（Alpha）通道

从上面的重叠覆盖模式比较中我们看到，透明模式和阿尔法（Alpha）通道模式都可以去除背景，但透明模式去除背景并不彻底，这是由于它只能将纯白色像素的边缘清除，而 Photoshop 等图像处理软件为了平滑边缘自动将图像边缘加入了灰白色像素，造成粗糙的白边效果。阿尔法（Alpha）通道模式则是将图像所在的精确位置存储为阿尔法（Alpha）通道，然后将通道选区之外（即图像之外）的范围进行清除，故可以干净彻底地去除背景。利用通道还可以任意指定保留或清除图像的某些部分。阿尔法（Alpha）通道模式借鉴了 Photoshop 处理图像的思想，为设计者提供了一个非常有用的工具。

不过，采用阿尔法（Alpha）通道模式要求原图像中带有阿尔法（Alpha）通道，这种文件（如 PSD、TIF 格式等）的存储量较大，而许多常用的图像文件（如 JPG 格式等）并不满足这个条件。透明方式不要求图像具有阿尔法（Alpha）通道，因此在要求不高的场合应用较为广泛。

下面通过实例介绍利用阿尔法（Alpha）通道显示图像的方法。

【实例 5.4　雾里看花】　该实例程序见网上资源"教材实例\第 5 章多媒体效果设计\5-3-显示图标的属性应用\例 5-4-雾里看花\例 5-4-雾里看花.a7p"，程序运行效果如图 5.15 所示。

图 5.15　"雾里看花"程序运行效果

程序中采用的图像素材中的"花"和"轻雾"都是具有阿尔法（Alpha）通道的 TIF 格

式文件，显示在深色夜幕背景上边缘非常柔和，与夜幕背景融为一体，如图5.16所示。

图5.16　花的阿尔法通道

　　屏幕上显示的"轻雾"带有一个通透的月亮门，更为风姿绰约的莲花增添了几分娇羞。然而"轻雾"的图像并无中空部分，这个效果也是运用阿尔法（Alpha）通道实现的。由于在阿尔法（Alpha）通道中，中间圆形部分被填充为黑色，所以当选择阿尔法（Alpha）通道模式显示时，这部分图像被排除在显示区域之外，形成月亮门的效果，如图5.17所示。实例5.4的程序如图5.18所示。

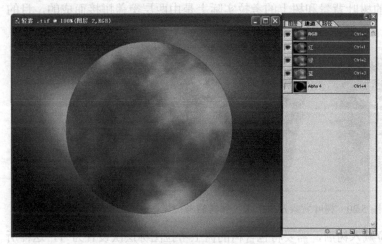

图5.17　轻雾的阿尔法通道　　　　　　　　　图5.18　"雾里看花"程序

5.3.3　显示图标的层次属性

　　一般情况下，当两个显示图标中的物体按照流程线自上而下的顺序先后出现在屏幕的同一位置上时，后出现的物体（包含于第二个显示图标中）将覆盖在它之前出现的物体（包含于第一个显示图标中）。为使创作者能灵活地控制其产生的不同的显示覆盖效果，Authorware在显示图标的属性设置对话框中提供了物体的显示"层"参数，此参数值越大，物体的覆盖能力就越强，层高的图标内容将覆盖层低的图标内容。设计者通过对不同图标中的各物体"层"参数赋以不同的值，可方便地决定各物体的覆盖能力，以产生各种效果。层的默认设置值为 0。

在显示图标的属性设置对话框中还有一个复选框"直接写屏"，其作用相当于将物体的覆盖能力设置为无穷大。选中此项，无论这个显示图标在哪里出现，它的内容都将覆盖程序中所有的显示内容。

下面通过实例学习利用显示图标的层次属性设计程序的技巧。

【实例 5.5 捉迷藏的考拉】 该实例程序见网上资源"教材实例\第 5 章多媒体效果设计\5-3-显示图标的属性应用\例 5-5-捉迷藏的考拉\例 5-5-捉迷藏的考拉.a7p"，程序运行效果如图 5.19 所示。

图 5.19 "捉迷藏的考拉"程序运行效果

程序运行时，在树叶背景上出现一只趴在树上的可爱考拉，须臾又有一只考拉从树后调皮地探出头来，与树上的考拉做起了捉迷藏的游戏。

在画面上看似浑然一体的树叶背景和树上的考拉实际上是由两层覆盖拼接而成的，目的是使第二只考拉隐藏在树后，即两层之间，如图 5.20 所示。

图 5.20 树叶背景及树上考拉和树后考拉

为使后出现的第二只考拉藏入树后，需要将包含树的树上考拉图标层次设置为 1，这样所在图标仍采用默认 0 层设置的第二只考拉自然就会被树上的考拉遮盖了，如图 5.21 所示。

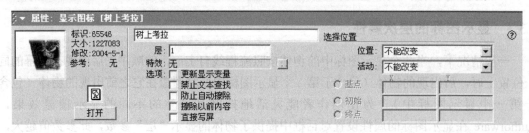

图 5.21 树上考拉的层次设置

实例 5.5 的程序如图 5.22 所示。

图 5.22 "捉迷藏的考拉"程序

5.3.4 显示图标的可移动性及显示位置

多媒体作品中的显示对象一旦显示于屏幕，其显示位置一般就固定下来不再改变了。然而在某些情况下，又需要由用户拖曳屏幕上的显示对象到某一位置。为此 Authorware 在显示图标的属性设置对话框右部提供了物体对象的"活动"和"位置"参数下拉列表框，如图 5.23 所示。

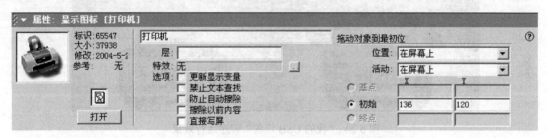

图 5.23 显示图标可移动性及显示位置的设置

（1）"位置"下拉列表框中的各项设置如下。
- 不能改变：显示位置固定为当前位置。
- 在屏幕上：显示位置为整个屏幕范围。
- 在路径上：显示位置在一条指定的路径之上。
- 在区域内：显示位置为一个指定的区域。

（2）"活动"下拉列表框中的各项设置如下。
- 不能改变：显示内容固定不可移动。
- 在屏幕上：在保持显示内容不超出屏幕范围的前提下，可以任意移动其位置。
- 任意位置：可以任意移动显示内容的位置，甚至移出屏幕范围。
- 在路径上：在保持显示内容不离开指定路径的前提下，可以任意移动其位置。
- 在区域内：在保持显示内容不离开预定区域的前提下，可以任意移动其位置。

（3）路径的设置方法。在"位置"下拉列表框中选择"在路径上"选项，在"活动"下拉列表框中选择"在路径上"选项，此时在显示对象中心出现一个小三角形，这就是路径的起点；拖曳显示对象将出现新的路径点，反复拖曳则形成一条折线路径。双击路径点可以将该点由小三角形变成小圆圈，同时其两端的折线变成曲线，再双击路径点可以还原。"撤销"按钮用来撤销上次编辑的路径点，"删除"按钮用于删除选中的路径点。用以上方法和工具可以编辑出任意需要的路径。

对话框右下方是 XY 坐标位置的设置部分。在"基点"文本框和"终点"文本框中可以设置路径的起点值（默认为 0）和终点值（默认为 100），在"初始"文本框中可精确设置显示对象在路径上的初始位置，如 50 表示程序运行后显示对象将出现在路径的中点。

（4）区域的设置方法。在"位置"下拉列表框中选择"在区域内"选项，在"活动"下拉列表框中也选择"在区域内"选项。按提示将显示对象拖曳到基点，再选择终点选项，然后按提示将显示对象拖放到终点，此时屏幕上出现一个矩形，即为显示对象的活动区域。

下面通过实例说明显示图标可移动性的应用。

【实例 5.6　我的 USB 设备】　该实例程序见网上资源"教材实例\第 5 章多媒体效果设计\5-3-显示图标的属性应用\例 5-6-我的 USB 设备\例 5-6-我的 USB 设备.a7p"，程序运行效果如图 5.24 所示。

程序运行时，画面上出现了各种采用 USB 高速接口的计算机外部设备，打印机、投影仪、数码相机、大容量优盘等一应俱全。USB 设备下方还停着一辆购物车，提示我们尽管将宝贝收入囊中，不必客气。当我们将设备拖曳到画面的下方时，它们就进入了购物车中，奇妙的虚拟商店还在谢谢我们收藏这些宝贝呢。

图 5.24　"我的 USB 设备"程序运行效果

实例 5.6 的程序如图 5.25 所示。

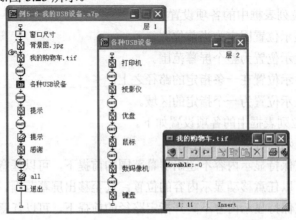

图 5.25　"我的 USB 设备"程序

在程序设计时，为使设备进入购物车中，应将购物车分为两部分，面对我们的正面和右侧面应该单独放在一个图标中，它的层参数值可被设置为1，如图5.26所示。

为使设备能够在屏幕上被移动，应将其属性中的"活动"设置为"在屏幕上"，"位置"同样设置为"在屏幕上"。

相反，为使购物车及背景图避免因用户的误操作而导致的移动，应将其位置设置为"不能改变"，活动也设置为"不能改变"，如图5.26所示。

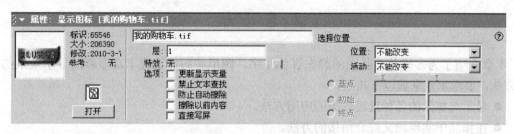

图5.26　购物车的属性设置

如果显示图标没有设置活动属性（默认属性为"不能改变"），那么在运行打包后的可执行文件时，所显示的内容是不能被移动的；相反，如果将移动属性设置为可移动的4种情况之一，运行打包后的可执行文件时，显示内容就可以被拖曳移动了。

👀注意：在Authorware内部运行程序文件时，我们会发现即使没有如上所述那样设置移动属性，显示内容也都是可以移动的。这只是为方便设计者调试程序而安排的效果，而在脱离Authorware系统环境后实际运行时即会变为不可移动了。

对于网上资源中的可执行文件"第5章多媒体效果设计\5-3-显示图标的属性应用\例5-6-我的USB设备\Published Files\Local\例5-6-我的USB设备0.exe"，由于在它的程序文件中，打印机图标未设置为可移动的，所以当设计时运行结果正常，但打包为EXE可执行文件，脱离Authorware系统环境实际运行时，其他设备完好，而打印机却变为一块顽石，再也无法被收入囊中了，令人遗憾。对比运行正确设置了各设备移动属性的程序文件"例5-6-我的USB设备.a7p"打包的EXE可执行文件"例5-6-我的USB设备.exe"，"掠夺"设备的操作得心应手，片刻之间即可将其"洗劫"一空。

既然为了方便设计者调试程序，在Authorware内部运行程序文件时允许将可移动性已被设置为不可移动的显示对象被移动，就有可能因设计者的误操作而将购物车及背景图移动，也就是说，仅将其可移动性设置为"不能改变"只能保证脱离Authorware系统环境实际运行时其不可移动。为使它们在Authorware内部运行程序文件时也不能移动，可利用代表可移动属性的系统变量Movable，将图标的可移动属性设置为"0"（为"0"表示不可移动，为"1"则表示可移动），问题就迎刃而解了。

用变量设置图标的可移动属性的方法如下。

（1）在显示图标上单击鼠标右键，在弹出的快捷式菜单中选择"计算"命令，打开一个计算图标设计窗口，如图5.27所示。

（2）在计算图标设计窗口中输入下列文本：

　　　　Movable:=0

（3）关闭计算图标设计窗口，发现原显示图标左上角已出现了一个小小的等号，表示该显示图标上已附着了一个计算图标。

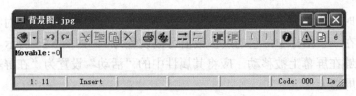

图 5.27　计算图标设计窗口

本 章 小 结

本章介绍了为多媒体作品中的静态媒体文字、图形和图像设置丰富多彩的显示效果的各种方法，要求重点掌握以下几点。

- 显示与擦除的各种过渡效果的应用方法。
- 在作品中实现图文综合衔接的方法。
- 图像的重叠层次设置方法。
- 图像的阿尔法（Alpha）通道的应用。
- 显示图标中对象的活动设置。

练 习

一、简答题

1．怎样设置显示图标的出场过渡效果？

2．怎样设置显示图标的"擦除以前内容"属性？

3．怎样设置显示图标的"防止自动擦除"属性？

4．怎样设置显示图标的"直接写屏"属性？

5．在什么场合需要设置显示图标的"更新显示变量"属性？

6．如何设置显示图标的层属性？

7．如果多个显示图标都不设置层（即取默认层 0），这些图标中显示对象的前后关系怎样？

8．怎样设置显示图标的可移动属性？

二、上机操作题

1．制作主题为"异国色彩"的图文综合画面显示程序。

2．利用带有阿尔法（Alpha）通道的一组图片制作主题为"美轮美奂中国结"的图文显示程序。

3．制作拉动飞机从云层中穿过并显示其位置的程序。

4．自行搜集素材制作一个课件主题片头程序。

第 6 章   声音与影像的应用

6.1   声音与影像概述

在课件或其他多媒体应用程序中，声音是重要的媒体对象。恰当地运用画外音，可提高学习效率；巧妙地配制背景音乐，可起到烘云托月的效果。

在原始声音素材的录制中，采样的频率和量化的精度直接影响声音的数据量。录制人声解说，一般使用 22.05 kHz 采样频率，16 位量化处理。若使用 44.1 kHz 采样频率，在效果上没有明显提高，却会大大增加数据量。Authorware 是一种多媒体集成工具，不具备录制声音素材的功能，因此要注意在引入声音素材之前，对它的数据量等指标进行分析，可用音频处理软件准备音效较好而又数据量适中的声音素材。

一般录制的声音文件，如 wav 等格式的声音文件均为波形文件，占据较大的存储空间，但音质较好，获得了较高的使用率；而低带宽的 MP3 音频文件因其占据存储空间较小同时又能保持相对较好的音质，在网上受到广泛的欢迎。这两种声音格式都是 Authorware 中常用的格式。另外，Authorware 中还可以导入 pcm、aif、vox 等格式的声音文件。

在课件或其他多媒体应用程序中，动画和影像作为特殊的媒体对象，丰富了程序的表现力，不仅能够达到令人惊叹的视觉效果，更重要的是可以逼真地展示某个动态的变化过程，起到其他媒体无法替代的作用。

数字电影文件也称为视频动画文件，一般包括 avi、mpg、mov、dir、flc、gif、swf 等多种格式。如果要利用应用程序播放影像文件，必须在用户系统中安装相关的视频播放软件。例如，播放 avi 格式的影像文件，需要安装 Microsoft Video for Windows 软件；播放 mov 格式的影像文件，需要安装 QuickTime for Windows 软件。

在采用数字电影图标播放的数字电影文件中，avi 格式为 Windows 的标准视频格式，文件占用空间较大，而经压缩的 mpg 格式文件相对较小。mov 格式的视频动画文件采用 Apple 公司的标准，需要利用 QuickTime 播放器播放。dir 格式文件是使用 Director 多媒体软件制作的交互式二维动画文件，由数字电影图标引入后适当设置选项即可完美地实现其交互功能。此外，也可由数字电影图标引入 VCD 视频文件。在 VCD 光盘中的视频文件为 dat 格式，与 mpg 格式的文件只是在文件头上有一些区别，只需将它复制到自己的目录下，再将它的扩展名修改为 mpg，即可引入到 Authorware 作品中。

gif 格式文件是基于位图的 256 色的动画文件，小巧灵活，应用广泛；swf 格式文件则是可带交互功能的 Flash 矢量动画文件，文件较小，而且可任意缩放画面大小而不影响画面质量，以上两种动画文件在 Authorware 中采用插件方式播放。

Authorware 6.5 以上版本的 Authorware 软件，可以通过一个名为 a6wmp32.xmo 的视频支持文件来播放任何 Windows Media Player 支持的文件。此外，Authorware 还具有通过 DVD 图标直接控制外部视频设备在计算机显示器上进行大容量视频信息播放的功能。

6.2 声音图标设置方法

在 Authorware 系统中，大部分声音对象（包括声效和音乐等）的引入和播放均可利用声音图标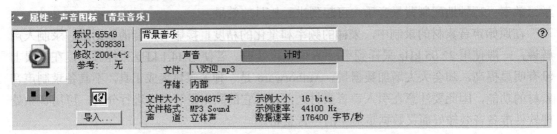实现。下面介绍声音图标属性设置对话框中的选项及其作用。

（1）导入与试播放。

● "导入"按钮：装入指定的声音文件，在"声音"选项卡的"文件"栏中将给出路径、文件名及内部装入或外部链接信息，并在下方给出声音文件的字节数、格式、声道、位数、采样频率和速率等信息，如图 6.1 所示。

图 6.1　声音图标属性设置对话框的"声音"选项卡

● ▶ 播放按钮：试播放装入的声音文件。
● ■ 停止按钮：停止声音文件的播放。

（2）执行关系设置。

声音图标属性设置对话框的"计时"选项卡如图 6.2 所示，在其下方图标的"执行方式"下拉列表框中有以下选项。

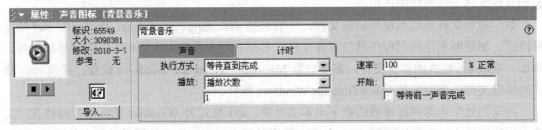

图 6.2　声音图标属性设置对话框的"计时"选项卡

● 等待直到完成：该声音图标执行完毕，下方图标才开始执行。
● 同时：该声音图标与其下方图标同时执行。
● 永久：该声音图标永久性执行，或由给定条件控制播放和结束。

（3）播放控制设置。

"计时"选项卡中的"播放"下拉列表框可有以下两种选择。

● 播放次数：可在下方栏中指定声音文件播放的固定次数。
● 直到为真：可在下方栏中指定声音文件结束播放的条件，用于灵活控制声音文件的播放。当在"执行方式"下拉菜单中选择"永久"时，声音将重复播放，直至此条件为真。

在"计时"选项卡中设置"速率"选项。可在右方栏中指定声音文件播放的速率（百分比）。

👁👁注意：某些声卡不支持声音的变速播放。

在"计时"选项卡中设置"开始"选项。可在右方栏中指定声音开始播放的条件。

在"计时"选项卡中设置"等待前一声音完成"选项。此图标之前的声音图标在"执行方式"下拉菜单中选择"同时"时有效。选择此项，此图标中的声音文件在前面图标中指定的声音文件播放结束后播放；不选择此项，直接播放此图标中的声音文件，而其前面图标中的声音文件则被忽略，即跳过不播放。

下面通过一个简单的实例来学习如何使用声音图标引入声音文件。

【实例 6.1　掌声响起来】　该实例程序见网上资源"教材实例\第 6 章声音与视频影像的应用\6-1-声音图标设置的一般方法\例 6-1-掌声响起来\例 6-1-掌声响起来.a7p"，程序运行效果如图 6.3 所示。

图 6.3　"掌声响起来"程序运行效果

实例 6.1 的程序如图 6.4 所示。

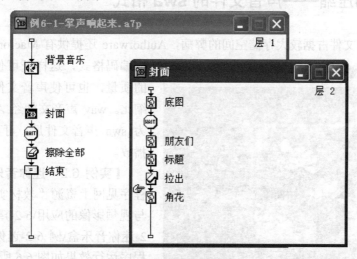

图 6.4　"掌声响起来"程序

下面介绍实例 6.1 程序的主要设计步骤和方法。

（1）拖曳图标工具箱中的声音图标到流程线的指定位置并为其命名为"背景音乐"。

（2）用鼠标左键单击流程线上的声音图标，进入其属性设置对话框；单击"导入"按钮，打开一个导入声音文件选择窗口；选择网上资源的"教材实例\第 6 章声音与视频影像的应用\6-1-声音图标设置的一般方法\例 6-1-掌声响起来"目录，并在文件目录下拉菜单中选取欲导入的声音文件"欢迎.mp3"；单击"导入"按钮，退出文件选择窗口。单击 ▶ 按钮，播放声音文件试听效果。查看属性设置对话框"声音"选项卡的"文件"栏中给出的路径、文件名、内部导入信息，以及文件的字节数、格式、声道等信息。

（3）设置对话框中的有关选项。

① 设置"执行方式"为"等待直到完成"。

② 设置"播放次数"为播放 1 次。

（4）在声音图标下方放置一个群组图标，且命名为"封面"。打开后建立多个显示、等待、运动图标，并为其输入底图、标题、角花等显示内容，然后设置标题拉出运动效果。

（5）运行程序。发现开始时只播放声音，播放完毕才显示内容。重新打开属性设置对话框，修改"执行方式"为"同时"。运行程序，声音播放与内容显示同时进行，如图 6.5 所示。

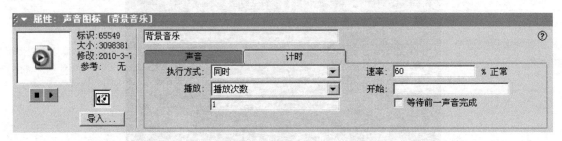

图 6.5 "掌声响起来"的"计时"选项卡的设置

（6）最后设置擦除、结束图标。

6.3 声音的压缩——声音文件的 swa 格式

图 6.6 "迷你音乐盒"程序运行效果

为改善声音文件占据较大存储空间的弊病，Authorware 还提供有 Macromedia 的 swa 压缩编码格式，这样既可使声音具有较佳的质量，也可使声音文件达到很高的压缩比。wav 声音文件经 Authorware 转化为 swa 声音文件后，可直接用声音图标播放。

【实例 6.2 迷你音乐盒】 该实例程序见网上资源"教材实例\第 6 章声音与视频影像的应用\6-2-声音的压缩\例 6-2-迷你音乐盒\例 6-2-迷你音乐盒.a7p"，程序运行效果如图 6.6 所示。

下面介绍声音文件压缩转换的方法。

（1）在 Authorware 菜单中选择"其他" → "其他" → "转换 WAV 为

SWA"命令，如图 6.7 所示。

图 6.7　声音文件压缩转换命令

（2）在打开的声音文件压缩对话框中，单击"Add Files"按钮，选择某文件夹下欲转换的 wav 格式声音文件；单击"Select New Folder"按钮，指定转换后的 swa 格式声音文件存放的位置（文件夹）；单击"Convert"按钮，进行压缩转换。当转换过程结束后，单击"Close"按钮，退出转换操作，如图 6.8 所示。

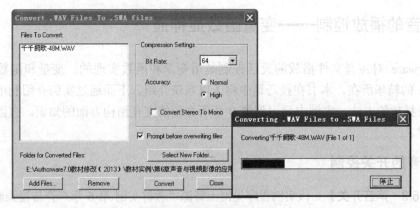

图 6.8　声音文件压缩对话框

))小技巧：可在声音文件压缩对话框中适当设置参数，以改变声道和声音质量，调节压缩比。

实例 6.2 的程序如图 6.9 所示。

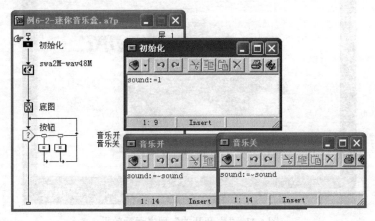

图 6.9　"迷你音乐盒"程序

下面介绍压缩声音文件播放的步骤。

程序中的声音文件采用已转换好的 swa 格式，直接用声音图标即可引入。观察声音图标属性对话框中 swa 声音文件的参数可以看出，原为 48MB 的 wav 文件转换后仅为 2MB 大小，大大减小了程序文件的尺寸，如图 6.10 所示。

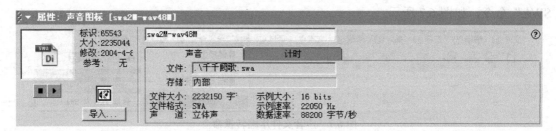

图 6.10　swa 文件的参数

程序开始的计算图标，用于设置控制声音播放、停止的变量 sound 的初值；流程线下方的交互结构（见本书第 9 章的相关内容）安排了两个重叠的按钮，以改变变量 sound 的值，从而起到对背景音乐的开、关作用。

6.4　声音的播放控制——变量函数显神通

Authorware 对声音文件播放的灵活控制是用变量和函数实现的。变量和函数的应用是 Authorware 的精华所在，本书在技巧篇中将予以系统介绍。下面通过实例介绍利用变量和函数控制声音播放的方法，实例中要用到第 9 章所介绍的交互结构方面的知识，有困难的读者可暂时跳过。

6.4.1　声音的开关控制

【实例 6.3　声音开关】　该实例程序见网上资源"教材实例\第 6 章声音与视频影像的应用 \6-3-声音的播放控制\例 6-3-声音开关\例 6-3-声音开关.a7p"，程序运行效果如图 6.11 所示。

图 6.11　"声音开关"程序运行效果

实例 6.3 的程序如图 6.12 所示。

下面介绍实例 6.3 程序的主要设计步骤和方法。

（1）在流程线上加入一个名为"声音控制变量初始化"的计算图标，输入下列语句：

```
play music:=1
```

其中：play music 是一个自定义变量，用于在音乐图标中给出背景音乐播放的条件。当
play music 为 1 时，背景音乐开始播放；当 play music 为 0 时，背景音乐停止播放。

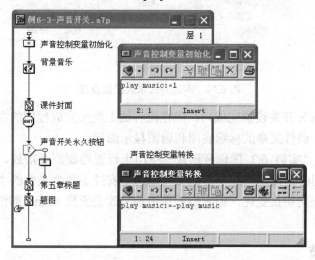

图 6.12 "声音开关"程序

（2）建立一个名为"背景音乐"的音乐图标，为它导入或链接一段背景音乐；在声音图
标属性设置对话框中设置"执行方式"为"永久"，设定"播放"框中播放的条件为"直到
为真"，并在下方框中输入"~play music"（波浪号"~"表示"非"），给出停止播放的条
件；在"开始"框中设置的声音开始播放条件为"play music"，如图 6.13 所示。

图 6.13 用变量控制音乐播放

（3）建立一个名为"课件封面"的显示图标，导入课件封面图片，并设置延时等待图标。

（4）建立一个名为"声音开关永久按钮"的交互图标，在其右下方加入一个名为"声音
控制变量转换"的计算图标，并确认交互方式为系统默认的"按钮"方式；打开交互属性设
置对话框，为它输入网上资源"教材实例\第 6 章声音与视频影像的应用\6-3-声音的播放控
制\例 6-3-声音开关"下的自制按钮；在"响应"选项卡中选择"永久"选项；将"擦除"
方式设为"在下一次输入之后"；将"分支"流向设为"返回"，以保证在程序运行的任意位
置均可单击按钮，当激活交互开关背景音乐后，仍返回原处继续运行，如图 6.14 所示。

（5）在分支上的计算图标"声音控制变量转换"中输入语句：

　　　play music:=~play music

语句的作用是使背景音乐控制变量 play music 的值变为其相反的布尔值（"TRUE"与
"FALSE"或"0"与"1"），使它在"0"与"1"之间进行切换，从而控制音乐图标中播放
的条件是否成立，实现背景音乐的开关。

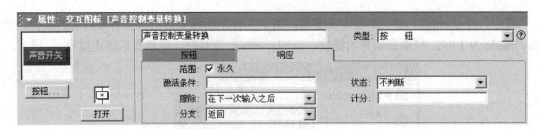

图 6.14　声音开关永久按钮设置

（6）背景音乐永久开关设置完成后，应在流程线上继续完成程序的主体部分。作为简单实例，这里仅给出了课件某章的标题底图和题图显示图标。

与此程序相似，"实例 6.2　迷你音乐盒"中用于设置控制声音播放、停止的自定义变量命名为 sound；不同的是在流程线下方的交互结构中安排了两个重叠的"开"、"关"形象按钮，以体现按钮状态的切换变化，但它们的作用都是改变变量 sound 的值，同样起到对背景音乐的开、关作用。

6.4.2　音量的调节

【实例 6.4　音量调节】　该实例程序见网上资源"教材实例\第 6 章声音与视频影像的应用\6-3-声音的播放控制\例 6-4-音量调节\例 6-4-音量调节.a7p"，程序运行效果如图 6.15 所示。

图 6.15　"音量调节"程序运行效果

实例 6.4 利用系统变量 PathPosition、外部函数 baSetVolume 实现对声音文件播放音量的调节，其程序如图 6.16 所示。

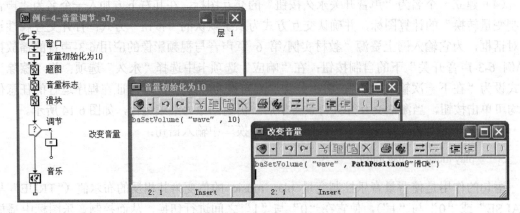

图 6.16　"音量调节"程序

下面介绍实例 6.4 程序的主要设计步骤和方法。

（1）在设置窗口大小后建立一个计算图标"音量初始化为10"，在其中输入下列语句：

baSetVolume("wave", 10)

其中，baSetVolume 函数用于对声音文件的音量设置，括号中的两个自变量用于指定播放声音文件的设备（这里的"wave"代表波形文件播放设备）和播放音量的大小（为 0～100 之间的任意值，这里的 10 为所设置的初值）。

👀注意：函数 baSetVolume 属于外部函数文件 Budapi.u32。如果 Authorware 系统的 Xtras 目录下存在此文件，则可直接从函数列表中找到此函数，否则应从文件 Budapi.u32 中装入这个函数。

（2）分别在显示图标"题图"、"音量标志"上单击鼠标右键，在弹出的快捷式菜单中选择"计算"选项，为它们附加计算图标；输入"Movable:=0"，以设置可移动性为 0，从而避免在拖曳音量滑块时误拖动题图或音量标志杆。

（3）将"滑块"图标的运动属性设置为"在路径上"；沿音量标志杆平行移动滑块建立由 0～100 的运动路径，并将"初始"值设置为 10，以与音量初值相配，如图 6.17 所示。

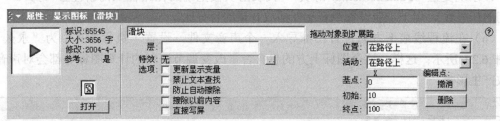

图 6.17　滑块固定路径的设置

（4）在流程线下方放置一个名为"调节"的交互图标，在其右下方加入一个名为"改变音量"的计算图标，并确认交互方式为"目标区"方式；单击鼠标左键打开交互属性设置对话框，在"目标区"选项卡中按提示单击选中演示窗口中的滑块，指定它作为拖动对象。

拖动滑块拉出目标区范围，并设置"放下"方式为"在目标点放下"，如图 6.18 所示。

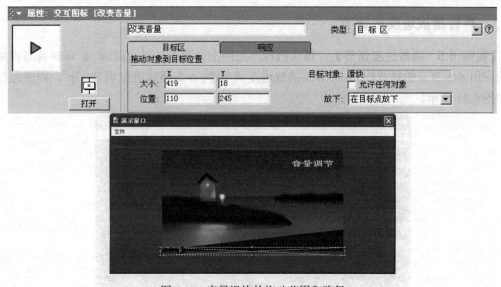

图 6.18　音量滑块的拖动范围和路径

在"响应"选项卡中将"擦除"方式设为"在下一次输入之后"；选择"永久"选项，并将"分支"流向设为"返回"，以保证在音乐图标的播放过程中，拖动滑块激活交互产生音量变化后，仍能返回音乐图标继续播放，如图 6.19 所示。

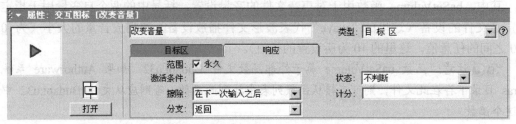

图 6.19　滑块拖动目标区交互的设置

（5）在分支上的计算图标中输入语句：

baSetVolume("wave"，PathPosition@"滑块")

其中，系统变量"PathPosition@"滑块""代表滑块被拖动后在路径上的新位置（为 0～100 之间的任意数），用于重新设置声音文件播放音量的百分比。

（6）在流程线最下方为声音图标导入一个声音文件，设置"执行方式"为"永久"，如图 6.20 所示；这样，这个图标上方的包含音量改变调节语句的计算图标等都会对声音的播放产生影响。

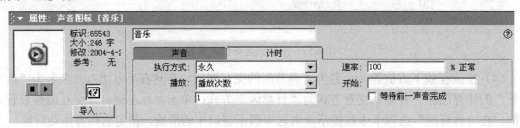

图 6.20　声音图标永久播放设置

6.4.3　声音播放进度的调节

【实例 6.5　播放进度调节】　该实例程序见网上资源"教材实例\第 6 章声音与视频影像的应用\6-3-声音的播放控制\例 6-5-播放进度调节\例 6-5-播放进度调节.a7p"；程序运行效果如图 6.21 所示。

图 6.21　"播放进度调节"程序运行效果

实例 6.5 利用系统变量 PathPosition、外部函数 MediaSeek 和变量 MediaLength 实现对声音文件播放进度的调节，其程序如图 6.22 所示。

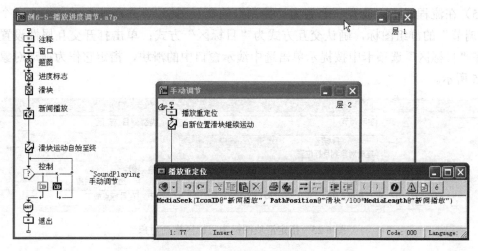

图 6.22 "播放进度调节"程序

下面介绍实例 6.5 程序的主要设计步骤和方法。

（1）分别在显示图标的"题图"、"进度标志"上单击右键，在弹出的快捷式菜单中选择"计算"命令，为它们附加计算图标。输入"Movable:=0"，以设置可移动性为 0，避免在拖曳进度滑块时误拖动题图或进度标志杆。

（2）为声音图标导入一个声音文件，设置"执行方式"为"同时"，"播放次数"为"1"，如图 6.23 所示。

图 6.23 声音图标属性设置

（3）为"滑块"设置一个运动图标，指定为"指向固定路径的终点"，设置"执行方式"为"同时"，运动时间指定为"MediaLength@"新闻播报"/1000"（滑块由起点到终点移动的秒数），如图 6.24 所示。

👀注意：这里的变量"MediaLength@"新闻播报""给出的是声音图标"新闻播报"播放的毫秒数，除以 1000 为秒数。

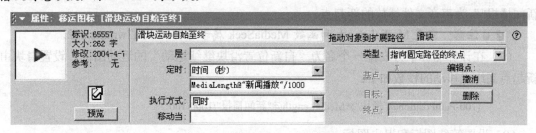

图 6.24 滑块的运动方式设置

（4）将"滑块"图标的运动属性设置为"在路径上"，并沿进度标志杆平行移动滑块建立运动路径。

（5）在流程线下方放置一个名为"控制"的交互图标，并在其右下方加入一个名为"手动调节"的群组图标，确认交互方式为"目标区"方式；单击打开交互属性设置对话框，在"目标区"选项卡中按提示单击选中演示窗口中的滑块，指定它作为拖动对象，如图 6.25 所示。

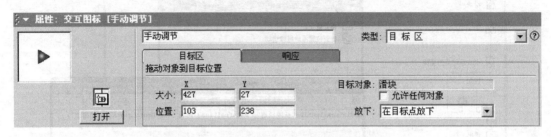

图 6.25　指定滑块图标为目标区拖动对象

拖动滑块拉出目标区范围，如图 6.26 所示，并设置"放下"为"在目标点放下"。在"响应"选项卡中将"擦除"方式设为"在下一次输入之后"，将"分支"流向设为"重试"。

图 6.26　滑块的拖动范围和固定路径

（6）在分支上的群组图标中安排一个名为"播放重定位"的计算图标，输入下列语句：

MediaSeek(IconID@"新闻播放", PathPosition@"滑块"/100*MediaLength@"新闻播放")

其中，"MediaSeek"函数用于媒体文件的定位播放，括号中的两个自变量指定播放的文件为"新闻播报"和播放的起点；系统变量"PathPosition@"滑块""代表滑块被拖动后停下的新位置，用于控制声音文件播放的新起点，表达式"PathPosition@"滑块"/100*MediaLength@"新闻播报""为声音文件播放的新起点。

👀注意：变量 MediaLength 和函数 MediaSeek 属于外部函数 a7wmme.u32。

（7）在计算图标下方安排一个名为"自新位置滑块继续运动"的运动图标，设置滑块由新起点到终点移动的秒数如下：

(100-PathPosition@"滑块")*MediaLength@"新闻播报"/1000/100

（8）设置等待图标和退出图标。

6.4.4　现场音乐与背景音乐的同时播放

【**实例 6.6　现场配乐**】　该实例程序见网上资源"教材实例\第 6 章声音与视频影像的应用\6-3-声音的播放控制\例 6-6-现场配乐\例 6-6-现场配乐.a7p",程序运行效果如图 6.27 所示。

图 6.27　"现场配乐"程序运行效果

实例 6.6 采用音乐图标播放背景音乐文件并采用了变量控制开关,同时又利用可扩充 Authorware 功能的 Direct Media Xtra 外部插件播放现场音效文件,避免了因使用波形播放设备而产生的冲突,其程序如图 6.28 所示。

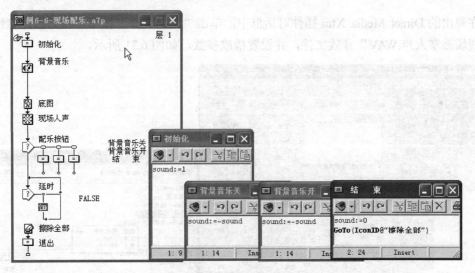

图 6.28　"现场配乐"程序

下面介绍实例 6.6 程序的主要设计步骤和方法。

(1) 在流程线上加入一个名为"初始化"的计算图标,设置控制背景音乐播放、停止的自定义变量 sound 并为它赋初值 1。

(2) 建立一个名为"背景音乐"的音乐图标,为它链接一段背景音乐;在声音图标设置对话框中设置"执行方式"为"永久",设定"播放"下拉列表框中播放的条件为"直到为真",并在其下方框中输入"~sound",给出停止播放的条件;在"开始"文本框中的声音开始播放条件为"sound",如图 6.29 所示。

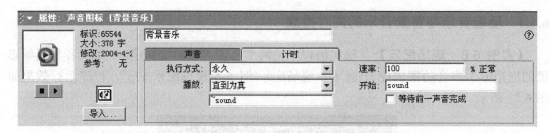

图 6.29 背景音乐播放设置

（3）建立一个显示图标，输入底图。

（4）从 Authorware 菜单中选择"插入"→"Tabuleiro Xtras"→"DirectMediaXtra"命令，在流程线上插入一个名为"现场人声"的 Direct Media Xtra 插件，如图 6.30 所示。

图 6.30　Direct Media Xtra 插件的插入

在弹出的 Direct Media Xtra 插件对话框中，单击"浏览文件"按钮，打开指定文件夹中的"现场鼓掌人声.WAV"音效文件，并设置播放参数，如图 6.31 所示。

图 6.31　在 Direct Media Xtra 插件属性对话框中打开音效文件

👀注意：Direct Media Xtra 是一个用于各种媒体文件播放的外部功能插件，需要将 Direct Media Xtra.x32 文件放置在 Authorware 的 Xtras 目录中才可使用。关于插件的使用请参看本书技巧篇的介绍。

（5）建立一个名为"配乐按钮"的交互图标，并在其右下方加入一个名为"背景音乐关"的计算图标，确认交互方式为系统默认的"按钮"方式；打开交互属性设置对话框，在"响应"选项卡中选中"永久"复选框，并在其下方的"激活条件"文本框中输入

"sound"，以保证仅在背景音乐播放时才出现"背景音乐关"按钮；将"擦除"方式设为"在下一次输入之后"，将"分支"流向设为"返回"，如图 6.32 所示。

图 6.32 "背景音乐关"按钮的分支设置

（6）复制"背景音乐关"分支图标，并在它下方粘贴两个同样的分支，分别命名为"背景音乐开"和"结束"。将"背景音乐开"的"激活条件"文本框中的"sound"条件改为"~sound"，以保证仅在背景音乐停止时才出现"背景音乐开"按钮；去掉"结束"的"激活条件"文本框中的"sound"条件；仔细调整"背景音乐关"和"背景音乐开"两个按钮的位置，使它们完全重叠。

◄))小技巧：由于以上两个按钮的激活条件相反，因此在屏幕上不会同时出现，故造成一个"开"、"关"反复切换变化的按钮效果。

（7）在分支上的计算图标"背景音乐关"、"背景音乐开"中均输入控制播放条件切换的语句：

    sound:=~sound

（8）在分支上的计算图标"结束"中输入结束播放的语句：

    sound:=0

（9）建立一个名为"延时"的交互图标，并在其右下方加入一个名为"FALSE"的群组图标；修改交互方式为"条件"方式，打开交互属性设置对话框，如图 6.33 所示。将"擦除"方式设为"在下一次输入之后"，将"分支"流向设为"重试"，以实现延时交互结构的无限循环。

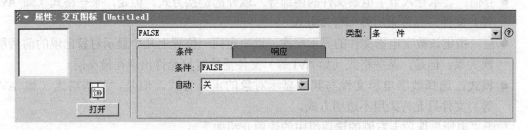

图 6.33 延时交互无限循环设置

（10）在无限循环之后设置程序结尾的"擦除全部"图标及"退出"计算图标。

（11）在分支上的计算图标"结束"中加入跳转到程序结尾的语句：

    GoTo(IconID@"擦除全部")

这样可跳过延时循环结构，在擦除屏幕上的显示对象后结束程序运行。

6.5 数字电影图标设置的一般方法

在 Authorware 系统中,动画对象和影像对象大部分是依靠数字电影图标来播放的。数字电影图标的属性设置对话框如图 6.34 所示。

1. 属性选项及其作用

下面介绍数字电影图标属性设置对话框中的选项及其作用。

(1) 导入与试播放按钮。

● "导入"按钮:导入指定的数字电影文件。

● 左侧的一组按钮:试播放导入的数字电影文件,可逐帧观看以利于定位播放。

左侧的帧数标识区给出了导入的数字电影文件的总帧数及当前帧的编号。

图 6.34 数字电影图标的属性设置对话框

(2) "电影"选项卡的信息与选项(文件属性与基本操作设置)如图 6.35 所示。

图 6.35 "电影"选项卡的信息与选项

● 文件:选取或设置导入数字电影文件的路径与文件名。

● 存储:显示导入数字电影文件的内部导入或外部链接方式。但是,某些格式(如 AVI 等)文件只允许采用外部链接方式。

● 层:指定该数字电影文件的显示层次,以决定同一位置上几个显示对象出现的前后层次关系。但是,某些格式(如 AVI 等)文件播放时只允许出现在最高层。

● 模式:选择数字电影文件与其他显示对象的重叠方式。但是,某些格式(如 AVI 等)文件只允许采用不透明方式。

位于"电影"选项卡右侧的选项组中的选项介绍如下。

● 防止自动擦除:防止影片被后面某些图标属性中设置的"擦除以前内容"属性擦除。

● 擦除以前内容:擦除前面图标对象显示的内容。

● 直接写屏:指定该数字电影文件出现在最前面。但是,某些格式(如 AVI 等)文件播放时只允许出现在最前面。

● 同时播放声音:播放数字电影文件中的配音。

● 使用电影调色板:使用数字电影文件本身的调色板。

● 使用交互作用：允许交互作用，仅适用于 Direct 格式中具备交互功能的影像文件。

（3）"计时"选项卡的信息与选项（与时间和控制有关的设置）如图 6.36 所示。

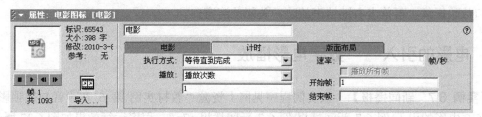

图 6.36 "计时"选项卡的信息与选项

"执行方式"下拉列表框中有下列 3 种选择。

● 等待直到完成：等待此图标影像播放结束后再执行后面的图标。

● 同时：此图标影像的播放与后面的图标同时执行。

● 永久：永久播放。

"播放"下拉列表框中有 3 种选择。

● 重复：反复播放。

● 播放次数：设置固定播放次数。

● 直到为真：反复播放直到此条件为真。

"速率"选项：指定数字电影文件的播放速度（帧/秒）。

"播放所有帧"选项：顺序播放每一帧（不跳帧）。若发现播放速度过慢造成声像不同步，可不选此项，这时在播放过程中将自动跳过若干帧以保持声像同步。

"开始帧"和"结束帧"选项：可填入帧数或用变量控制开始帧和结束帧。

（4）"版面布局"选项卡的信息与选项（与显示位置有关的设置）与一般显示图标相似，在此不再赘述。

2. 设置方法

下面介绍数字电影图标的设置方法。

（1）设定数字电影图标，进入其选择对话框。

① 用鼠标拖曳图标工具箱中的数字电影图标到流程线的指定位置并为其命名。

② 在影片属性窗口中，单击"导入"按钮，打开数字电影文件导入对话框，导入选定的文件。一般文件采用外部链接方式，对某些尺寸较小的文件（如 FLC 格式等），则可选择内部装入方式。

文件导入后将显示影像的帧数信息，此时可单击对话框左侧的一组按钮浏览测试影像每帧内容。

（2）设置对话框中的各个选项。

（3）播放画面定位与播放窗口的尺寸设置。

运行程序，在播放过程中用"Ctrl+P"组合键暂停，选中播放画面内部一点，将画面拖曳到某一位置，以便与屏幕上的其他显示对象（如播放内容的外加边框、电视机外框等）相协调。

某些数字电影文件（如 AVI、MOV 格式的文件）允许重新设置播放窗口的大小，方法是在程序运行播放时按组合键"Ctrl+P"暂停，单击电影播放画面使播放窗口四周出现控制柄，拖动控制柄，拉伸画面到适当大小。但播放窗口的改变将对影像播放效果产生影响。

此外，若需要在流程设计窗口中浏览某个数字电影图标的内容，可单击鼠标右键打开预演窗口放映影像，再单击右键结束放映，关闭预演窗口。

6.6 电影的引入——数字电影播放

【**实例 6.7 新闻播报**】 该实例程序见网上资源"教材实例\第 6 章声音与视频影像的应用\6-6-电影的引入\例 6-7-新闻播报\例 6-7-新闻播报.a7p"，程序运行效果如图 6.37 所示。

实例 6.7 的程序如图 6.38 所示。

图 6.37 "新闻播报"程序运行效果　　　　　　图 6.38 "新闻播报"程序

下面介绍实例 6.7 程序的主要设计步骤和方法。

（1）建立 3 个显示图标，分别输入电视机图片、按钮图片和操作提示。再建立一个等待图标，选中"单击鼠标"选项和"按任意键"选项，不设置等待时间和按钮，以等待用户单击进入数字电影播放。

（2）直接拖曳网上资源"教材实例\第 6 章声音与视频影像的应用\6-6-电影的引入\例 6-7-新闻播报"中的视频文件"新闻节目.mpg"到流程线上，自动建立一个以视频文件名命名的数字电影图标，如图 6.39 所示。

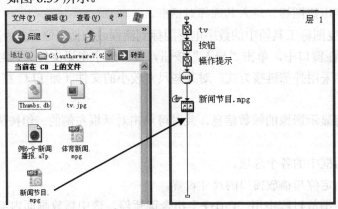

图 6.39 直接拖入视频文件建立数字电影图标

（3）单击打开数字电影图标属性设置对话框，查看系统默认的设置和视频文件的属性参数，并试播放以观察程序运行效果，如图 6.40 所示。

（4）在流程线上最后安排等待图标和退出图标。

图 6.40　系统默认的数字电影图标播放设置

6.7　电影的播放控制——变量巧安排

6.7.1　电影播放的帧数控制

【**实例 6.8　帧数电压表**】　该实例程序见网上资源"教材实例\第 6 章声音与视频影像的应用\6-7-电影播放控制\例 6-8-帧数电压表\例 6-8-帧数电压表.a7p"，程序运行效果如图 6.41 所示。

图 6.41　"帧数电压表"程序运行效果

运行时每次向前拨动滑块，电压表指针随之向右移动，停留在等比例变化的刻度值位置，反向亦然。电压表指针的运动实际上是一个 MOV 格式的小动画，自第 1 帧到第 18 帧实现了指针由 0 到最大值的变化过程。程序中使用了系统变量 PathPosition 和自定义变量 start、stop， start、stop 控制每次播放的起止帧数。每次拨动滑块均由滑块位置 PathPosition 重新给定动画此次播放的终止帧 stop，而起始帧 start 则是上一次动画的终止帧，即指针原停留位置，这样就用分段播放的动画实现了视频文件的逐次播放帧数的调节，其程序如图 6.42 所示。

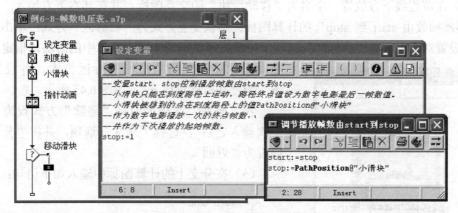

图 6.42　"帧数电压表"程序

下面介绍实例 6.8 程序设计的关键点。

（1）建立一个计算图标，在其中输入语句：

　　stop:=1

以设置动画播放终止帧的初始值。

由于起始帧 start 的初始值在定义时已被系统初始化为 1，因此此时动画播放停留在第 1 帧，指针保持在电压表最小值位置，呈静止状态。

（2）建立数字电影图标，导入电压表指针动画的 MOV 文件，观察起始帧数值，将"执行方式"设置为"永久"，设置每次播放的起止帧数分别为变量 start 和 stop 的值，如图 6.43 所示。

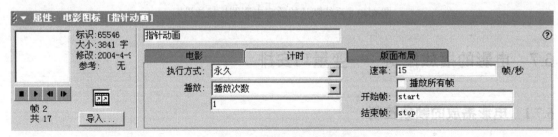

图 6.43　电压表动画播放设置

（3）在数字电影图标上方建立两个显示图标，分别显示刻度线和小滑块；设置小滑块的运动属性，只允许在刻度路径上运动；路径终点值设为数字电影最后一帧的数值 18，沿刻度线平行移动滑块建立由 0～18 的运动路径，如图 6.44 所示。

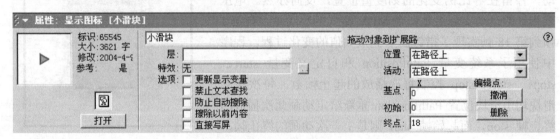

图 6.44　滑块运动属性起终点设置

（4）在流程线下方放置一个名为"移动滑块"的交互图标，并在其右下方加入一个名为"调节播放帧数由 start 到 stop"的计算图标；确认交互方式为"目标区"方式；单击打开交互属性设置对话框，在"目标区"选项卡中按提示单击选中演示窗口中的滑块，指定它作为拖动对象；拖动滑块拉出目标区范围，并设置"放下"为"在目标点放下"，如图 6.45 所示。

在"响应"选项卡中将"擦除"方式设为"在下一次输入之后"，选择"永久"选项，并将"分支"流向设为"返回"。

（5）在分支上的计算图标中输入如下语句：

图 6.45　滑块调节范围和路径设置

start:=stop
stop:=PathPosition@"小滑块"

这里设置了新一次动画播放的起止帧。起始帧 start 改为上次播放的终止帧 stop，系统变量"PathPosition@"小滑块""代表滑块被拖动后在路径上的新位置（为 0～18 之间的任意值），用于重新设置动画播放的终止帧 stop。此时由于动画播放属性被设置为"永久"，计算图标中新改变的起止帧将控制它完成新一次的播放。

6.7.2 电影播放的速度控制

【实例 6.9 可调速旋钮】 该实例程序见网上资源"教材实例\第 6 章声音与视频影像的应用\6-7-电影播放控制\例 6-9-可调速旋钮\例 6-9-可调速旋钮.a7p"，程序运行效果如图 6.46 所示。

运行时每次顺时针拨动旋钮上的调节点，动画播放速度就会随之加快，逆时针拨动时速度就会减慢。程序中仍使用系统变量 PathPosition，每次拨动调节点均由其位置参数 PathPosition 重新给定用于控制速度的自定义变量 speed 的值，从而实现用旋钮控制动画的变速播放，其程序如图 6.47 所示。

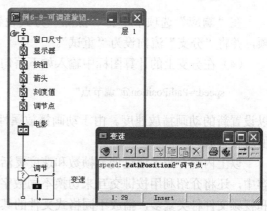

图 6.46 "可调速旋钮"程序运行效果   图 6.47 "可调速旋钮"程序

下面介绍实例 6.9 程序设计的关键点。

（1）在建立计算图标并设置窗口尺寸后，建立几个显示图标，分别用于显示按钮、显示器等对象，注意将调节点作为独立的对象放在一个显示图标中。设置调节点图标的运动属性，只允许其在旋钮的刻度点半圆形路径上运动。

（2）建立数字电影图标，导入一个动画文件，将"执行方式"设置为"永久"，"播放"选项设置为"重复"，播放"速率"设置为"speed*2"，以增强变化效果，如图 6.48 所示。

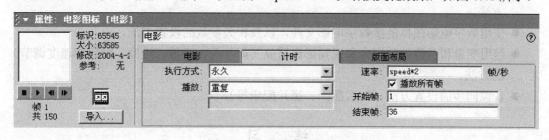

图 6.48 动画播放速度设置

（3）在流程线下方放置一个名为"调节"的交互图标，并在其右下方加入一个名为"变速"的计算图标；确认交互方式为"目标区"方式；单击打开交互属性设置对话框，在"目标区"选项卡中按提示单击选中演示窗口中的调节点，指定它作为拖动对象。拖动调节点到旋钮中心设定目标区范围，并设置"放下"方式为"在目标点放下"，如图 6.49 所示。

图 6.49　调节点调节范围和路径的设置

在"响应"选项卡中将"擦除"方式设置为"在下一次输入之后",选择"永久"选项,并将"分支"流向设为"重试"。

(4)在分支上的计算图标中输入如下语句:

```
speed:=PathPosition@"调节点"
```

以设置新的动画播放速度。由于动画播放属性被设置为"永久",动画将即时改用新的速度值进行播放。

以上内容介绍了通过调节帧数和速度灵活控制数字电影播放的简单方法。在第 9 章的内容中,还将介绍利用按键交互来切换不同数字电影的播放以模拟电视频道转换的实例。动画和视频文件种类繁多,播放不同格式文件的其他途径可参见本书第 14 章中的介绍。

本 章 小 结

本章介绍了多媒体作品中两种重要媒体(声音和视频影像,即数字电影)的引入、控制播放和同步设置等方法,要求重点掌握以下几点。

● 使用声音图标引入声音文件或链接声音文件,以及相关参数的设置方法和声音压缩的方法。

● 使用数字电影图标链接数字电影文件,以及相关参数的设置方法。

● 运用变量和函数控制声音和视频影像播放(如开关、音量、进度、帧数和速度调节)的方法。

● 音像同步的设置方法(如音配画、影片配乐等)。

练 习

一、选择题

1. 设置声音属性时,在"播放"下拉列表框中选择"直到为真"选项,可以达到的效果是什么?

　　A. 当条件满足时,声音文件开始播放

　　B. 当条件满足时,声音文件将自动删除

C．当条件满足时，声音文件停止播放

D．当条件不满足时，声音文件开始播放

2．"播放"区域中的"播放次数"表示什么？

A．只要声音启动，就不断重复地播放

B．播放指定的次数

C．一直播放，直到下面的条件满足

D．一直播放，直到程序退出

3．有关 Authorware 的媒体同步功能，下列说法错误的是哪一个？

A．让两个不同的对象同时产生运动

B．可以实现以音乐为背景的交互响应

C．在声音图标或电影图标的右侧不能再继续添加其他类型的图标

D．通过媒体同步功能，可以在其他类型的图标中处理基于时间关系的问题

二、简答题

1．声音文件有哪些常见格式？

2．引入声音素材时有哪些操作步骤？

3．在声音图标的设置中，"等待直到完成"选项与"同时"选项有什么区别？

4．在 Authorware 中，怎样将 WAV 格式的声音压缩成 SWA 格式的声音？

5．数字电影文件有哪些常见格式？

6．引入 AVI 视频素材时有哪些操作步骤？

7．能不能将 AVI 视频素材引入 Authorware 程序内部？

8．设置视频与其他媒体同步时，同步单位"秒"与"位置"有什么不同？

三、上机操作题

1．为"新新手机"程序加入铃声。

2．为"蜂语花丛"程序加入蜜蜂的嗡嗡声（要求与运动同步）。

3．压缩一段 WAV 音乐并配入"童年时光"程序。

4．为一段音乐家演奏录像的结尾配上掌声。

第7章 运动效果设计

在多媒体作品中，如果各种对象都仅仅是被静止地摆放在屏幕上，那么即使引入了图形、图像、文字等多种媒体，也仍会使人感到十分单调，缺乏动感。Authorware 作为一个多媒体对象的集成环境，自身虽不具备制作动画文件的功能，但它提供了一个移动图标，可使屏幕上的文字、图形、图像、影像等对象按不同方式运动，形成位移动画效果。

7.1 运动效果设计概述

7.1.1 移动图标的作用

移动图标☑的作用是移动某个物体对象，使这个物体对象产生各种位移运动效果。

移动图标所移动的对象可以是显示图标中静止的文字、图像，也可以是数字电影图标中变幻的动画或影片。例如，它可以使显示图标中的文字标题飞入屏幕画面，可以使显示图标中的云朵飘荡、月亮升起，还可以使影像图标播放的动画中在原地空转的汽车按照一条给定的路线在屏幕画面上开过；此外它还可以模拟许多更复杂、更精确的位移动作。

移动图标是以屏幕上的某一物体作为移动对象的，因此这个被移动的物体应该预先显示于屏幕上（也可能位于屏幕之外），即要求包含被移动物体的图标应放置在程序流程线上的移动图标之前，否则无法指定移动哪个物体。

为移动图标指定移动对象，是依靠指定一个包含被移动物体的图标来完成的；一旦指定了某个图标，这个图标中所有的显示内容将同时被移动，因此应把欲移动的物体单独放置在一个图标中。

物体对象的各种不同的运动，是由在移动图标中选择的不同移动类型决定的。通过在移动图标中设置各种选项和参数，可以灵活地设计物体对象运动的细节，在屏幕上产生丰富的视觉变化效果。然而各种移动方式都只能提供对象的位移，而不能实现对象的旋转。

7.1.2 物体对象的各种移动类型

为实现各种运动效果，系统提供了 5 种不同的移动类型，如图 7.1 所示。

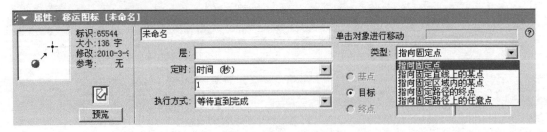

图 7.1 各种移动类型

各种移动类型的特点和适用情况如下。

（1）"指向固定点"。将一个移动图标设定为"指向固定点"移动类型，可以使物体从屏幕上（或屏幕外）当前所在位置直接移动到预先设定的终点位置（目标）。物体移动的路径自动设定为由起点至终点的直线，物体移动的速度可灵活设定。

这种移动类型适用于制作文字标题的飞字效果，或用于其他不需要设定复杂运动轨迹的场合。

（2）"指向固定直线上的某点"。将一个移动图标设定为"指向固定直线上的某点"移动类型，可使物体移动的终点落在一条预先指定的直线上的指定位置，并可以灵活设定物体移动的速度。

这种移动类型适用于以变量或表达式控制仪表的线性刻度盘上指针的移动效果，或用于将物体移动的终点控制在一条直线上指定位置的场合。

（3）"指向固定区域内的某点"。将一个移动图标设定为"指向固定区域内的某点"移动类型，可以使物体从屏幕上的任意起始位置，以直线方式移动到指定区域（坐标系）的指定位置，这一位置的横、纵坐标根据给定的变量或表达式的值确定。这种移动类型也可以灵活设定物体移动的速度。

这种移动类型适用于不需要考虑移动路径，而只需要将物体移动的终点精确地控制在某个坐标系（矩形区域）中的场合。

（4）"指向固定路径的终点"。将一个移动图标设定为"指向固定路径的终点"移动类型，可以使物体从起点沿着一条任意给定的直线或曲线（一般为曲线，直线采用"指向固定点"自动设置路径更为方便）移动到终点。若物体在开始移动前不在路径的起点，则先跳到起点再沿路径移动。物体移动的路径由设计者给出。这种移动类型也可以灵活设定物体移动的速度。

"指向固定路径的终点"移动类型允许设计者采用设置关键点的方法自行指定任意的曲线作为移动的路径，非常灵活，且移动效果多样。这种移动类型适用于使物体沿一条固定的复杂路径（如曲线轨迹）移动到终点的场合，如球体的落地弹跳运动等。

（5）"指向固定路径上的任意点"。将一个移动图标设定为"指向固定路径上的任意点"移动类型，可使物体沿着路径移动到移动路径上的指定位置（目标点）。物体移动的路径通过任意设置多个点加以确定，且需要预先为移动路径设定起点和终点的值。物体移动时根据设计者给定的变量或表达式的值确定路径上对应的一点，作为对象移动的目标点位置。这种移动类型也可以灵活设定物体移动的速度。

"指向固定路径上的任意点"移动类型不仅可指定任意曲线作为移动的路径，而且还可以灵活控制移动的终点位置。这种移动类型适用于物体在复杂路径上移动并停在路径上某一位置（不一定到达终点）的场合，如模拟圆形仪表盘上的指针运动，追逐游戏中棋子在棋盘路径上的运动等。

7.1.3 移动路径的设定

移动路径确定了对象的移动轨迹。对象移动的路径轨迹仅在设计过程中出现，在程序运行中对象将按预先设计的路径平滑地移动。在"指向固定点"移动类型、"指向固定直线上的某点"移动类型和"指向固定区域内的某点"移动类型下，对象采取直线运动的方式，运动路径无须设定。

在"指向固定路径的终点"移动类型和"指向固定路径上的任意点"移动类型下，运动路径由设计者自行设定，可以设定为直线，也可以设定为曲线。

以"指向固定路径的终点"移动类型为例，在移动图标属性对话框中设定移动路径的方法如下。

（1）对话框标题栏下右侧给出了移动类型，左侧提示设计者选取屏幕上某一欲移动的对象。此时单击选中某一显示物体，出现提示，要求设计者为物体创建移动路径，如图 7.2 所示。

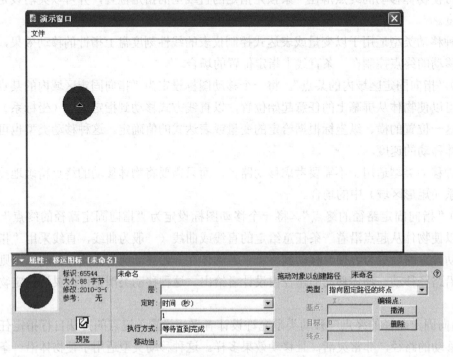

图 7.2　要求为物体创建移动路径

（2）将对话框移到屏幕适当位置，观察到物体中心位置出现一个黑色三角形，标志当前点为移动路径的起始点。设计者所设定的每个关键点都有一个三角形标志（当前选择点的标志为黑色），系统自动连接这些点，就形成了移动的路径。

（3）用鼠标左键单击并拖动物体到设想的路径上的一点，然后释放鼠标，发现一条直线自动连接了上一点和当前点。可重复设置路径上各点，最后形成一条路径，如图 7.3 所示。

（4）用鼠标左键单击并拖动路径上的三角标记，可调整路径上各点的位置。

（5）若需在路径上增加关键点，可以用鼠标单击路径上某点，一个新的标记将出现在单击位置。若需在路径的最后增加一点，可以用鼠标单击并从路径上拖动物体至路径外某一位置，释放鼠标后一个新的关键点标志出现，原路径延伸到新增关键点处。

（6）若需在路径上删除一个关键点，可以用鼠标选中此点，然后在属性对话框中单击"删除"按钮。

（7）用以上方法创建的路径由三角形标志指定关键点，各点之间以直线连接，形成折线路径。若想改用弧线连接，可以双击点的三角标志，使它变为圆形标志，邻接线段就会变为弧线，可采用此方法改变其他关键点，将路径变为一条平滑的曲线。再次双击点的圆形标志，它又重新变为三角形标志，邻接弧线重新变为直线。

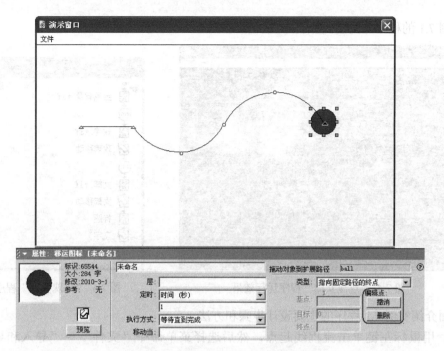

图 7.3　拖曳物体到指定关键点创建路径

（8）创建一个闭合路径时，应将终点设置为与起点重合。如果起点覆盖终点，物体将正向移动；如果终点覆盖起点，物体将反向运动。

提示：在路径的设置过程中可随时单击"撤销"按钮撤销上一次操作的结果，重复地单击"撤销"按钮可以比较原路径与新路径的差异，以决定取舍。

7.1.4　移动图标设置的一般方法

利用移动图标使物体产生运动的一般方法如下：

（1）在流程线上放置一个图标（显示图标或数字电影图标），将欲移动的物体放在这个图标中，并为它命名。

（2）在流程线上欲移动的物体所在图标的下方放置一个移动图标，并为它命名。

（3）单击移动图标，在屏幕下方将出现一个移动图标属性对话框。首先确定物体的移动类型，在右侧的移动类型下拉菜单中，系统默认的移动类型为"指向固定点"移动类型，也可从中选择其他移动类型。

（4）单击屏幕上某一物体，将它指定为移动对象，移动它以指定定位点、定位直线、定位平面或创建移动路径。

（5）在设置对话框中设置相关参数。

（6）单击"预览"按钮，观察移动效果，可反复修改移动路径和定位点等相关参数，直至满意为止。

下面通过一个实例介绍移动图标设置的方法。

【实例 7.1　玫瑰女郎】　该实例程序见网上资源"教材实例\第 7 章运动效果设计\7-1-概述\例 7-1-玫瑰女郎\例 7-1-玫瑰女郎.a7p"，程序运行效果如图 7.4 所示。

程序运行时，"手持玫瑰花"和"女郎"从屏幕之外先后移入画面并互相靠近，最后标题也从画面外飞入。

实例 7.1 的程序如图 7.5 所示。

图 7.4 "玫瑰女郎"程序运行效果

图 7.5 "玫瑰女郎"程序

下面介绍实例 7.1 程序的主要设计步骤和方法。

（1）用鼠标左键单击流程线起点，然后选择菜单命令"文件"→"导入和导出"→"导入媒体"，在手指位置依次导入网上资源"教材实例\第 7 章运动效果设计\7-1-概述\例 7-1-玫瑰女郎"下的 3 张图片"金色背景.tif"、"玫瑰.tif"和"女郎.tif"。

（2）在打开"金色背景.tif"图标后，按住"Shift"键分别双击打开"玫瑰.tif"和"女郎.tif"图标，将它们拖曳到画面左右边缘位置，使它们仅露出一角。

（3）分别在"玫瑰.tif"和"女郎.tif"图标下方各放置一个移动图标，并为它们命名。

（4）试运行程序，到移动图标"玫瑰移动"时自动暂停；屏幕下方出现"玫瑰移动"移动图标的属性设置对话框，默认移动类型为"指向固定点"，默认执行方式为"等待直到完成"；出现"单击对象开始移动"的提示。

（5）单击屏幕左下角的"玫瑰"，属性设置对话框左侧方框中显示出"玫瑰.tif"缩略图，将此图标作为欲移动的对象，然后直接拖曳"玫瑰"到屏幕上，为它确定移动终点位置，单击"预览"按钮，观看移动效果。

（6）用同样方法设置"女郎移动"移动图标属性设置对话框中的参数。

（7）试运行程序，发现女郎的移动要在玫瑰移动完成后才开始。为使它们的运动更加和谐紧凑，修改"玫瑰移动"移动图标属性设置对话框中的执行方式为"同时"，此时的效果为二者同时从左右两方开始运动，如图 7.6 所示。

为加强变化效果，还可以在"玫瑰移动"移动图标之后加入一个等待图标（不出现按钮），并适当设置时间，使玫瑰出现片刻后女郎再开始运动。

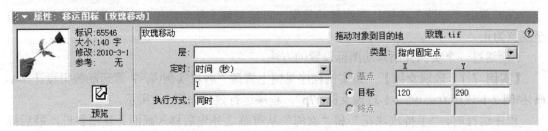

图 7.6 玫瑰移动图标属性设置

（8）为了改进开始时画面左右两角露出玫瑰和女郎的情形，分别单击"玫瑰.tif"和"女郎.tif"显示图标，在属性设置对话框中修改其起始点数值，使它们显示于屏幕画面之外，如图 7.7 所示。在 640 像素×480 像素的屏幕中，左上角的坐标位置为（0,0），右下角的坐标位置为（640,480）。

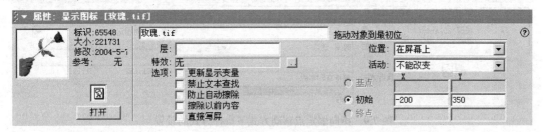

图 7.7　玫瑰显示图标起始点设置

（9）最后加入显示图标"标题"并输入文字"玫瑰女郎"，安排移动图标"飞字"，用上述方法为它设置从画面左上角外飞入画面的效果。

下面通过多个实例分别介绍各种移动类型的参数设置，以及利用它们实现各种运动效果的技巧。

7.2　终点定位运动——指向固定点移动方式

指向固定点移动类型只需设计者指定运动对象和终点，系统将自动给出物体对象移动的路径，即从起点到终点的直线轨迹。指向固定点移动方式是移动的默认方式。

单击流程线上的移动图标，屏幕下方出现移动方式属性设置对话框，其左侧方框中显示物体对象按该方式运动的示意图，小方框中显示移动图标标志，在其右侧显示该图标的有关信息，单击"预览"按钮可观看运动效果。

移动方式属性设置对话框中需要设置的参数包括以下几项。

（1）图标名称：在对话框中部的文本框中给出了该移动图标的名称（方便查找或控制程序转移），若在此对它进行修改，则流程线上移动图标的名称也将随之改变。

（2）层：指定物体在运动中与其他物体重叠时的覆盖能力，此参数值越大，其覆盖能力就越强。

（3）定时：指定显示图标中物体运动的速度，既可以输入常量，也可以输入变量或表达式，以便控制物体以恒定速度运动，或者在不同条件下以不同的速度运动。指定速度的两种方式如图 7.8 所示。

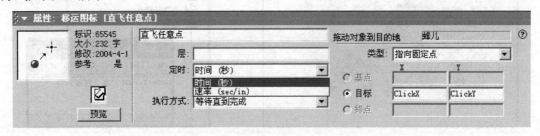

图 7.8　指向固定点运动时间设置

● 时间（秒）：设定物体从起始位置到达终点位置的时间（秒）。

● 速率（sec/in）：设定物体每移动 1 英寸距离所花费的时间（秒/英寸）。

（4）执行方式：在其右侧的下拉式列表框中选择控制该移动图标与其下方图标执行的并行方式，如图 7.9 所示。

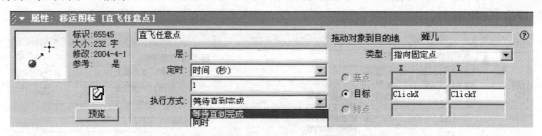

图 7.9　指向固定点移动方式下执行方式的设置

执行方式的 3 种选择如下。

● 等待直到完成：表示其下方图标只有等待该移动图标执行完毕后才能开始执行。

● 同时：表示其下方图标与该移动图标同时执行。

● 永久：此方式对除指向固定点以外的其他 4 种移动方式有效，表示该图标指定的物体永久性地重复运动（一般用变量或表达式给出运动的条件）。

（5）类型：在"类型"右侧的下拉式列表框中列有各种移动类型供设计者重新进行选择，默认为"指向固定点"移动类型。

（6）移动基点（起始点）、目标（移动定位点）、终点坐标设置：在右侧文本框中分别给出 X、Y 值。

在"指向固定点"移动方式中设定移动物体及目标点的方法为，用鼠标左键选中物体（其所在位置即为运动的起点）并拖动它到一个特定位置（运动的目标点），然后释放鼠标左键。如需精确调节，可在"目标"右侧文本框中分别给出屏幕坐标的 X、Y 值。

【实例 7.2　蜂舞花丛】　该实例程序见网上资源"教材实例\第 7 章运动效果设计\7-2-终点定位运动\例 7-2-蜂舞花丛\例 7-2-蜂舞花丛.a7p"，程序运行效果如图 7.10 所示。

程序运行时，屏幕画面花丛中飞入了一只蜜蜂，用鼠标单击画面上某一点，蜜蜂就会落在那一点上。

实例 7.2 的程序如图 7.11 所示。

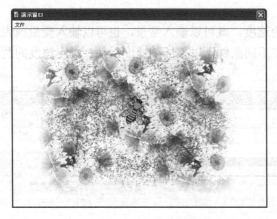

图 7.10　"蜂舞花丛"程序运行效果

图 7.11　"蜂舞花丛"程序

下面介绍实例 7.2 程序的主要设计步骤和方法。

（1）在流程线上建立一个名为"花儿背景"的显示图标，为它导入网上资源"教材实例\第 7 章运动效果设计\7-2-终点定位运动\例 7-2-蜂舞花丛"下的图片文件"蜂舞花丛背景.jpg"。

（2）用鼠标左键单击"花儿背景"图标下方流程线，在命令菜单中选择"插入"→"媒体"→"Animated GIF"命令，插入一个 GIF 动画播放插件；在随之打开的 GIF 动画播放参数设置对话框中单击"Browse"按钮，选择网上资源"教材实例\第 7 章运动效果设计\7-2-终点定位运动\例 7-2-蜂舞花丛"下的 GIF 格式小动画文件"蜜蜂.gif"；双击导入，单击"OK"按钮，确认并关闭对话框，将图标改名为"蜂儿"，如图 7.12 所示。

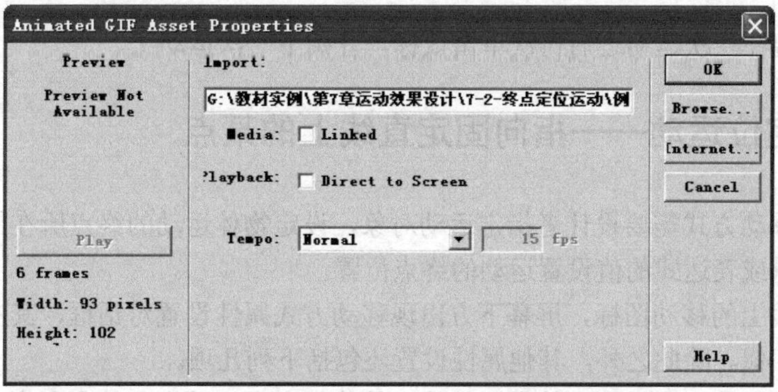

图 7.12　插入 GIF 动画对话框

（3）单击"蜂儿"图标，在随之打开的 GIF 插件属性设置对话框中单击选项卡"显示"，将"模式"设置为"透明"，将"颜色"设置为纯白色，以令 GIF 动画在播放时除蜜蜂以外的白色背景部分透明，如图 7.13 所示。

图 7.13　GIF 显示属性背景透明色设置

（4）在"蜂儿"图标下方放置一个移动图标，并为它命名为"直飞任意点"。

（5）单击移动图标"直飞任意点"，在屏幕下方出现其属性设置对话框，确认默认移动方式为"指向固定点"，确认默认执行方式为"等待直到完成"。单击屏幕上的蜜蜂，将其作为欲移动的对象，然后在对话框选项"目标"右侧的文本框中分别输入系统变量"ClickX"、"ClickY"，作为定位点的屏幕坐标 X、Y 值，以确定运动终点定位位置，如图 7.14 所示。

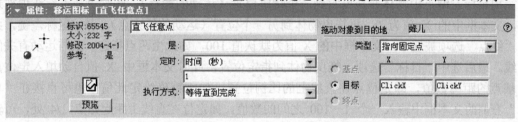

图 7.14　在对话框中直接设置运动定位点

试运行程序，在画面上单击鼠标观察蜜蜂的运动效果。

))小技巧：运动终点定位位置不仅可以是固定的（常量），也可以是变化的（变量）。此处的系统变量"ClickX"、"ClickY"表示用户上次鼠标单击屏幕点的屏幕坐标 X、Y 值，作用是将用户单击鼠标的位置设为物体运动的终点，实现用户用鼠标控制运动终点定位的灵活效果。

（6）为反复观看运动变化效果，还可以在流程线最后加入一个命名为"循环"的计算图标（用于为变量赋值，或执行函数完成某种功能），在其中输入函数调用语句：

> GoTo（IconID@"直飞任意点"）

这样，就可实现在一次运动之后再次单击鼠标，开始下一次运动了。

7.3 直线定位运动——指向固定直线上的某点

直线定位移动方式需要设计者指定运动对象，设定物体运动的终点所在的直线及端点的值，并根据变量或表达式的值设置运动的终点位置。

单击流程线上的移动图标，屏幕下方出现移动方式属性设置对话框，其左侧内容与终点定位移动方式相似。除此之外，其他属性设置还包括下列几项。

（1）远端范围：用于设置当给定运动终点的值超出直线端点（基点和终点）时的移动方式，以确定在此情况下运动物体的停止位置，其选项设置如图 7.15 所示。

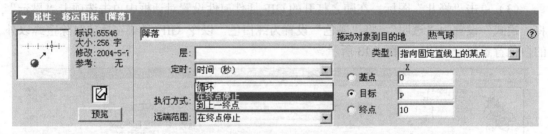

图 7.15 "指向固定直线上的某点"移动方式设置

- 循环：物体对象运动到端点后按照环路方式确定越过此点的停留位置。
- 在终点停止：物体对象运动到端点后停留在该点。
- 到上一终点：物体对象运动到端点后穿过端点位置，停留在直线路径延长线上的某点。

（2）运动起始点、目标点、终点坐标设置：在右侧文本框中给出 X 值。

下面介绍在直线定位移动方式中设定运动物体定位直线及目标点的方法（可预先在另一个显示图标中画出仪器刻度线等直线作为路径参照，以精确定位）。

用鼠标左键点中物体并拖曳它到一个特定位置（运动的起点），此时"基点"选项被选中，文本框中的 X 值为 0；再拖曳物体到另一个位置（运动的结束点），释放鼠标左键，此时"终点"选项被选中，文本框中的 X 值为默认值 100，如此由两点指定一条与运动有关的直线。最后选中"目标"选项，拖曳物体到指定位置，此时文本框中 X 值自动填入定位点与基点的距离数值，即定位点在直线上的比例位置。如需精确给定此值，也可直接在"目标"右侧的文本框中输入一个 1～100 之间的数值，如定位在直线上距起始点 1/4 处，可输入 25。这里同样也可以输入变量或表达式的值，以灵活控制定位点。

【**实例 7.3　定点降落**】　该实例程序见网上资源"教材实例\第 7 章运动效果设计\7-3-直线定位运动\例 7-3-定点降落\例 7-3-定点降落.a7p",程序运行效果如图 7.16 所示。

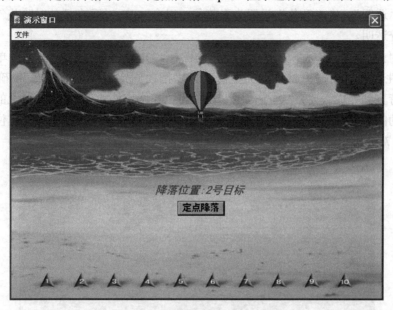

图 7.16　"定点降落"程序运行效果

程序运行时,海空中出现一只热气球,沙滩上有 10 个呈直线排列的目标定位标志,画面上给出降落目标号码,按下"定点降落"按钮,热气球就将降落在对应的定位标志上方。

实例 7.3 的程序如图 7.17 所示。

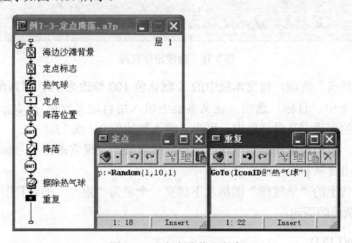

图 7.17　"定点降落"程序

下面介绍实例 7.3 程序的主要设计步骤和方法。

(1)在流程线上建立两个显示图标,分别输入网上资源"教材实例\第 7 章运动效果设计\7-3-直线定位运动\例 7-3-定点降落"下的背景图片文件和定位点图片文件。

(2)用鼠标左键单击显示图标下方的流程线,然后选择菜单命令"插入"→"媒体"→"Animated GIF",插入一个 GIF 动画播放插件;在随之打开的 GIF 动画播放参数设置对话框中单击按钮"Browse",选择网上资源"教材实例\第 7 章运动效果设计\7-3-直线定位运动\例 7-3-定点降落"下的 GIF 格式小动画"热气球.gif";双击导入,单击"OK"按钮确认，将图标名称改为"热气球"。

（3）单击"热气球"图标，在 GIF 插件属性设置对话框中单击选项卡"显示"，将"模式"设置为"透明"，将"颜色"设置为天蓝色，以令 GIF 动画在播放时除热气球以外的天蓝色背景部分透明。

（4）在"热气球"图标下方放置一个移动图标，并为它命名为"降落"；单击它，在屏幕下方的属性设置对话框中将移动类型修改为"指向固定直线上的某点"；确认"执行方式"为"等待直到完成"，将"远端范围"设置为"在终点停止"。单击屏幕上的热气球，将其作为欲移动的对象，然后拖曳它在画面上拉出一条直线（仅用于控制运动定位，运行时不可见），如图 7.18 所示。

图 7.18　确定定位直线

（5）选中"终点"选项，将文本框中的 X 默认值 100 修改为 10，以匹配画面上的 10 个定位标志距离；选中"目标"选项，在文本框中填入用自定义变量 p 表示的定位点 X 的值，在随之打开的变量定义对话框中，可为 p 输入初始值 0（或 1）。

试运行程序，单击按钮观察热气球的定点降落效果，发现它落在 1 号标志的左上方（直线上的起始点即由变量 p 给出的 0 位置）。

（6）在流程线上的"热气球"图标之下建立一个名为"定点"的计算图标，输入为变量 p 表示的定位点赋值的语句：

　　　p:=Random(1,10,1)

))小技巧：函数 Random(1,10,1)用于产生一个从 1 到 10 的随机数，以确定每次降落的不同位置。由参数可确定随机数最小为 1，最大为 10，间隔为 1。

（7）在计算图标之下建立一个名为"降落位置"的显示图标，单击后打开预演窗口，为它输入显示文本"降落位置:{p}号目标"，其中的花括号表示显示变量 p 的当前值。

（8）在显示图标之下建立一个等待图标，设置显示按钮选项；然后选择菜单命令"修改"→"文件"→"属性"，在随之打开的程序文件属性设置对话框中的"标签"文本框中填入"定点降落"作为按钮上的文字；还可单击其上方按钮右方的删节号（…）按钮，在弹出的按钮设置对话框中设置字体的尺寸、风格等属性，如图 7.19 所示。

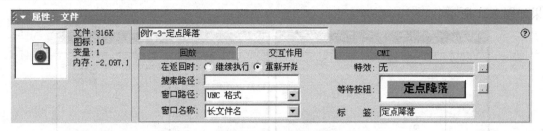

图 7.19　等待图标设置

（9）在移动图标之下建立一个等待图标，设置等待时间，不显示按钮选项。

（10）在等待图标之下建立一个名为"擦除热气球"的擦除图标，在试运行中单击屏幕画面上的热气球并将其设为擦除对象。

（11）为反复观看运动变化效果，还可以在流程线最后加入一个名为"重复"的计算图标，在其中输入函数调用语句：

    GoTo(IconID@"热气球")

以实现在热气球一次降落被擦除之后，单击按钮开始重新出现并降落，一般落于不同的位置。

7.4　平面定位移动方式——指向固定区域内的某点

平面定位移动方式需要设计者指定运动对象，设定物体运动终点所在的坐标系（由基点、终点确定的矩形区域），并根据变量或表达式的值设置物体运动终点的 X、Y 坐标。

单击流程线上的移动图标，屏幕下方出现移动方式属性设置对话框，在移动类型中设定"指向固定区域内的某点"，其内容与终点定位移动方式相似，如图 7.20 所示。

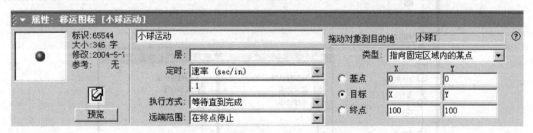

图 7.20　平面定位移动方式属性参数设置

下面介绍在平面定位移动方式中设定运动物体定位平面及定位点的方法，可预先在另一个显示图标中画出坐标系或区域范围，作为精确定位的参照量。

用鼠标左键单击选中物体并拖曳它到一个特定位置（定位平面一角，如左下角），此时"基点"选项被选中，文本框中 X、Y 值皆为默认值 0；再拖曳物体到另一个位置（定位平面另一角，如右上角），释放鼠标左键，此时"终点"选项被选中，文本框中 X、Y 值皆为默认值 100，如此由两点指定了一个与运动有关的平面；最后选中"目标"选项，拖曳物体到定位位置，此时文本框中 X、Y 值自动填入定位点与起始点的横向、纵向距离数值，即定位点在平面上的坐标位置。如需精确给定此值，可直接在"目标"右侧文本框中输入两个 1~100 之间的数值，也可以输入变量或表达式的值，以灵活控制定位点。

【**实例 7.4　平面直角坐标系**】　该实例程序见网上资源"教材实例\第 7 章运动效果

设计\7-4-平面定位运动\例 7-4-平面直角坐标系\例 7-4-平面直角坐标系.a7p",程序运行效果如图 7.21 所示。

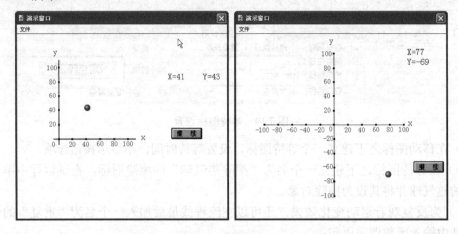

图 7.21 "平面直角坐标系"程序运行效果

运行程序,先显示一个仅具有第一象限的坐标系和一个位于(0,0)位置的小球;单击"继续"按钮,小球飞入坐标系中某一随机位置,并给出 X、Y 坐标值;反复几次后坐标系消失,重新显示一个具有四个象限的坐标系和位于(0,0)位置的小球,重复前面过程。

实例 7.4 的程序如图 7.22 所示。

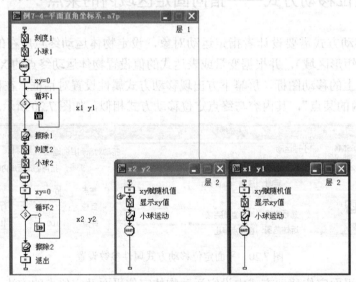

图 7.22 "平面直角坐标系"程序

下面介绍实例 7.4 程序的主要设计步骤和方法。

(1)设置窗口尺寸为可变方式,然后在流程线上建立一个名为"刻度 1"的显示图标,画一个仅具有第一象限的坐标系。

(2)建立一个名为"小球 1"的显示图标,在坐标系原点处画一个圆点代表"小球 1",或导入网上资源"教材实例\第 7 章运动效果设计\7-4-平面定位运动\例 7-4-平面直角坐标系"下的"红球.jpg"文件。

(3)建立一个等待图标,并在对话框中设置一个名为"继续"的等待按钮。

(4)建立一个名为"xy=0"的计算图标,写入如下语句:

```
        x:=0
        y:=0
```

设定小球运动终点坐标值的自定义变量（x,y），设置初值（0,0）。

（5）建立一个名为"循环 1"的判断图标，单击打开对话框；设置"分支"方式为"顺序分支路径"，"重复次数"为 5；关闭对话框（判断图标用于设置程序中的分支和循环，详见第 8 章的相关内容）。

（6）在判断图标右下方放置一个名为"x1 y1"的群组图标，双击打开其流程设计窗口，在流程线上建立一个名为"xy 赋随机值"的计算图标，写入如下语句：

```
        x:=Random(0,100,1)
        y:=Random(0,100,1)
```

分别给出 x、y 的随机量（从 0～100 的整数值）。

（7）在"xy 赋随机值"计算图标之后建立一个名为"显示 xy 值"的显示图标，写入文本"x={x} y={y}"，以显示运动终点的坐标值 x、y。

（8）在"显示 xy 值"显示图标之后建立一个名为"小球运动"的移动图标，单击打开其设置对话框；单击屏幕上原点处的小球，指定它作为移动对象；拖曳小球到达框中，设置"基点"（坐标系左下角）位置坐标为（0,0），设置"终点"（坐标系右上角）位置坐标为（100,100），并在横向、纵向的"目标"框中分别写入 x、y，参见图 7.20。设置与其他图标的"执行方式"为"等待直到完成"，并设置速度，关闭对话框。

（9）建立一个等待图标，并在对话框中设置一个等待按钮。至此完成了"x1 y1"群组图标的设计。

（10）在第一层流程图中判断图标的下方放置一个名为"擦除 1"的擦除图标，擦除屏幕上所有显示的内容。至此完成了第一个坐标系的设计。

（11）类似上述 1～10 步的操作，设计第二个坐标系，注意下列 3 个不同之处。

① "刻度 2"中的坐标系具有 4 个象限。

② "xy 赋随机值"中的语句为：

```
        x:=Random(-100,100,1)
        y:=Random(-100,100,1)
```

③ "小球运动"中的"基点"（坐标系左下角）位置坐标设为（-100,-100）。

（12）在程序最后放置一个名为"退出"的计算图标，双击打开其窗口，写入退出运行函数"Quit(0)"，作为程序的结束。

7.5　路径终点移动方式——指向固定路径的终点

路径终点移动方式需设计者指定运动对象，并通过任意设置多个点来确定对象运动的路径，即从起点到终点的直线或曲线运动轨迹。

单击流程线上的移动图标，屏幕下方出现移动方式属性设置对话框，其左侧内容与终点定位方式类似，如图 7.23 所示。

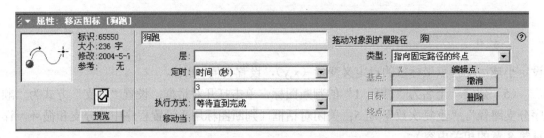

图 7.23　狗跑路径终点移动方式参数设置

除了与终点定位方式类似的参数，路径终点移动方式属性设置对话框中的参数还包括下列几项。

（1）"移动当"（运动条件）：设定物体运动的条件（变量或表达式的值），根据其值为真或假控制物体的运动以及持续的时间；若不设特定条件（此项内容为空），则物体运动一次即停止。这一条件通常与"执行方式"中的"永久"选项共用。

（2）"编辑点"（路径关键点选项组）：可在建立关键点生成路径的过程中反复调节或删除选中的关键点。该选项组中包括下列两个按钮。

● "撤销"：取消对路径进行的最后一个编辑操作，路径还原为最后一个编辑操作之前的状态。

● "删除"：删除路径上的当前指定点（黑色标志）。

在路径终点移动方式中设定路径的一般方法见 7.1.3 节移动路径的设定。

【实例 7.5　快乐的郊游】　该实例程序见网上资源"教材实例\第 7 章运动效果设计\7-5-路径终点运动\例 7-5-快乐的郊游\例 7-5-快乐的郊游.a7p"，程序运行效果如图 7.24 所示。

程序运行时，画面上出现清新的郊外景色，山前的大路上跑过一只花斑狗儿，天空中飞过一只远归的大雁，一辆旅游车开来，车上的男孩被沿途的美景吸引，不时拉开车门，仿佛要跳下车来投入大自然的怀抱。

实例 7.5 的程序如图 7.25 所示。

图 7.24　"快乐的郊游"程序运行效果

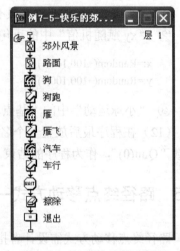

图 7.25　"快乐的郊游"程序

下面介绍实例 7.5 程序的主要设计步骤和方法。

（1）在流程线上建立两个名为"郊外风景"和"路面"的显示图标，分别导入网上资源

"教材实例\第 7 章运动效果设计\7-5-路径终点运动\例 7-5-快乐的郊游"下的背景图片文件和路面图片文件。

（2）用鼠标左键单击显示图标下方的流程线，插入 3 个 GIF 格式动画播放插件；在播放参数设置对话框中单击按钮"Browse"，分别选择上述网上资源目录下的 GIF 格式小动画文件"奔狗.gif"、"飞雁.gif"和"旅游车.gif"；双击导入，单击"OK"按钮确认，并将图标名称分别改为"狗"、"雁"和"汽车"；打开预演窗口，将"狗"和"汽车"放置在左端画面外对齐路面，仅露出前端一点白色背景在画面上，同样将"雁"放置在右端天空画面外。

小技巧：此时暂保留动画的背景以便调整位置、建立路径，待运动全部调整完毕再设置背景透明。

（3）在 3 个 GIF 图标下方各放置一个移动图标，分别命名为"狗跑"、"雁飞"和"车行"。试运行程序，当停留在"狗跑"移动图标处时，在屏幕下方的属性设置对话框中将移动方式修改为"指向固定路径终点"，确认默认"执行方式"为"等待直到完成"；单击露出屏幕画面左侧的狗的边缘，将其作为欲移动的对象，然后拖曳它沿路面拉出一条直线路径，一直拉出画面右端，将路径结束点置于右侧画面外；单击"预览"按钮，观看狗沿直线路径在路面上跑过的效果，并调整时间值，参见图 7.23。

（4）试运行程序，当停留在"雁飞"移动图标处时，在屏幕下方的属性设置对话框中将移动方式修改为"指向固定路径终点"，修改"执行方式"为"同时"；单击露出屏幕画面右侧的大雁边缘，将其作为欲移动的对象，然后拖曳它在天空中拉出一条曲线路径，一直拉出画面左端，将路径结束点置于左侧画面外；单击"预览"按钮，观看大雁沿曲线路径在天空中飞过的效果，并调整速度值，如图 7.26 所示。

图 7.26　大雁路径设置

（5）再次试运行程序，当停留在"车行"移动图标处时，在屏幕下方的属性设置对话框中确认移动方式为默认的"指向固定点"，与"狗跑"的路径终点运动相对比，将"执行方式"设置为"等待直到完成"；单击露出屏幕画面左侧的汽车边缘，将其作为欲移动的对象，然后拖曳它沿路面一直拉出画面右端，将终点置于右侧画面外。注意此时画面上并不出现到终点的直线路径，采用此种方式的不便之处在于不易直观看出汽车运动轨迹是否与路面平行。单击"预览"按钮，观看汽车在路面上跑过的效果并对终点的值加以微调，使汽车运动与路面保持平行，如图 7.27 所示。

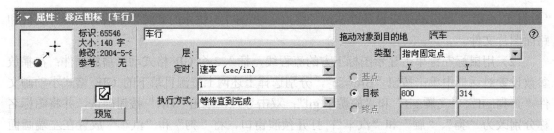

图 7.27　车行终点定位移动方式参数设置

（6）运行程序，重新调整"雁飞"、"车行"的速度，使"车行"结束稍晚。

（7）对"狗"、"雁"、"汽车"的初始位置进行调整，使它们完全置于画面之外。调整位置时，除了可采用打开图标用键盘上的左右控制键将其慢慢移出的方法，还可直接在属性设置框的"版面布局"选项卡中为物体设置初始点的值以将其放置在画面之外，如图 7.28所示。

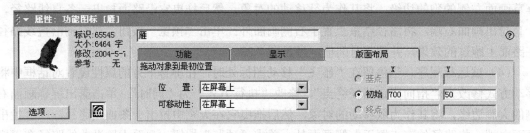

图 7.28　雁的初始位置参数设置

（8）单击"狗"图标，在 GIF 插件属性设置对话框中单击选项卡"显示"，将参数"模式"设置为"透明"，将"颜色"设置为纯白色，以令 GIF 动画在播放时除狗以外的白色背景部分透明。同样，为"雁"和"汽车"图标设置背景透明效果。

（9）建立一个等待图标，并在对话框中设置短暂的等待时间。

（10）在程序结尾设置擦除和退出图标。

7.6　路径定位移动方式——指向固定路径上的任意点

路径定位移动方式需要设计者指定运动对象，确定对象运动的路径及端点的值，并根据变量或表达式的值设置对象沿路径运动到达的终点位置。

单击流程线上的移动图标，屏幕下方出现移动方式属性设置对话框，其内容选项与"指向固定直线上的某点"移动方式基本类似，路径设置按钮与路径终点移动方式基本相似，如图 7.29 所示。

路径定位移动方式属性设置对话框中"编辑点"按钮组左侧的定位参数如下。

● 基点：运动路径上起始点的数值。

● 目标：运动物体在路径上的定位点所对应的数值（由起始点到定位点的路径长度与路径全长的比例值）。例如，设定基点为 0，终点为 100，表示此运动路径的起点为 0，终点为 100，即路径长为 100 个单位；当目标为 50 时，表示运动物体定位于路径的中间点。

● 终点：运动路径上结束点的数值。

图 7.29　路径定位移动方式参数设置

以上各项也可给定变量或表达式的值，系统自动计算其值，用于灵活确定运动物体的终点定位位置。

在路径定位移动方式中设定运动物体、运动路径，以及运动定位点的方法与路径终点移动方式类似。

【实例 7.6　游吟骑士】　该实例程序见网上资源"教材实例\第 7 章运动效果设计\7-6-路径定位运动\例 7-6-游吟骑士\例 7-6-游吟骑士.a7p"，程序运行效果如图 7.30 所示。

程序运行时，画面上出现繁星迷蒙的山间景色，原野上依稀可辨崎岖的铺洒着星光的小路，骑士被夜色吸引，在路上缓行游吟，同时画面上不断显示其行程。当骑士停在路上某处时，单击"加速重来"按钮可重复观看骑士由起始点加速前行的效果，直至到达画面右下方的路径结束位置。

实例 7.6 的程序如图 7.31 所示。

图 7.30　"游吟骑士"程序运行效果

图 7.31　"游吟骑士"程序

下面介绍实例 7.6 程序的主要设计步骤和方法。

（1）在流程线上建立两个名为"背景"和"端点标记"的显示图标，分别导入网上资源"教材实例\第 7 章运动效果设计\7-6-路径定位运动\例 7-6-游吟骑士"下的背景和两个端点标记文本"1"、"100"。

（2）建立一个名为"行程标记"的显示图标，输入文本"游吟行程：{PathPosition@"骑士"}"，以显示骑士的行程。为实时跟踪路径上各点值的变化，单击此显示图标，在其属性对话框中选中"选项"中的"更新显示变量"。

))) 小技巧:"{PathPosition@"骑士"}"中的系统变量 PathPosition 记载运动物体在路径上的当前点所对应的数值（由起始点到定位点的路径长度，与路径全长成比例）

（3）用鼠标左键单击显示图标下方的流程线，插入一个 GIF 动画播放插件；在播放参数设置对话框中单击"Browse"按钮，选择上述网上资源目录下的 GIF 格式小动画"骑士.gif"；双击导入，单击"OK"按钮确认，并将图标改名为"骑士"；打开预演窗口，将"骑士"放置在画面左方起始点处。

（4）在 GIF 图标下方放置一个移动图标，为它命名为"游吟 1"。试运行程序，当停留在此移动图标处时，在屏幕下方的属性设置对话框中将移动方式修改为"指向固定路径上的任意点"；确认默认"执行方式"为"等待直到完成"，单击"骑士"将其作为欲移动的对象，然后拖曳它沿路面逐点拉出一条折线路径，直到画面右下方，如图 7.32 所示。

在"目标"右侧文本框中输入数值 20，单击"预览"按钮观看骑士沿折线路径走过的效果，并调整时间值，具体方法参见图 7.29 中对路径定位移动方式参数的设置。

（5）在移动图标下方放置一个等待图标，确认按钮选项，并为它输入按钮文字"加速重来"。

（6）选中移动图标"游吟 1"和等待图标，复制 4 组并粘贴在下方流程线上，分别为新移动图标命名为"游吟 2"、"游吟 3"、"游吟 4"和"游吟 5"；逐个加大其"目标"数值，直至最后一个图标设置为结束点的值 100。

图 7.32　游吟骑士路径设置

（7）最后安排擦除行程显示、等待，以及显示终点到达信息的图标，然后安排短暂等待后退出。

本 章 小 结

本章介绍了通过设置对象的平移运动使多媒体作品产生动感的方法，要求重点掌握 Authorware 各种移动方式的特点、适用情况、运动的循环设置方法等，并能灵活运用。

练　习

一、简答题

1．Authorware 的移动方式能否对移动对象进行旋转、缩放和变形等操作？

2．Authorware 的移动方式有哪几种类型？

3．"指向固定点"移动方式与"指向固定直线上的某点"移动方式有什么不同？

4．"指向固定直线上的某点"移动方式与"指向固定区域内的某点"移动方式有什么不同？

5．"指向固定路径的终点"移动方式与"指向固定路径上的某一点"移动方式有什么不同？

6．一个显示图标中含有多个显示对象（文本或图像），能否用移动图标单独地移动其中的某一个显示对象？

7．能否用多个移动图标对同一个显示对象进行连续的移动？

二、上机操作题

1．运用终点定位移动方式为"告别 NBA 赛季"程序加入结尾滚动字幕。

2．运用路径终点移动方式设计"鱼跃星球"程序。

3．运用变量和"指向固定直线上的某点"移动方式随机指定飞碟位置，设计"射击实战"程序。

4．运用变量和路径定位移动方式随机指定老鼠在路上的位置，设计"老鼠偷油"程序。

5．运用变量和平面定位移动方式随机指定航模方位，设计"航模遥控"程序。

6．运用运动层次属性设计"森林之晨"程序。

7．运用对象的可移动属性以及层次属性设计"猴子摘桃"程序。

第三部分　程　序　篇

第8章　分支结构和循环结构的设计

经过前面"基础篇"、"媒体篇"的学习，我们已经开始熟悉 Authorware，并掌握了多种媒体的引入与运用方法，以及动感效果的实现方法，可以充满自信地设计自己的多媒体程序了。只是这样的程序结构实在过于单调，它的流程基本上是一条直线，只能严格按照安排好的顺序执行，所以经过精心组织的多媒体作品只适合用做屏幕保护程序或简单的演示程序。我们需要进一步改进程序以增加更多功能，一方面使它能够实现智能化的自动判断以控制程序的走向，另一方面使它能够为用户提供自主控制程序走向的手段。在从本章开始的"程序篇"中，我们不应仅仅满足于会顺序安排几个有关媒体的图标，而应努力思考如何从程序结构入手，实现程序上述两个方面的功能，以使自己的多媒体作品能够获得广泛的实际应用。

8.1　分支结构与循环结构概述

如果我们想把自己的多媒体程序展示给"金发碧眼"的朋友，就需要把文字说明设置成多语种形式，那么程序中就应该含有一个分支结构，以便在流程线上设置一个控制点，根据判断结果执行不同的程序分支，以显示不同语种的文字。如果我们想向"美眉们"反复炫耀自己那有限的几张惊险攀岩图片，那么程序中就应该含有一个循环结构，以便在流程线上设置一个控制点，根据要求重复执行显示图标。这些都要用到程序的分支结构和循环结构。

顺序结构加上分支结构和循环结构，就构成了程序设计中的三大基本结构，学过计算机语言的朋友们一定还记得吧。不过可别提起编程就沮丧，因为 Authorware 为我们提供了非常简便的方法，用于实现各种媒体对象的顺序播放（顺序结构），按条件自动选择播放（分支结构）和反复循环播放（循环结构）。程序设计中的分支是指一种非此即彼的选择，可以是两种取向，也可以是多种取向。循环结构则含有一条自下而上返回流程线上某点的流向示意线，形成其中全部或某些图标的重复执行，并可用各种方法控制其结束。

我们熟悉的顺序结构由设计者在流程线上所安排的各图标的顺序自然形成，而一般分支结构与循环结构可由判断图标◇构造。这个图标又称为决策图标，或称为判断决策图标，意指在流程线控制点上程序分支的取向是由判断做出的决策。判断图标一般只适用于由程序自动判断选择的情况，需要用户自己决策选择的分支结构要用第9章将介绍的交互图标构造。

把一个判断图标安排到流程图上，然后将供选择的各分支路径图标一一挂到判断图标的右下方，即形成了一个基本的分支结构。再通过设置判断图标属性对话框中的各个选项，就可以随心所欲地为程序安排好自动判断执行的分支或重复执行的循环了。下面通过一个例子来介绍怎样设置判断图标和与它挂接的分支路径图标。

【实例 8.1　中华奇石】　该实例程序见网上资源"教材实例\第 8 章分支和循环结构的

设计\8-1-概述\例8-1-中华奇石\例8-1-中华奇石.a7p",如图8.1所示。

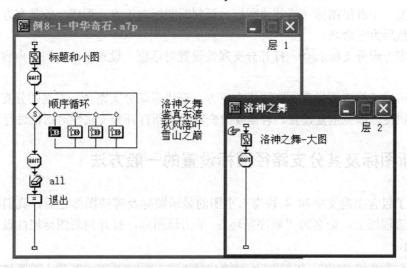

图8.1 "中华奇石"程序

实例8.1的程序中,位于流程线上的主体图标正是我们刚刚认识的判断图标◇,不过其中已加入了一个作为顺序结构标志的"S"字母。在它右下方挂接着4条由群组图标构成的分支路径,它们上方都有一个方形的分支标志◇。这些分支下方的流程线又向上重新指向判断图标的起始位置,构成了一个循环体。

实例8.1程序的运行效果如图8.2所示。

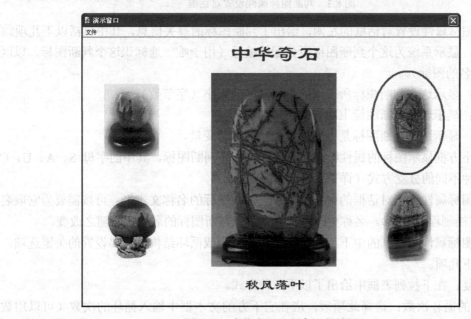

图8.2 "中华奇石"程序运行效果

下面介绍创建一个分支结构的基本操作步骤。

(1)拖曳一个判断图标◇至程序流程线的指定位置,然后为它命名。

(2)单击判断图标◇打开判断图标属性设置对话框,对其中各个选项进行设置,为程序安排好自动判断执行的分支或重复执行的循环,此时在判断图标标志中加入代表不同分支或循环类型的字母。

（3）拖曳一个群组图标（或其他图标）至判断图标右下方，形成一条带有方形标志◇的分支路径，然后为它命名。

（4）单击方形分支标志◇，打开分支属性设置对话框，设置各分支图标内容的自动擦除方式。

（5）还可继续拖曳图标至判断图标右下方，形成多条分支路径，右端的分支会自动继承左方分支的属性，以免重复设置。若需要改变则可重新打开分支属性对话框进行设置。

8.2 判断图标及其分支路径图标设置的一般方法

在建立了包含主题文字和 4 块奇石小图的显示图标及等待图标之后，我们把一个判断图标拖曳到流程线上，命名为"顺序循环"；单击该图标，打开判断图标属性设置对话框，如图 8.3 所示。

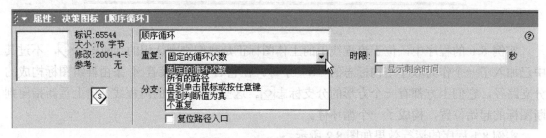

图 8.3　判断图标属性设置对话框

在判断图标属性设置对话框的左侧，给出了判断图标的有关信息，其中包括以下几项。

● 标识：显示系统为这个判断图标所分配的编号（用于唯一地标识这个判断图标，以区别同名的图标）。

● 大小：显示这个判断图标所占用的存储空间的大小（字节数）。

● 修改：显示这个判断图标上次修改的日期。

● 参考：显示这个判断图标是否有用于控制的参考变量。

左边的小方框显示图标的属性标志，菱形标志代表判断图标，其中的字母 S、A、U、C 分别代表各种不同的分支方式（详见后文介绍）。

在判断图标属性设置对话框的中部上方，是判断图标的名称文本框，可按需要为它取名（方便查找或控制程序转移）。名称更改后，流程线上判断图标的名称也将随之改变。

在判断图标属性对话框的中下部，是建立分支结构或循环结构所需要设置的关键选项，其中包括以下几项。

（1）重复：在下拉列表框中给出了以下 5 种方式。

● 固定的循环次数：选择此项后，应在它下方的文本框中输入循环的次数（可以用数字、变量或表达式给出）。当遇到这个判断图标时，程序将自动按所设定的值循环执行判断图标右下方的分支路径图标若干次（配合在上面谈到的分支设置中选择的方式执行某些分支）。

● 所有的路径：循环直到所有的分支都被执行过为止。

● 直到单击鼠标或按任意键：循环直到单击鼠标或按下键盘上任意键为止。

- 直到判断值为真：用条件控制循环结束。选择此项后，应在它下方的文本框中输入条件（可用变量或表达式描述），程序执行时自动计算其值。循环时若条件为真则停止，否则继续循环。例如，条件设为 AltDown，表示当程序执行到用户按下"Alt"键时才结束循环。
- 不重复：不循环。选择此项后，程序只执行按分支方式选择的一条分支。

（2）分支：在下拉列表框中给出了 4 种方式，如图 8.4 所示。

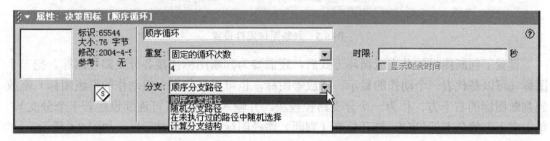

图 8.4 "分支"下拉列表框

- 顺序分支路径（S）：顺序执行各分支。选择此项后，当遇到这个判断图标时，程序自动按从左至右的排列顺序依次执行判断图标右下方挂接的各分支路径图标。这种方式配合循环设置使用，与将图标从上至下安排在流程图上的执行结果基本相同，但结构更紧凑，显示、擦除的效果设置更方便。
- 随机分支路径（A）：随机执行任意分支。选择此项后，当遇到这个判断图标时，程序从判断图标右下方的各分支路径图标中随机地选择一条分支执行，分支的选择允许重复，故可能某条分支从未被选中执行。
- 在未执行过的路径中随机选择（U）：随机执行未执行过的分支。选择此项后，当遇到这个判断图标时，程序从判断图标右下方的各分支路径图标中随机地选择一条未执行过的分支执行，不允许重复执行同一条分支。
- 计算分支结构（C）：根据计算值选择执行分支。选择此项后，应在它下方的文本框中输入指定的控制条件（用变量或表达式描述）。当遇到这个判断图标时，程序将计算这个变量或表达式的值，然后根据其取值选择对应的分支路径执行。

最下面的可选项"复位路径入口"，是有关随机方式的一种约定。选择此项后，表示每一次进入判断图标前，都要重新初始化设置一下与这个分支有关的变量和随机信号源，以保证每次进入同一个判断图标时产生不同的随机分支选择序列。

在判断图标属性对话框的右侧，有一个关于时间的选项。

时限：可在其文本框中输入用户在整个判断图标（包括循环）中最多花费的时间（可以用数字、变量或表达式给出，单位为秒），程序执行中时间一到则自动转出该图标，继续执行流程线上位于该图标下方的其他图标。

选中它下面的可选项"显示剩余时间"后，程序执行时屏幕上会出现一个小闹钟，显示剩余时间。

下面结合实例 8.1 程序的构造，介绍判断图标属性对话框中各个选项的具体设置方法，如图 8.5 所示。

我们的程序用于展示 4 块中华奇石，因此应将"重复"选项设置为"固定的循环次数"，然后输入次数 4；程序中图片的显示按照固定不变的顺序，因此应将"分支"设置为

"顺序分支路径";运行中没有时间限制,因此不设置"时限"选项。

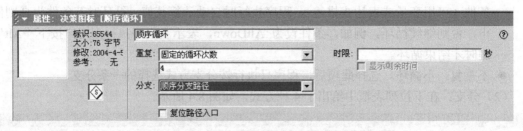

图8.5 判断图标属性设置

设置了判断图标的分支或循环方式后,还需要为判断图标挂接各分支路径图标。把一个图标(可以是代表一个动作的显示、播放等图标,也可以是代表一组动作的群组图标)拖放到判断图标的右下方,作为一个分支路径模块,并输入其标题(可连续设定若干个分支)。单击它上方的分支标记⬨,打开分支(判断)路径图标属性设置对话框,如图8.6所示。

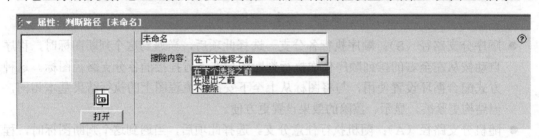

图8.6 分支路径图标属性设置对话框

在分支路径图标属性设置对话框的中部上方,是分支路径图标的名称文本框,可按需要为它取名。

在分支路径图标属性设置对话框中的名称文本框下,单击"擦除内容"下拉列表框右侧的选项按钮,弹出自动擦除此图标内容的3种方式。

● 在下个选择之前:在下一条分支路径图标内容显示前自动擦除。

● 在退出之前:直到整个分支结构退出时才自动擦除。

● 不擦除:当分支结构退出时仍保留显示内容,不自动擦除。

下面还有一个可选项"执行分支结构前暂停"。当选定此项时,在执行每一条分支路径之前都会暂停,显示"继续"按钮,等待用户单击后再执行。

左下角的小框显示图标的种类标志(如显示、群组等),单击它下方的"打开"按钮,可编辑分支路径图标的内容(若是代表一个动作的显示、播放等图标,则打开演示窗口或属性设置及媒体引入对话框;若是代表一组动作的群组图标,则打开本层子模块的设计窗口,可在子流程线上安排图标)。

🔊)) 小技巧:一条分支路径设置完成后,可以复制这个分支路径图标(选择"编辑"菜单下的"复制"命令或按组合键"Ctrl+C"),然后粘贴到它右边(选择"编辑"菜单下的"粘贴"命令或按组合键"Ctrl+V"),修改内容后作为第二条分支路径,如此可连续设定若干条分支路径。采用这种方式设置,后面的分支会自动继承第一条分支设置的擦除效果,不仅统一而且方便。当然如果要求效果各异,可以再次打开分支路径图标属性设置对话框进行修改。

在实例8.1的程序中,各分支路径图标都是群组图标,其中包含一个显示图标和一个延时等待图标（一条分支路径上不允许有多个图标，因此将其放入一个群组图标之中），显示图标显示一块奇石的放大图片。每条分支执行显示并停留固定时间后，应自动消除显示内容，以继续下一条分支的执行。因此应设置"擦除内容"选项为"在下个选择之前"，如图 8.7 所示。

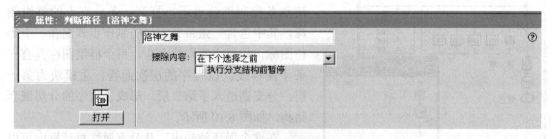

图 8.7 分支路径图标属性设置

从判断图标提供的选项可以看出，适当组合循环和分支设置选项，可以构成不同的分支与循环结构。下面通过几个实例来学习构造各种分支与循环结构的方法。

8.3 顺序分支结构

8.3.1 固定循环次数的顺序分支结构

【实例 8.2 家乡饼制作秘诀】 该实例程序见网上资源"教材实例\第 8 章分支和循环结构的设计\8-3-顺序分支\例 8-2-家乡饼制作秘诀\例 8-2-家乡饼制作秘诀.a7p"，程序运行效果如图 8.8 所示。

图 8.8 "家乡饼制作秘诀"程序运行效果

实例 8.2 的程序与实例 8.1 的程序类似，由于要依次逐张显示制作步骤图，故采用以步骤数作为固定次数的顺序循环结构，其程序如图 8.9 所示。

观察程序的主要部分——分支与循环结构。从标记中的"S"可知是一个顺序分支，执

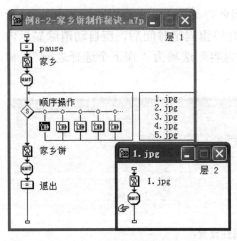

图 8.9 "家乡饼制作秘诀"程序

行时应从左至右依次完成。各分支下方流程线又向上返回到主流程线上判断图标起始位置，表明这是一个循环结构。由于篇幅所限，分支结构中最多显示 5 条分支，其他用删节号代表，它们的名称也由滚动条控制部分显示。打开一条分支上的群组图标，其中包含一张带有编号的制作步骤图和一个等待图标。相对主流程线而言，每个群组图标具有一条子流程线。以程序的层次而言，主模块为第一层，分支则进入了第二层，形成了程序的分层嵌套结构，如图 8.10 所示。

在这个循环结构中，从分支属性对话框中可以看出，除循环次数为步骤数 10、分支设置为不自动擦除以外，判断图标与分支属性的设置与实例 8.1 相同。这两个实例程序都具有典型的固定次数顺序循环分支结构。

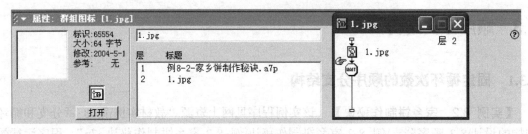

图 8.10　分支路径图标层次参数

事实上固定次数的顺序循环分支结构完全可以由一般的顺序结构替代，不过它的确起到了将程序结构化，从而简化重复冗余操作的作用。例如，在分支结构中各分支可继承原有分支属性，避免重复设置；又如，各分支可选择自动擦除其内容，无须逐个加入擦除图标并进行擦除对象的逐一指定等。比较采用顺序结构实现实例 8.1 效果的程序，发现顺序结构程序中除流程线过长外，每个群组图标后还增加了一个擦除图标（因在原循环分支中设置了在本分支执行完毕后自动擦除），所以当分支数较多时工作量就会增加，如图 8.11 所示。

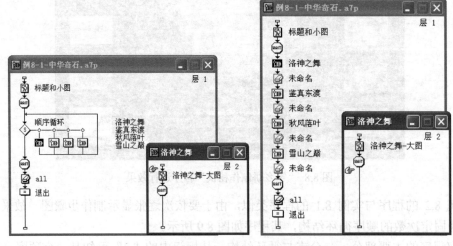

图 8.11　固定次数顺序循环程序与顺序结构程序的比较

下面分析实例 8.2 程序实现的技巧。

与实例 8.1 不同，在实例 8.2 程序的开始设置了一个命名为"pause"的计算图标，它的作用是为在顺序循环的每条分支中所包含的等待图标设置统一的等待时间。双击打开计算图标的对话框，输入赋值语句：

pause := 2

为等待时间赋初始值。

))小技巧：用变量 pause 控制多个等待图标的等待时间，这种方法有利于统一修改、调试等待时间。

将分支中各等待图标的等待时间全部用变量 pause 统一表示，如图 8.12 所示。而流程线上最后一个等待图标的等待时间相对较长，可按时间比例将其设置为表达式"pause*3"。

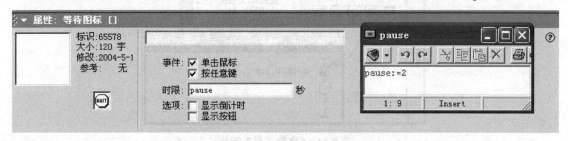

图 8.12 设置暂停时间变量

运行程序观察结果，如认为变化太快或太慢，则可增大或减小计算图标中 pause 的初值，所有等待时间将同时发生变化，直至达到满意的效果。

程序中的循环是按照固定次数进行的，这样不利于灵活增/减分支数量。打开判断图标属性对话框，将"重复"方式改为"所有的路径"。这样它的循环将每次从左至右执行一个分支，直至各分支全部执行完毕。

8.3.2 条件循环结构

【实例 8.3 离散飞星】 该实例程序见网上资源"教材实例\第 8 章分支和循环结构的设计\8-3-顺序分支\例 8-3-离散飞星\例 8-3-离散飞星.a7p"，程序运行效果如图 8.13 所示。

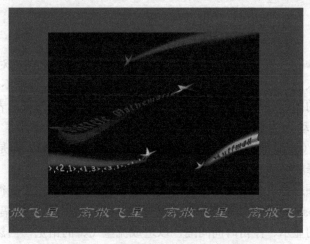

图 8.13 "离散飞星"程序运行效果

在深蓝色背景中飞舞着 4 颗彩色的流星，它们拖曳着离散数学中的概念和公式，同时屏幕下方出现了移动的字幕；当字幕移动结束时，流星的飞舞也随之停止了。

流星的飞舞是利用顺序循环结构实现的，但这种循环显然不能采用固定次数进行控制，因为它的结束是以字幕移动的停止为条件的，程序中正是采用了一个条件循环结构来实现二者运动的同步结束的，其程序如图 8.14 所示。

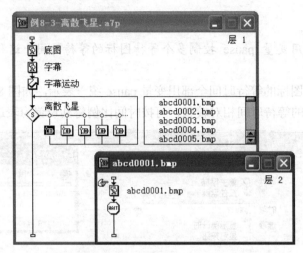

图 8.14　"离散飞星"程序

下面介绍如何利用条件来控制顺序循环结构。

观察如图 8.14 所示的程序流程，似乎与实例 8.2 的程序流程没有什么不同；但打开判断图标的属性设置对话框可以看到，"重复"设置为"直到判断值为真"，下方文本框中的文字是"~Moving@"字幕""，这就是循环控制的条件，如图 8.15 所示。

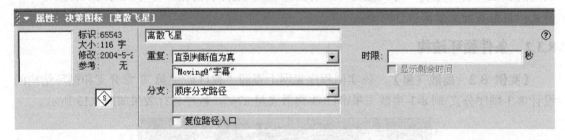

图 8.15　循环条件的设置

条件中的"Moving"是一个系统变量，可用于随时记载某个图标对象是否正处在运动之中，在它之后加入的"@"字幕""（必须用半角英文的双引号，否则不符合语法），是要指定对名为"字幕"的图标进行监视。若"Moving@"字幕""的值为真，表明"字幕"图标中的显示对象正在运动，为假则表明该图标中对象的运动已经停止了；因此将条件设为"~Moving@"字幕""（波浪符"~"表示对真假值"取反"的操作），即是规定了在字幕停止运动时结束流星飞舞的循环。

这是一个使用顺序分支条件循环结构实现简单动画的实例。用于在循环结构中顺序显示的图片是使用 Photoshop 分层效果制作的系列位图（此处共采用了 8 幅图片）。在分支中适当设置每一幅图片的显示、停留时间间隔，以造成流星飞舞的错觉，当然系列位图中图片越多、每幅图片差异越小，效果也就越逼真。为消除两个分支之间的显示空当造成的闪烁，在进入循环前预先放置了一幅背景底图（第一幅图片），当循环停止时它仍呈现在屏幕上。

所有 8 幅图片均是利用"文件"下拉菜单中的"导入和导出"→"导入媒体"命令从指定的文件直接导入到流程线上的，这样不仅方便操作，同时它们的位置又自动对齐了演示窗口中心，可以保证动画的连贯效果。

如果希望字幕与流星的协调运动周而复始地进行下去，可以在流程线最后加入一个计算图标，写入跳转函数"GoTo(IconID@"字幕")"，这样程序每次执行完循环后就会自动回到流程线上"字幕"图标位置重新开始执行了。另外，也可以采用一个二重循环分支，将上面的循环包括"字幕"图标及其运动全部放在一个新的分支结构中（仅含一条分支），并将分支设为无条件循环，即无限循环。

8.3.3　无限循环结构

【**实例 8.4　欧洲小村看不尽**】　该实例程序见网上资源"教材实例\第 8 章分支和循环结构的设计\8-3-顺序分支\例 8-4-欧洲小村看不尽\ 例 8-4-欧洲小村看不尽.a7p"。

实例 8.4 程序采用了一个无限循环（又称无条件循环）结构反复展示欧洲小村的独特风情，其程序如图 8.16 所示。

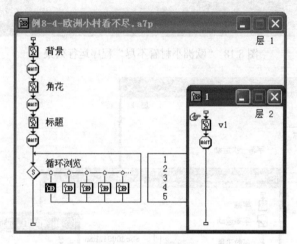

图 8.16　"欧洲小村看不尽"程序

下面介绍如何进行无限循环结构的设置。

打开判断图标的属性设置对话框可以看到，"重复"设置为"直到判断值为真"，下方文本框中的文字是"FALSE"，这就是循环控制的条件，如图 8.17 所示。

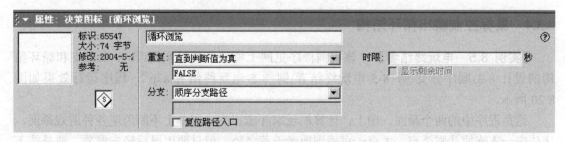

图 8.17　无限循环的循环条件设置

无限循环既然又被称为"无条件循环"，为什么还要附加条件呢？事实上这里的条件

"FALSE"是一个永远为"假"（或"0"）的常量，这个值永远不会为"真"，表明该条件永远不能满足，循环当然只能无限地进行下去了。实例8.4的运行效果如图8.18所示。

学习了无限循环结构，就可以利用双重循环（外层为无限循环）为实例8.3中的流星和字幕增添不断运动的效果了，修改后的实例8.3的程序如图8.19所示。

图8.18 "欧洲小村看不尽"程序运行效果

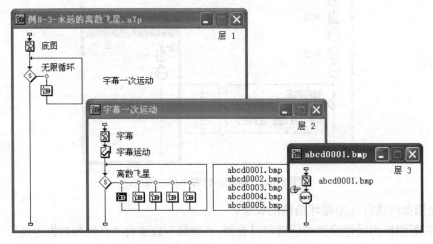

图8.19 修改后的"离散飞星"程序

8.3.4 鼠标控制跳出循环结构

【实例8.5 电玩终结者】 该实例程序见网上资源"教材实例\第8章分支和循环结构的设计\8-3-顺序分支\例8-5-电玩终结者\例8-5-电玩终结者.a7p"，程序运行效果如图8.20所示。

这是程序中的两个画面。图上，计算机玩家斗志正酣，屏幕上不断闪现各种游戏画面，还传来一阵阵搏斗厮杀声，大有一直战到地老天荒之势。但只要用鼠标轻击屏幕，或是按下键盘上的任意键，游戏画面立即消失了，那玩家像模像样"噼里啪啦"地打起字来，仿佛在替老板撰写什么重要文件，还一本正经地说："别打扰我！没看见我正忙着工作吗……"

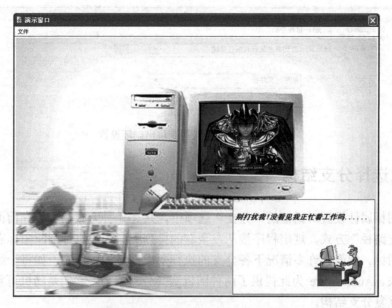

图 8.20 "电玩终结者"程序运行效果

这种用鼠标控制跳出循环的效果完全可以采用条件循环结构来实现，只需把条件设为 MouseDown（系统变量，按下鼠标则为"真"）即可。不过 Authorware 为此专门提供了一种重复循环方式，即使对变量不熟悉的用户也可以轻松运用，其程序如图 8.21 所示。

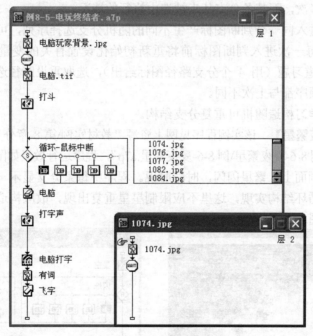

图 8.21 "电玩终结者"程序

在顺序循环结构中，选择"重复"为"直到单击鼠标或按任意键"，即表示实现循环直到单击鼠标或按下键盘上任意键为止，具体设置如图 8.22 所示。

程序中还加入了打字小动画和厮杀声、键盘敲击声，并配以飞字显示，以使效果更加火爆。

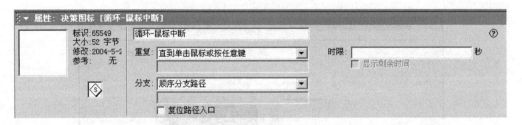

图 8.22　鼠标或键盘控制跳出循环设置

8.4　随机选择分支结构

在判断图标属性设置对话框的"分支"选项中，共有 4 种方式。我们在前面例子中熟悉的"顺序分支路径"方式，规定程序按从左至右的排列顺序依次执行判断图标右下方挂接的各分支路径图标。然而在许多情况下各分支的执行要求打破这种顺序，如将一组图片以随机顺序显示出来。Authorware 为此提供了两种随机选择分支结构，它们是随机可重复分支结构和随机不可重复分支结构。

8.4.1　随机可重复分支结构

在"分支"的选项中选取"随机分支路径"方式，规定程序从判断图标右下方的各分支路径图标中随机地选择一条分支执行。这里分支的选择是任意的（允许重复选择），即允许出现某条分支执行多次，而某条分支从未被选中执行的情况。

如果希望每次进入同一个判断图标产生不同的随机分支选择序列，可加选"复位路径入口"选项，这样在每一次进入判断图标前将重新初始化设置有关的变量和随机信号源。例如，提供给学生 4 道习题（用 4 个分支路径图标给出），选取重设路径选项后，学生每次做题时，各题出现的顺序都与上次不同。

下面通过实例学习构造随机可重复分支结构。

【实例 8.6　夏夜繁星】　　该实例程序见网上资源"教材实例\第 8 章分支和循环结构的设计\8-4-随机选择分支\例 8-6-夏夜繁星\例 8-6-夏夜繁星.a7p"，程序运行效果如图 8.23 所示。

在静谧的夏夜画面上，繁星闪闪，时隐时现。程序中每条分支显示一颗或几颗星星，故应采用随机方式的循环结构实现，这里不应限制星星重复出现，故应构造一个随机可重复分支结构，其程序如图 8.24 所示。

图 8.23　"夏夜繁星"程序运行效果

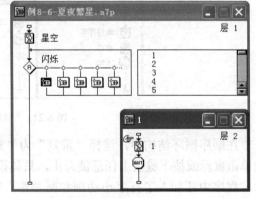

图 8.24　"夏夜繁星"程序

观察程序的主要部分——分支与循环结构。从标记中的"A"可知是一个随机可重复分支结构，执行时每次将选取任意一条分支，如此循环往复。

在判断图标属性对话框中将"分支"方式选取为"随机分支路径"，判断图标的标记变为代表"Any"的 ；然后将"重复"方式设置为"直到判断值为真"，并设置结束条件为"FALSE"，这样就构成了一个随机可重复的无限循环分支结构，如图 8.25 所示。

运行程序，观察星星重复出现的情景。

图 8.25　随机可重复分支设置

8.4.2　随机不可重复分支结构

在判断图标属性设置对话框的"分支"选项中选取"在未执行过的路径中随机选择"方式，规定程序从判断图标右下方的各分支路径图标中随机地选择一条未执行过的分支执行。这里不允许重复执行同一条分支。与随机可重复方式相同，这里也可加选"复位路径入口"选项。

下面通过例子学习构造随机不可重复分支结构的方法。

【实例 8.7　中国古代发明】　该实例程序见网上资源"教材实例\第 8 章分支和循环结构的设计\8-4-随机选择分支\例 8-7-中国古代发明\例 8-7-中国古代发明.a7p"。

此程序的作用是显示一组 4 张中国古代发明的图片。为灵活起见，仿照随机出题的方式，应使每次运行程序时显示 4 张图片的顺序与上次不同，故程序采用随机不可重复方式的分支结构实现，其程序如图 8.26 所示。

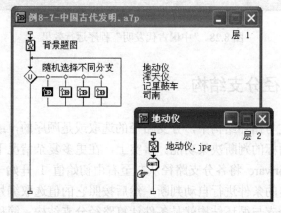

图 8.26　"中国古代发明"程序

观察程序的主要部分——分支与循环结构。从标记中的"U"可知是一个随机不可重复分支结构，执行时每次将选取一条未被执行过的分支，全部执行完毕后结束。

在判断图标属性对话框中将"分支"方式选取为"在未执行过的路径中随机选择"，判断图标的标记变为代表"Unused"的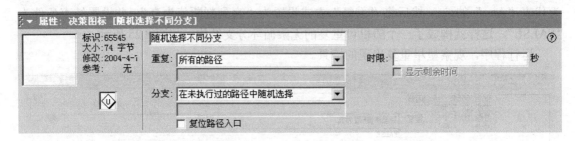；然后将"重复"方式设置为"所有的路径"，使循环进行到所有的分支都被执行过为止，如此就构成了一个随机不可重复的分支结构，如图 8.27 所示。

图 8.27　随机不可重复分支设置

请反复运行程序，观察各图每次出现的顺序变化，以及不重复出现的效果，如图 8.28 所示。

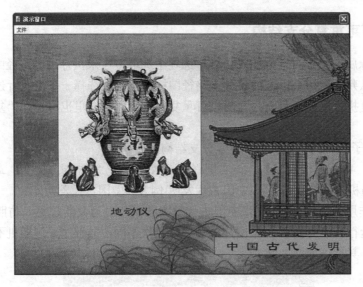

图 8.28　"中国古代发明"程序运行效果

8.5　条件计算路径分支结构

在以上介绍的分支与循环结构中，分支路径的选取或是顺序的，或是随机的，这些简单的方式难以体现判断图标的判断决策功能。事实上，在更多复杂情况下要求精确指定某一条分支路径，为此 Authorware 将各分支路径从左至右由初始值 1 开始一一编号。在程序运行时，系统根据某个指定的条件进行自动判断，然后按照它的值选取编号为该值的分支路径执行。实现这种功能的分支与循环结构就是条件计算路径分支结构，简称条件分支结构或计算分支结构。

在判断图标属性设置对话框的"分支"选项中选取"计算分支结构"，并在它下方的文本框中输入用变量或表达式指定的控制条件。当遇到这个判断图标时，程序将计算这个变量或表达式的值，然后根据它的取值选择对应的分支路径执行。例如，其值为 3 时选择判断图标下的第三个分支路径图标执行。

下面通过两个实例学习如何运用条件计算路径分支结构实现分支选择和分支切换。

8.5.1 随机数变量控制多分支选择结构

【**实例 8.8 多国协奏曲**】 该实例程序见网上资源"教材实例\第 8 章分支和循环结构的设计\8-5-条件计算路径分支\例 8-8-多国协奏曲\例 8-8-多国协奏曲.a7p",程序运行效果如图 8.29 所示。

图 8.29 "多国协奏曲"程序运行效果

在音乐厅舞台交响乐队背景画面上,叠现一张艺术家演出照,仿佛他正在与乐队合作演出小提琴协奏曲,而下方的标题 "协奏曲"可以从 5 个语种中选择一种文字显示。从实用性而言,应由用户自行选择语种,但在尚未系统学习实现这一功能的交互作用之前,暂时模拟一下,由程序中产生的随机数变量替代用户选择某条分支实现语种选择。

下面介绍构造一个由随机数变量控制的多分支选择结构的方法,其程序如图 8.30所示。

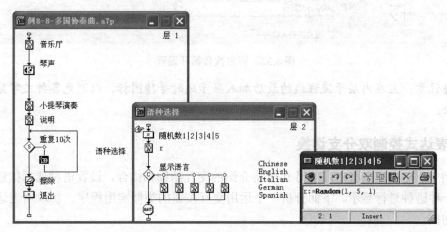

图 8.30 "多国协奏曲"程序

观察程序的主要部分——分支与循环结构。程序中包含两重分支与循环结构，我们首先关注实现主要选择功能的内层结构。在位于程序内层（层 2）的"语种选择"群组图标子流程图中，图标标记"C"表明这是一个条件计算路径分支结构，它挂接有 5 条用于显示某国文字的分支，但其中并不存在循环。

在判断图标"显示语言"的属性对话框中将"分支"方式选取为"计算分支结构"，判断图标的标记为代表"计算（Calculated）"的◇，并在它下方的文本框中输入用变量 r 指定的控制条件，然后将"重复"方式设置为"不重复"，这样就构成了一个不重复的条件计算路径分支结构，执行时系统将根据变量 r 的值选取第"r"条分支路径，如图 8.31 所示。

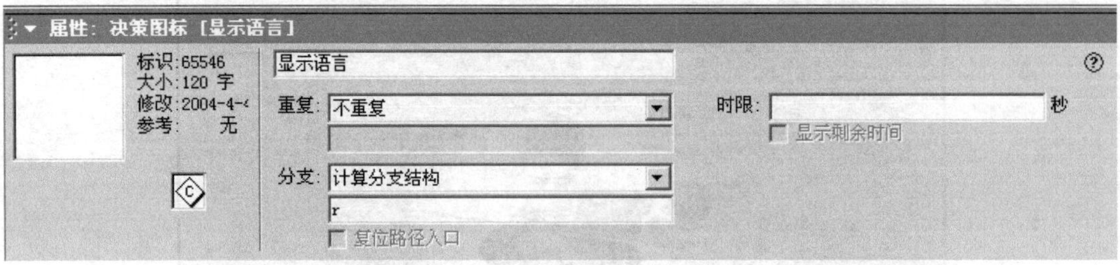

图 8.31　计算分支设置

在判断图标"显示语言"上方加入一个计算图标，打开它并输入变量赋值语句：

r := Random(1,5,1)

它的作用是为控制变量 r 赋一个 1～5 之间的随机值。然后在它下方加入一个显示图标，输入文本{ r }，以显示变量赋值后的当前值。

利用开始、结束旗帜标志，反复运行内层的程序段，可发现各语种的文字根据随机数变量 r 的当前值而随机出现。

为了能自动地多次反复运行程序，以观看运行结果，在主流程线上建立外层的固定次数循环分支，设置固定次数为 10，如图 8.32 所示。

图 8.32　固定次数循环设置

👀注意：应在内层子流程线的最后加入显示延时等待图标，以避免各种文字显示后立即被擦除。

8.5.2　表达式控制双分支切换

实例 8.8 在实际应用中可与第 9 章将介绍的交互结构相结合，设置语种选择按钮，由用户选择一种语种进行显示。下面分析一个运用交互按钮的类似实用程序，实现用表达式控制双分支切换。

【实例 8.9　双语经典】　该实例程序见网上资源"教材实例\第 8 章分支和循环结

构的设计\8-5-条件计算路径分支\例 8-9-双语经典\例 8-9-双语经典.a7p",程序运行效果如图 8.33 所示。

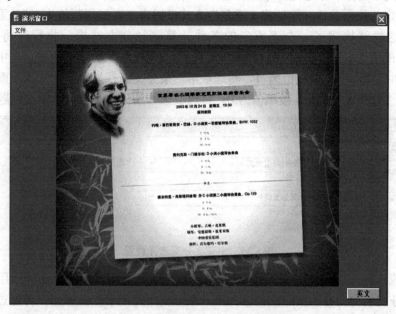

图 8.33 "双语经典"程序运行效果

程序开始运行时,屏幕上出现一张中文的经典曲目节目单,右下方出现一个标有"英文"字样的灰色按钮;单击按钮,节目单变为英文,而按钮上的文字也同时变为"中文"字样。

与本章其他例子不同,该实例程序中除含有一个分支与循环结构外,在它之前还有一个非顺序结构,即为用户提供选择功能的交互结构。在交互结构中安排了两个位置重叠的按钮,分别用于两种情况下的转换。打开两个按钮下方的计算图标,分别给用于控制选择语种显示的变量 English 赋值,如当单击"英文"按钮时,执行的计算图标将 English 赋值为 1;否则当单击"中文"按钮时,执行的计算图标将 English 赋值为 0。实例 8.9 的程序如图 8.34所示。

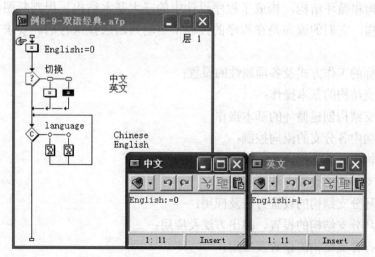

图 8.34 "双语经典"程序

在交互结构下方的判断图标"language"的属性对话框中将"分支"方式选取为"计算分支结构"，判断图标的标记变为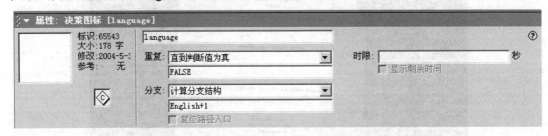，在它下方的文本框中输入用含有变量 English 的表达式 English+1 指定的控制条件，然后将"重复"方式设置为"直到判断值为真"，重复条件设为"FALSE"，这样就构成了一个不重复的条件计算路径分支结构，执行时将根据表达式"English+1"的值选取第"English+1"条分支路径，如图 8.35 所示。例如，在中文状态单击"英文"按钮时，English 被赋值为 1，将选取第二条分支路径显示英文标题；而在英文状态单击"中文"按钮时，English 被赋值为 0，将选取第一条分支路径显示中文标题。

图 8.35　中英文分支选择设置

本例在流程线开始处加入了一个名为"English:=0"的计算图标，这样当用户还没有单击按钮时，分支结构会自动按照此值进入第一条分支路径显示中文标题，再通过单击按钮实现双语切换。用于用户自主切换的按钮，是交互的一种方式，在第 9 章中我们将全面系统地介绍交互结构及其应用。

除了以上采用判断图标构造分支与循环结构的方法外， Authorware 还为专业人员提供了用于编程的条件语句和循环语句，其形式类似于 Pascal 语言，具有编程基础的设计者可以在计算图标中运用这些语句，并结合变量、函数与表达式等轻松实现分支与循环结构，详见第 11 章中的有关介绍。

本 章 小 结

本章介绍了在 Authorware 程序中创建多分支结构的一种重要图标——判断图标。顺序结构、分支结构和循环结构，构成了程序设计中的三大基本结构。用判断图标可创建分支结构和循环结构，它们的流向是在程序的控制下自动判断选择执行的。要求重点掌握以下几点：

- 判断图标的工作方式及各项属性的设置；
- 创建分支结构的基本操作；
- 利用分支结构创建循环的基本操作；
- 分支结构中各分支的流向控制；
- 分支结构中各分支的自动擦除设置；
- 顺序分支结构的设置方法及应用；
- 条件循环分支结构的设置方法及应用；
- 无限循环分支结构的设置、跳出方法及应用；
- 随机选择分支结构的设置及应用；
- 条件选择分支结构的设置及应用。

练　习

一、选择题

分支结构在执行分支过程时被中断，若希望执行完其他程序返回时，重新开始路径的计数，应如何设置？

A. 在"重复"下拉列表框中选择"直到单击鼠标或按任意键"选项

B. 选中"直到判断值为真"复选框

C. 在"分支"下拉列表框中选择"随机分支路径"选项

D. 在"分支"下拉列表框中选择"在未执行过的路径中随机选择"选项

二、简答题

1. 使分支结构中的所有分支按顺序各执行一次，应如何设置？

2. 使分支结构中的所有分支按随机顺序各执行一次，应如何设置？

3. 在分支结构的所有分支中任选一个执行一次，应如何设置？

4. 在分支结构的所有分支中指定一个执行一次，应如何设置？

5. 分支结构中只有一个分支，当某条件为假时循环执行这个分支，当条件为真时退出分支结构，应如何设置？

三、上机操作题

1. 应用顺序循环分支结构，设计顺序显示图片的"近代史风流人物"程序。

2. 应用循环分支结构，设计重复闪烁显示的"红场之星"程序。

3. 应用无限循环分支结构，设计重复顺序显示的"悲鸿奔马画不尽"程序。

4. 应用随机可重复分支结构，设计"神秘太空"程序。

5. 应用随机不可重复分支结构，设计"百年达利欣赏"程序。

6. 应用条件分支结构，设计"成绩查询评价"程序。

第9章 交互结构的设计

在前面章节中，我们学习了如何把文字、图形、图像、声音、视频及动画集成在作品中，展现出多种媒体的丰富色彩；此外，我们还学习了如何为程序设置分支、循环结构。但美中不足的是，那些由分支图标构成的分支也好，循环也罢，起着关键作用的判断和决策都是由系统自动做出的，用户自始至终只是被动地接受多媒体演示的观众。

对于一个成熟的多媒体作品来说，仅有丰富的多媒体效果还是远远不够的，还需要具备另一个特征——交互性。无论是演示、咨询，还是教学系统，都应该强调用户的主动参与，按自己的程度、兴趣等自行决定程序下一步的走向。因此要求系统不仅要能作用于用户，向用户提供按照一定顺序编排的内容，而且还能允许用户反作用于系统，用某种方式自由选择内容，系统则依照用户的选择决定具体的流程，这就是程序的交互功能。

提供丰富多样的交互功能，正是 Authorware 区别于一般多媒体工具的优势所在。与能够实现交互的传统编程软件相比，Authorware 并不要求设计者具备高深的编程技术，这使得它成为多媒体作品尤其是课件设计的主流软件，受到从专业软件编程人员到普通教师的广泛欢迎。

Authorware 为设计者提供了一个现成的工具——交互图标，其中包含了极为灵活的交互方式，如按钮、热键、交互热区域、选定或拖动对象、输入文本、下拉菜单、限时、限次等，使用非常方便，可以轻松地实现各种交互效果。

交互结构设计也是 Authorware 的难点所在。本章先简要叙述关于交互结构的一些基本问题，如怎样建立一个交互结构，怎样安排交互响应，怎样设置分支的走向，再以实例具体介绍各种交互方式的应用方法。

9.1 交互结构概述——人机互动

9.1.1 交互图标与交互结构

交互结构可以借助交互图标 ⑫ 来实现。交互图标所具有的功能实际上是对显示图标、分支图标、擦除图标和等待图标功能的组合。交互图标的显示功能，在于它不仅要显示这个图标中包含的文字、图像等提示用户动作的信息，而且要显示系统对用户的动作所做出的反馈信息。交互图标的分支功能，在于它能够根据用户的动作，有选择地执行交互结构中提供的某一条或某几条分支路径，而且还可以根据情况设置循环等程序结构。交互图标的擦除功能，允许设置擦除系统对用户的动作做出的反馈信息。交互图标的等待功能，主要在于它在显示提示用户的信息后，会等待用户的反应动作，此外在交互结构的其他环节也存在等待。

当程序运行中遇到一个交互图标时，系统将先显示这个图标中包含的文字、图像等提示用户动作的信息，然后就会静待用户参与动作，这称为交互的响应。例如，单击某一个按钮、按下某一个键、在某一个区域单击或双击鼠标、光标进入屏幕上某一区域、选定或拖动某一对象、输入某些文字等，这些称为交互的各种响应类型（即交互的各种方式）。当用户以某种方式响应后，系统立刻将响应类型与交互图标挂接的各分支的响应条件一一比较，找到与之相匹配的条件，就自动地转入相应的一个分支执行，对用户的动作做出反馈，然后根据情况决定程序流向。

交互结构的执行过程一般可分为下列 3 个阶段。

（1）显示信息并等待用户执行动作的阶段。例如，等待用户单击按钮、单击热区域或输入文本等。

（2）产生响应匹配的阶段。当用户操作后，系统将从左至右检查哪个分支可以匹配该操作，若满足匹配条件，程序将沿该分支流程执行该分支上的图标。

（3）交互响应结束阶段。依据各交互响应分支跳转类型的设置，程序将跳转到流程相应处继续执行。

下面通过一个简单程序来观察典型交互结构的执行效果。

【实例 9.1　NBA 队徽测试-1】　该实例程序见网上资源"教材实例\第 9 章交互结构的设计\9-1-概述\例 9-1-NBA 队徽测试-1\例 9-1-NBA 队徽测试-1.a7p"。

请打开程序文件，观看流程线上由交互图标和交互响应分支组成的交互结构，如图 9.1 所示。

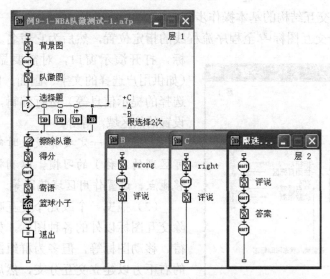

图 9.1　"NBA 队徽测试-1"程序交互结构

在交互图标中显示了一道测试题目，要求被测试者在屏幕上选择答案 A、B 或 C。若单击答案 B 做出响应（用按钮方式实现），则它所对应的分支就被激活了，执行这个分支将显示出系统对被测试者选择 B 的正误的判断信息。如果被测试者的选择正确，对被测试者加以鼓励后将跳出该交互结构，否则要求被测试者重新选择答案。当选错两次答案后，先显示正确答案，然后跳出该交互结构，最后显示测试得分，并退出系统。程序运行效果如图 9.2 所示。

9.1.2　创建交互结构的基本操作

把一个交互图标安排到程序流程图上，然后将供选择的各分支路径图标一一挂到交互图标的右下方，即形成了一个交互结构，如图 9.3 所示。

图 9.2 "NBA 队徽测试-1"程序运行效果

下面介绍创建交互结构的基本操作步骤。

（1）拖曳一个交互图标 至程序流程线的指定位置，然后为它命名。双击命名后的图标，打开演示窗口，对需要显示给用户的内容（如供用户选择的文字、画面，以及要求用户进行选择的提示信息等）进行编辑，还可以修改交互设置的热区域，等等。

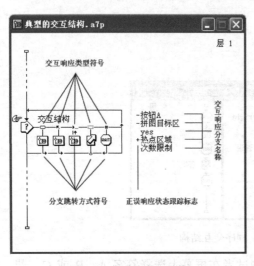

图 9.3 典型的交互结构

提示：一定要养成及时命名（最好是唯一可区别的名称）的习惯，以利将来引用它指定转移地点、设置作用区域范围等。

（2）拖曳一个或几个交互响应图标（可以是除交互图标以外的各种图标，如显示、擦除、等待、移动图标等，但多为群组图标）到交互图标的右下方以建立交互分支，然后为它们命名；并在弹出的对话框中为它们选择所需的交互类型，以规定用户以何种方式作用于系统（如单击按钮、单击热区域、选择菜单、输入文本等）。

（3）单击各分支交互响应图标上方的交互响应方式符号，在屏幕下方的对话框中进行该交互响应的属性设置，以设计该分支执行后的程序执行流向（如重入循环、继续执行其他分支、返回原调用点、跳出交互等），设计该分支信息的不同擦除方式，设计系统是否自动记录用户选择该分支的正确性、应得分数等。

（4）双击各分支上的交互响应图标（一般是群组图标），对其进行进一步的编辑，以设计针对用户的不同动作系统给出的各种回应信息。

下面通过一个简单的交互程序，介绍建立一个交互结构的主要步骤和方法。

【实例 9.2 轻风车影】 该实例程序见网上资源"教材实例\第 9 章交互结构的设计\9-

1-概述\例9-2-轻风车影\例9-2-轻风车影.a7p"。

　　这是一个利用热对象方式实现的用户选车看图例子。开始画面上的三辆小轿车都被设置为热对象，用户鼠标指针移入其中时将出现车型提示说明条，用户单击车体则出现该车型的大图。实际上在这个交互中对每个热对象又存在"指针在对象上"和"单击"两种激活方式，分别用于显示提示和查看车型两种需要。程序运行效果如图9.4所示。

图9.4　"轻风车影"程序运行效果

　　实例9.2的程序如图9.5所示。

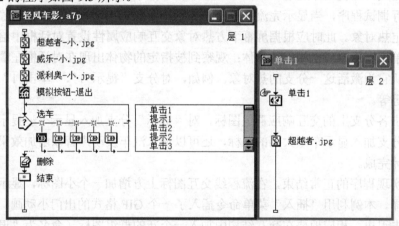

图9.5　"轻风车影"程序

　　下面介绍实例9.2程序的主要设计步骤和方法。

　　（1）设置程序的基本参数。

　　（2）从网上资源的教材实例原文件夹中分别选取3个汽车小图一一导入，形成以原文件名自动命名的3个显示图标，这是用户将单击选择的3个小对象。双击它们打开演示窗口调整好显示位置。

　　（3）拖曳一个交互图标 至显示图标下方，然后为它命名。双击打开该交互图标，输入提示用户选车的信息。

　　（4）先后拖曳两个群组图标到交互图标的右下方建立两条交互分支，然后分别将它们命名为"提示 1"和"单击 1"（分支"提示 1"用于当用户鼠标指针移入第一辆小汽车图片时激活交互，作用是暂时显示一下车型提示说明条；分支"单击 1"则用于当用户单击第一辆小汽车图片时激活交互，作用是显示对应车型的大图），然后在弹出的对话框中为它们选择交互类型为"热对象"方式。

（5）单击"提示 1"分支图标上方的交互响应方式符号 ※，在屏幕下方的对话框中进行该交互响应的属性设置。在"响应"选项卡中设置该分支的"擦除"方式为"在下一次输入之前"，以及时擦除车型提示说明条。执行后的程序执行流向为"重试"；在"热对象"选项卡中设置该分支的"匹配"方式选项为"指针在对象上"，单击"鼠标"指针右边的 按钮打开一个鼠标指针样式列表，从中选择系统提供的手形鼠标指针样式。然后复制"提示 1"图标并在它右边粘贴另外两个继承了它所有属性的图标，分别命名为"提示2"和"提示 3"。

（6）单击"单击 1"分支图标上方的交互响应方式符号 ※，在屏幕下方的对话框中进行该交互响应的属性设置。在"响应"选项卡中设计该分支的"擦除"方式为"在下次输入之后"，以将显示出的车型图保留到选中下一辆车为止。执行后的程序执行流向为"重试"；在"热对象"选项卡中设置该分支的"匹配"方式选项为"单击"，单击"鼠标"指针选择右边的 按钮打开一个鼠标指针样式列表，从中选择系统提供的手形鼠标指针样式。同样复制"单击 1"两次，分别命名为"单击 2"和"单击 3"。

🔊)))小技巧：交互结构中各分支的有关设置（如分支流向、擦除方式、按钮尺寸、匹配条件等）满足从左至右的自动继承关系，因此对于几个相同类型的分支，可先将第一个分支全部设计完成，再复制并逐个粘贴在它右边，最后打开它们进行一些小的改动即可。

（7）运行调试程序，当显示完流程线上的 3 辆小车和退出动画后，程序暂停，等待为交互各分支指定热对象。此时应根据屏幕下方热对象交互响应属性设置对话框中给出的分支名称，按提示单击演示窗口上相应的物体；观察到被指定的物体出现在对话框左端方框内，表明系统已确认它为激活这一分支的热对象。例如，对分支"提示 1"、"单击 1"应单击第一辆小汽车，等等。

（8）双击各分支上的交互响应群组图标，对"提示"分支加入显示车型提示条的图标；对"单击"分支加入显示车型大图的图标，还可以加入汽车发动声音以增加效果。至此交互结构基本设计完成。

（9）为实现程序的正常结束，在流程线交互图标上方增加一个小图标，显示一个结束标志供用户选择。本例利用"插入"菜单命令插入了一个 GIF 格式的出门小动画，活泼形象地提示用户单击退出。相应地要在交互结构中加入一个新的群组图标（命名为"退出"），设置该分支匹配方式选项为"单击"，执行后的程序分支流向为"退出交互"，以形成原循环的一条退出分支，该分支仅用于跳出分支结构，群组中可不加入具体图标。

（10）最后在流程图末端加入擦除和计算图标，实现用函数"Quit (0)"退出程序运行的功能。

从上例可以看出，交互结构的设置比较复杂，需要结合下面介绍的多个实例细心体会。下面介绍交互结构的基本设置方法。

9.1.3 交互图标各项属性的设置

单击选中流程线上的交互图标，在设计窗口下方将自动打开交互图标的属性设置对话框。该对话框包含 4 个选项卡，其中"显示"、"版面布局"两个选项卡的选项用于描述交互图标中显示对象的属性，与前面介绍的显示图标属性对话框中的选项卡选项基本相同；"CMI"选项卡是有关知识对象属性的设置；"交互作用"选项卡用于设置与交互结构有关的属性，如图 9.6 所示。

图 9.6　交互图标的属性设置对话框

下面介绍"交互作用"选项卡中的选项及其作用。

（1）擦除：此选项提供擦除交互图标中显示内容的不同方式，共有下列 3 种选择。

● 在退出之前：交互响应图标的显示内容保留到退出交互时才予以擦除。

● 在下次输入之后：当另外一个交互响应分支激活时，擦除当前交互响应图标的显示内容。

● 不擦除：不擦除交互响应图标的显示内容。

（2）擦除特效：该选项提供擦除交互图标显示内容的多种特技效果，与擦除图标的效果完全相同。

（3）选项：该选项有下列两种选择。

● 在退出前中止：退出交互图标之前暂停，等待用户的单击按钮或按键动作。

● 显示按钮：仅在选择暂停时有效，用于设置暂停时在屏幕上是否出现等待按钮。

9.1.4　各分支响应类型和参数的设置

设置了交互图标，还需要为交互图标挂接各分支，以构成一个完整的交互结构。下面介绍交互图标下各分支响应类型和参数的主要设置步骤和方法。

（1）拖曳一个图标（可以是代表一个动作的显示、播放、移动、擦除等图标，但一般是代表一组动作的群组图标）到流程线上交互图标的右下方，建立交互的一个响应分支，在随之打开的交互响应类型选择对话框中选择一种响应类型，然后关闭对话框，并为这个响应图标命名，如图 9.7 所示。

（2）单击这个响应图标上方的响应类型标记，在相应响应类型的属性对话框中选择设置有关参数，然后关闭对话框。

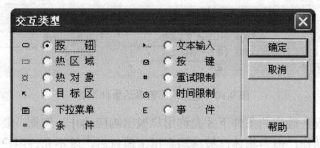

图 9.7　交互响应类型选择对话框

尽管各种交互响应类型有所不同，但它们的属性和参数存在一些共性和规律。再次双击响应图标上方的响应类型标记，打开交互响应属性设置对话框，如图9.8所示。

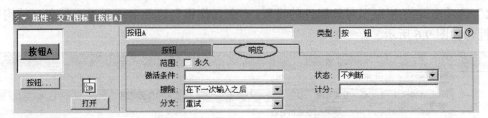

图9.8　交互响应属性设置对话框

在不同响应类型的交互响应属性设置对话框中，我们发现除标题、响应类型等，位于中间的主体部分都是两个选项卡，其中一个是本响应类型所特有的属性（如"按钮"响应类型就有一个名为"按钮"的选项卡，其中当然是有关按钮属性的具体设置，以此类推），另外一个则是各种响应类型所共有的属性，即关于响应本身的属性设置，名为"响应"。选中这个选项卡后，我们又发现无论是哪一种响应类型，"响应"选项卡中的各个选项几乎都是一致的。

下面介绍"响应"选项卡中的各个选项及其作用。

（1）范围：用于设置交互响应的作用范围，如图9.9所示。

图9.9　交互响应的作用范围设置

交互结构常用于在某个画面中给用户提供某种选择，这种交互选择一般是临时性的。但有时需要提供一种随处可在的选择，如"帮助"标记、"退出"按钮等，此时的交互选择应为永久性的。许多交互响应方式都允许设置为永久性的。

在"响应"选项卡中，选中"范围"右侧的"永久"选项，即可在程序运行的任何时刻实现交互响应。

（2）激活条件：用于设置交互响应的激活条件，如图9.10所示。

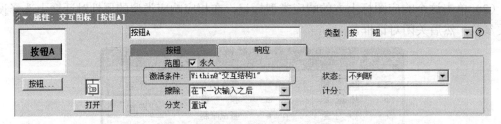

图9.10　交互响应的激活条件设置

某些交互选择仅在确定的条件下才允许用户做出响应动作。例如，要求用户移动物体，需要用户给以响应动作，但当物体已被移动到指定地点后，就不允许用户再做出移动物体的响应动作了。此外在永久交互响应中也往往给出某种确定的条件，如用 Within 变量进一步限定一个局部的作用范围等。

在"响应"选项卡中，可在"激活条件"文本框中，用有关变量或表达式给出激活交互响应的条件。

（3）擦除：用于设置擦除各分支显示内容的方式，如图 9.11 所示。

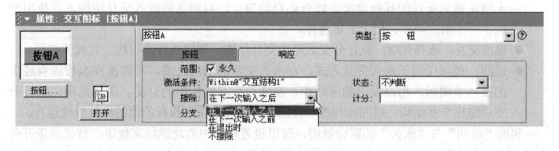

图 9.11　分支擦除方式设置

各分支显示的内容是对用户各种响应动作的反馈信息。对一般图标，可以安排擦除图标来清除屏幕上的显示内容，而在交互结构中，如同在分支结构中一样，系统提供了自动擦除各分支显示内容的方法，这样可以省去为了擦除各分支有关内容而需重复加入擦除图标的工作。每次将一个图标连入交互结构的一个分支，都可在对话框中设置这个图标中所有内容（包括声音、电影等各种媒体）的擦除方式。在"擦除"下拉列表框中，有下列 4 种选择。

- 在下一次输入之后：选择这种方式，本交互响应分支执行完毕后并不擦除显示内容，而是等待用户做出其他响应动作激活其他交互分支时，再自动擦除本交互响应分支的显示内容。
- 在下一次输入之前：选择这种方式，本交互响应分支执行完毕则自动擦除显示内容，然后等待用户的下一个响应动作。
- 在退出时：选择这种方式，本交互响应分支的显示内容在程序进入其他分支后也仍然保留，一直到退出整个交互结构，即在执行流程线上交互图标的下一个图标时才予以自动擦除。
- 不擦除：选择这种方式，将保留本交互响应分支的显示内容，不自动擦除，直到使用擦除图标予以擦除。

（4）分支：用于设置分支跳转类型的选择，如图 9.12 所示。

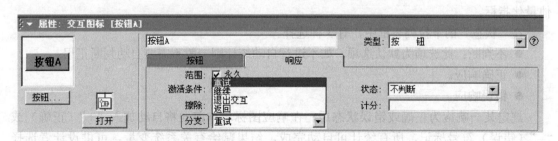

图 9.12　分支跳转类型设置

在交互结构中，某一响应激活，将执行相应分支上的图标，当这一分支执行完后，可根据所设置的有关参数选择决定跳转类型，即程序的下一步流向。在流程图中，分支的流向由每个分支上的箭头来表示。参见图 9.3，观察各种分支跳转方式的符号。

在"分支"的下拉列表框中，有下列4种选择。

- 重试：选择此项，执行分支后重新进入交互结构，等待用户的下一个响应动作。用于多重选择。

- 继续：选择此项，执行分支后，在重新进入交互结构之前，继续寻找该分支右边有无满足激活条件的其他分支。如有则自动执行，否则重新进入交互结构，等待用户的下一个响应动作。用于多重选择。

- 退出交互：选择此项，执行分支后退出交互结构，顺序执行流程线上后续的图标。

- 返回：此项仅用于永久交互方式。在永久交互的响应之前，可能正在执行流程线上的某一个图标，用户发出响应动作，激活此交互结构中的分支。选择此项，执行分支后退出交互结构，返回流程线上激活永久交互前正在执行的原图标处继续运行。

利用"返回"与"永久"的联合效用，可以设置程序中的功能结束按钮、背景音乐开关按钮，以及联机帮助按钮等。在程序运行过程中随时可单击这些按钮，关闭某项操作功能、播放声音或关闭声音，以及进入某项在线帮助等，执行完后，又返回原处继续执行程序。例如，在某课件第二章第一节的学习中按下了声音"播放/暂停"按钮（永久性按钮），则在关断\开启背景音乐后，还应回到原章节继续学习。

（5）状态：用于对用户响应动作正误状态的设置，如图9.13所示。

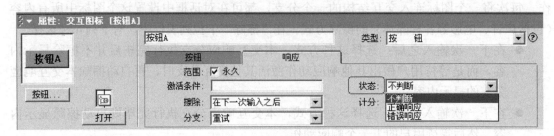

图9.13　响应正误状态的设置

在交互式教学课件的设计中，对学习者的测试可通过考察学习者对交互画面做出的响应动作（如选择答题、选择物体、移动物体等）来实现。为了能根据响应动作的正误情况自动进行分数统计，系统提供了为用户的响应动作规定正误状态的方法，并设置了多个系统变量，以便根据用户响应动作的正误自动计算并存放有关的统计结果（如判断正确或错误的累计百分比、当前交互结构中正确匹配的次数等），从而向学习者显示测试得分和其他量化指标。

在"状态"的下拉列表框中，有3种选择。

- 不判断：此选项为默认选项，如不进行自动统计则一般不需要自动判断正误。

- 正确响应。

- 错误响应。

规定某一响应为正确或错误状态后，在响应图标名称前面将自动加入"＋"（正确）或"－"（错误）符号标记，所有统计可自动完成，结果赋给有关系统变量，可供设计者选择显示给用户。

提示：这里的正误判断标记仅作为系统内部进行自动统计的依据，不会自动显示给用户。如不进行统计则无须加上正误判断标记，只需分别在正确、错误的响应动作所激活的分支中安排向用户提示正确、错误的反馈信息即可。

（6）计分：用于对用户响应动作得分的设置，如图 9.14 所示。

图 9.14　响应得分设置

系统不仅允许为用户的响应动作设置正误状态，还允许设计者为用户的每个响应动作设定一个得分，在整个课件运行过程中，系统将自动累计用户的得分并存放在变量 TotalScore 中，可供在课件结束时提供给学习者参考。

关于交互响应类型所固有的其他属性的设置方法，将结合各种响应类型的具体实例进行介绍。

9.1.5　各分支反馈信息的设置

双击打开交互图标下各分支上的图标，或直接从响应类型的属性对话框中打开分支图标（单击左下方的"打开"按钮），设计和编辑当用户响应交互的动作后屏幕上出现的反馈信息（如显示"选择错误，请再来一次"），或播放的声音效果（如配音"回答正确"或掌声等）。

当响应图标为一个群组图标时，可设计较复杂的效果。例如，在课件制作时可作为用户选择的某一章节所对应的子模块。

下面结合实例 9.1 介绍交互结构各种参数的设置方法和分支反馈信息的设计方法。

实例 9.1 是一个利用按钮方式实现的测试程序。背景画面上的 3 个队徽旁边分别设置了 3 个默认按钮"A"、"B"和"C"，用户单击选中一个，系统会给出正误判断反馈信息。在这个交互中 A、B、C 3 个分支不仅有正误之分，而且有不同的分支跳转方式。如果用户选择了正确答案，系统给出正确信息后，程序将跳出用于反复判断的交互结构；如果用户选择了错误答案，系统给出错误信息后，程序将重新进入交互结构请用户重复判断。最后，当用户已经两次错判后，程序将在显示正确答案后自动跳出交互结构。程序运行效果参见图 9.2。

下面介绍实例 9.1 程序的主要设计步骤和方法。

（1）设置程序的基本参数。

（2）从网上资源"教材实例\第 9 章交互结构的设计\9-1-概述\例 9-1-NBA 队徽测试-1\例 9-1-NBA 队徽测试-1.a7p"中分别选取背景图、队徽图后一一输入，形成程序流程线上的显示图标。双击它们打开演示窗口调整好显示位置。

（3）拖曳一个交互图标到显示图标下方，然后为它命名。双击打开交互图标，输入提示用户选择答案的信息。

（4）拖曳一个群组图标到交互图标的右下方建立一条交互分支，然后将它命名为"A"，在弹出的对话框中确认系统提供的默认交互类型为"按钮"方式。

（5）单击"A"分支图标上方的交互响应方式符号，在屏幕下方的对话框中进行该交互响应的属性设置。在"响应"选项卡中设置该分支的"擦除"方式为"在下次输入之后"，以将显示出的正误判断反馈信息保留到选中下一按钮为止。在"按钮"选项卡中单击鼠标右边的 ▪ 按钮打开鼠标光标样式列表，从中选择系统提供的手形鼠标光标样式。然后复制"A"图标并在它右边粘贴另外两个继承了它所有属性的图标，分别命名为"B"和"C"。

（6）建立限次分支。复制交互分支图标"C"并在其右边粘贴，将新图标命名为"限选择 2 次"；单击图标上方的交互响应方式符号 ▭，在屏幕下方的属性对话框中将交互类型改为"重试限制"，交互响应方式符号改变为 ▯。

（7）为各分支设置执行后的程序执行流向。单击"C"分支图标上方的交互响应方式符号 ▭，在"响应"选项卡中将该分支执行后的程序执行流向设置为"退出交互"，以保证用户选择正确后退出交互结构，顺序执行流程线上后续的图标；而将"A"、"B"分支执行后的程序执行流向设置为"继续"，以保证在错误判断后重入交互进行下次判断前，继续寻找本交互中是否还有其他可以匹配的分支，在这个例子中就是判断交互中最后一个限次分支能否满足条件，即让系统检查用户是否已进行了两次错误判断因而失去重新判断的机会。单击"限选择 2 次"分支图标上方的交互响应方式符号 ▯，在屏幕下方的属性对话框中看到，该分支执行后的程序执行流向已自动设置为"退出交互"。查看并调整 4 个分支从左至右的位置关系，保证限次分支在错误判断"A"、"B"的右方。

注意：交互结构中各分支是按从左至右的顺序判断执行的，因此要细心安排调整好它们的位置关系。

（8）为 3 个按钮类型分支设置用户响应动作的正误状态和得分。在"响应"选项卡中打开"状态"的下拉列表框，将分支"A"、"B"设置为"错误响应"，并在下方的"计分"栏中输入得分"-5"；为分支"C"设置为"正确响应"，并输入得分"10"；各响应图标名称前面将自动加入"+"（正确）或"-"（错误）符号标记。"限选择 2 次"分支图标则仍保持系统默认的状态"不判断"。

注意：正误状态仅用于系统的自动统计和退出。如果仅进行对错判断，最后不提供给用户得分，也可不设置正误状态。

（9）为各分支设计系统在接受了用户的某一选择后提供给用户的反馈信息。双击打开分支上的群组图标，在子模块流程线上安排相应的显示图标，还可加入不同的声音图标加强效果。在"限选择 2 次"分支中还应给出正确答案。

运行程序，发现用户正确选择后，系统的反馈信息稍纵即逝，原因在于分支"C"的"擦除"方式还保持着原来设置的"在下一次输入之后"，而它后面并不再执行其他分支而是直接退出交互，所以此时反馈信息就被自动擦除了。可为它在流程线最后加入一个等待图标，设置为 3 秒，并设置允许用户单击鼠标或按键盘任意键结束等待。

至此一个典型的交互结构设置完毕。

（10）在流程线交互结构下面加入擦除图标，擦除屏幕上的队徽（也可在开始时不另设队徽图标，而将队徽图案加入交互图标中，交互结束后将自动擦除）。加入显示图标，在其中输入系统提供给用户的得分情况。

注意：交互结构中的得分由系统根据刚才设置的正误状态及分数自动统计，并将总分保存在系统函数 TotalScore 中。可在显示图标中输入文本变量名，再用花括号括起变量名，以显示变量的值。

（11）在流程线末端加入一个"篮球小子"的小动画，并加入等待和计算图标，实现用函数"Quit(0)"退出程序运行的功能。

9.1.6 交互响应的类型

Authorware 提供了 11 种交互方式，用途不一，各具其妙，由不同的响应类型体现。

拖曳一个图标到流程线上交互图标的右下方，建立交互的一个响应分支，此时系统自动打开其交互响应类型选择对话框（参见图 9.7），可从中选择交互响应的类型（默认响应类型为按钮方式），下面简单介绍各种类型的特点。

（1）"按钮"响应类型 ▭。选择这种类型，程序运行进入交互结构时，在屏幕的交互画面上将会出现一个按钮，用户可以用鼠标单击该按钮，以激活交互响应，转入对应的图标分支运行。

（2）"热区域"响应类型 ⋮⋯⋮。选择这种类型，程序运行进入交互结构时，将为用户在屏幕上提供一个矩形的"热区域"，用户可以通过在热区域内单击鼠标、双击鼠标或将鼠标指针移入热区域内等方式激活交互响应，转入对应的图标分支运行。

（3）"热对象"响应类型 ※。这种类型与热区域类型类似，用户也需要单击选中的一个目标，但一般不限于规则的矩形热区域，而可以是一个不规则的物体对象。

（4）"目标区"响应类型 ▸。这种类型需要用户用鼠标单击对象物体并将物体拖动到指定的目标区域内，以激活交互，执行相应分支上的响应图标。

（5）"下拉菜单"响应类型 ▤。选择这种类型，程序运行进入交互结构时，在屏幕交互画面的上方将会出现一个下拉菜单，用户可通过选择菜单选项激活对应的交互分支。

（6）"条件"响应类型 ＝。选择这种类型，程序运行过程中当指定条件得到匹配时便激活交互。条件交互方式可分为非自动和自动两种匹配形式。当选定非自动匹配时，系统等待用户的交互响应，条件成立时，便激活交互；当选定自动匹配时，一旦条件成立便立即激活交互，无须等待用户的交互响应。

（7）"文本输入"响应类型 ▸⋯。选择这种类型，程序运行进入交互结构时，在屏幕交互画面上将会出现一个文本输入区，用户可通过输入与要求内容相匹配的文本，来激活对应的交互分支。

（8）"按键"响应类型 ▱。选择这种交互类型，当用户单击指定按键后便激活交互，进入交互响应分支。

（9）"重试限制"响应类型 #。选择这种交互类型，可以指定允许用户响应交互的次数；可用于激活一个分支，提示用户不成功回答的次数，并退出交互结构。

（10）"时间限制"响应类型 ⏱。选择这种交互类型，可以限制用户响应交互所花费的时间，一旦超过指定的时间则激活一个分支，提示用户已超过时间限制，并退出交互结构。

（11）"事件"响应 E。选择这种交互类型，可以对程序运行中一些特定的事件（如鼠标移动等）做出反应。这种后来加入的类型大大扩充了交互原有的种类和功能。

下面结合实例，具体介绍各种不同交互响应类型的应用。

9.2 按钮响应类型——形形色色的按钮

9.2.1 按钮响应类型的属性设置

按钮响应类型常用于为用户提供屏幕上的各种直观的按钮（如"退出"和"帮助"按钮

等），也可用于章节条目等的选择，还可以将"按钮"的概念扩充推广，以创造出多彩的互动效果。

【实例 9.3 多彩按钮】 该实例程序见网上资源"教材实例\第 9 章交互结构的设计 \9-2-按钮方式\例 9-3-多彩按钮\例 9-3-多彩按钮.a7p"，程序运行效果如图 9.15 所示。

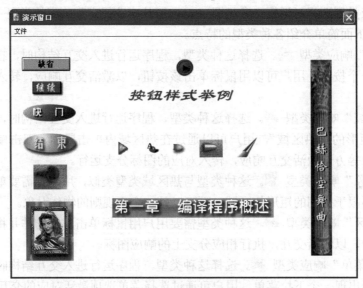

图 9.15 "多彩按钮"程序运行效果

运行程序，屏幕上出现了各式各样的按钮，其中最普通的就是系统提供的默认灰色矩形按钮。尽管样式粗糙单一，但实现起来非常简单，用于课件制作效果朴素。对于要求较低的场合，可采用默认按钮，直接输入分支图标的名称作为按钮上显示的标题。实例 9.3 的程序如图 9.16 所示。

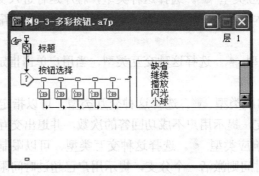

图 9.16 "多彩按钮"的程序

下面结合程序介绍按钮属性的设置方法，如图 9.17 所示。

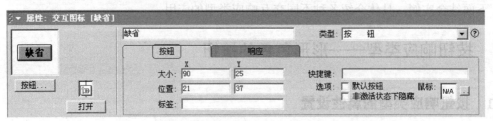

图 9.17 按钮响应方式的属性设置

在按钮响应方式的属性设置对话框中，"按钮"选项卡中的选项如下。

（1）大小：可在"X"、"Y"下方的两个文本框中输入按钮尺寸（以像素为单位）。

（2）位置：可在"X"、"Y"下方的两个文本框中输入按钮左上角的位置，为按钮定位（使用屏幕坐系）。

小窍门：用坐标和像素为按钮设定尺寸和位置，常用于多个按钮的标准化统一设置，一般按钮的尺寸可直接在演示窗口中用鼠标方便地进行调节。

（3）标签：输入按钮上的名称（即标签），系统将自动根据标签文字的长短调节按钮的尺寸。

（4）组合键：按钮交互方式也提供了一种组合键的方式，即用户可以通过按下一个或多个特殊的键等价地实现某一命令（可用于用户系统无鼠标或使用按键函数自动完成按下动作的情况）。在此对话框中可给出该按钮对应的键盘选择键，若有多个选择键，则中间用竖线"|"隔开，如 A|CTRLK（表示该按钮对应的键为"A"键或"Ctrl+K"组合键）。

（5）选项：包括两个选项。

● "默认按钮"复选框：仅对系统提供的按钮形式有效。选中此项，当按钮出现时，周围出现一个黑框，表示它是系统的默认按钮，此时直接按下键盘上的"Enter"键，可达到与鼠标单击该按钮相同的效果。

● "非激活状态下隐藏"复选框：选中此项，当按钮激活条件不满足时，按钮从屏幕上消失，激活时重新出现。

（6）"鼠标"选项：系统提供的默认鼠标光标呈箭头形状，通过此选项可自行选择鼠标光标的形状。在程序运行时，当鼠标光标移到按钮上时，即刻改变为选中的样式，以提示用户按下按钮。设置时单击右边的按钮将打开一个鼠标光标样式列表，可从中选择系统提供的鼠标光标样式，也可以单击"添加"按钮另外输入鼠标光标样式，如图 9.18所示。

对形态明显的按钮可不必专门设置鼠标光标样式。但当我们使用了形形色色的各种按钮，以至于用户无从判断哪里暗藏着按钮时，为鼠标光标设置专用的样式就十分必要了。一般对可供用户选择的标题栏、小物体标志等都应设置手形鼠标光标样式，提醒用户单击选择。

图 9.18　鼠标光标样式列表

（7）属性对话框中的其他选项。

● 标题文本框：分支图标的标题也就是按钮的名称，因此设计者可通过为分支上的图标命名来指定按钮上的提示字样。在这个例子中，只要拖曳一个图标到交互分支右下方，就会自动默认为按钮交互方式，在一旁为它输入名称如"继续"、"退出"等，立刻就完成了一个按钮的制作。

● "类型"选项：显示本分支的交互响应类型，可通过在下拉列表框中重新选择来改变当前的类型。

● "打开"按钮：单击此按钮，可进入对应分支图标窗口，对它的内容进行设计。在此例中内容为空。

●"按钮"按钮：单击此按钮，打开一个"按钮"选择对话框，如图 9.19 所示。

系统提供了多种按钮外观以供选择。但是这些按钮外观未免太单调了，在多彩的多媒体软件中出现不协调的灰色单一按钮，是令人难以接受的，会大大影响软件留给用户的印象。所以设计者一般都喜欢使用 Photoshop 等图像处理软件自己设计逼真的按钮，或利用素材库中的现成按钮。因此我们必须熟练掌握自定义按钮的方法，自行输入漂亮的仿真按钮。

在"按钮"选择对话框中单击"添加"按钮，打开一个"按钮编辑"对话框，如图 9.20 所示。

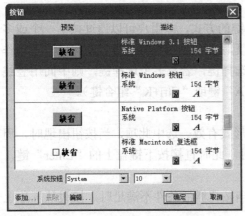
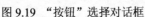

图 9.19 "按钮"选择对话框

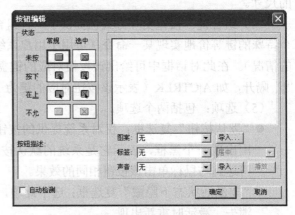

图 9.20 "按钮编辑"对话框

从对话框中我们可以看到，在常规情况下（左边"常规"下的一列）每个按钮都可以设置 4 种状态，即"未按"、"按下"、"在上"和"不允许"，这些固有状态正是按钮的基本特征。从这个意义上说，无论什么外形的对象，只要具备这些固有状态就都可被看做按钮。本例中的许多按钮都是如此。

为什么要把这些在外形上与"按钮"毫不相干的东西定义为按钮呢？这是由于"按钮"已经被抽象成为一种概念，无论呈现何种外在形象，其共有的本质特征是它的交互功能和前面提到的几种状态，以及按下时发出的声音。所以对任何对象，只要你想用它实现交互，并期望在激活交互的瞬间取得逼真的动感效果，都可以利用这个对象的几种不同形态的图片以及声音把它定义为按钮（可理解为"广义"按钮）。

一般按钮仅需设置前三种甚至前两种状态即可。按钮创意可利用图像处理软件 Photoshop 的图像分层功能实现，即在不同层分别画出同一个按钮的 3 种状态及字样。图像文件准备好后，单击对话框中"图案"右边的"导入"按钮，可将自行设计的按钮图像文件逐一导入。注意按钮的设置具有继承性，在设置"未按"按钮后，如不另外导入图像，下面的状态就会自动继承"未按"状态的样式。

另外还可以单击"声音"右边的"导入"按钮输入声音文件，模拟按下按钮的响声。但应注意位于下方的状态也会自动继承"未按"状态的声音，所以只需为"按下"状态设置声音。

对按钮还可在常规状态外设置选中状态（右边"选中"下的一列），应用于开关转换等场合。

9.2.2 按钮的改进

请再次运行网上资源"教材实例\第 9 章交互结构的设计\9-1-概述\例 9-1-NBA 队徽测

试-1\例 9-1-NBA 队徽测试-1.a7p",程序运行效果参见图 9.2。

在看到各式各样的多彩按钮后,实例 9.2 程序中的灰色按钮是不是太单调了呢?一起来改造它吧!

【实例 9.4 NBA 队徽测试-2】 该实例程序见网上资源"教材实例\第 9 章交互结构的设计\9-2-按钮方式\例 9-4-NBA 队徽测试-2\例 9-4-NBA 队徽测试-2.a7p"。

打开文件夹,发现其中比以前的文件夹增加了许多图片,这正是用 Photoshop 软件制作的按钮状态图片,如图 9.21 所示。

图 9.21 为 NBA 队徽制作的按钮状态图片

下面介绍添加按钮的步骤和方法。在程序图中单击分支"C"上的按钮方式图标,在"按钮"选择对话框中单击"添加"按钮,打开"按钮编辑"对话框,见图 9.20。

选中左边"常规"下的"未按"状态方框,单击对话框中"图案"右边的"导入"按钮,在弹出的对话框中找到已准备好的"火箭新队徽-up.jpg"图像文件;双击导入,在右边的空白框中会出现火箭队队徽的正常状态图像,表明已将这个图像赋予按钮作为它的未按下形态了。继续导入"常规"下的"按下"、"在上"状态对应的图像文件,一个多彩的火箭队队徽按钮就做好了。

下面为按钮加入声音。我们只需要为"按下"动作加入声音。选中"常规"下的"按下"状态方框,单击"声音"右边的"导入"按钮导入声音文件"ding.wav","声音"右边的状态框中由"无"变为"使用导入",表明已将这个声音赋予了按钮的按下动作。可单击"播放"按钮试听效果。观察其他状态,"未按"对应的声音状态仍为默认的"无",而"在上"对应的声音状态则是"与按起相同",表明它沿用所继承的"未按"声音状态,也应该是"无"。这样只有在用户按下按钮时才会发出清脆的响声。同样可将准备好的其他图片和一个比较沉闷的声音文件"Chord.wav"赋予另外两个按钮。

欣赏一下鼠标光标落在按钮上时的光亮效应、按下按钮时的瞬间闪现,以及清脆的"咔嗒"声,你会欣慰地体会到,费时费力制作仿真按钮实在是一项有价值的劳动。

下面运行程序观察效果,如图 9.22 所示。

事实上,程序"NBA 队徽测试-2"与程序"NBA 队徽测试-1"在结构上没有任何区别,只是把默认的灰色按钮来了个"鸟枪换炮"。怎么样,效果不错吧!这回可以加上一句"这是火箭队的新按钮!"了。

图 9.22 "NBA 队徽测试-2" 程序运行效果

9.2.3　按钮状态的灵活切换

前面曾经提到，对按钮还可在正常状态外设置选中状态，而选中状态经常被应用于开关转换等场合。下面通过实例 9.5 介绍如何利用选中状态实现按钮状态的灵活切换。

【实例 9.5　视频播放暂停切换】　该实例程序见网上资源"教材实例\第 9 章交互结构的设计\9-2-按钮方式\例 9-5-视频播放暂停切换\例 9-5-视频播放暂停切换.a7p"，程序运行效果如图 9.23 所示。

图 9.23 "视频播放暂停切换" 程序运行效果

实例 9.5 的程序如图 9.24 所示。

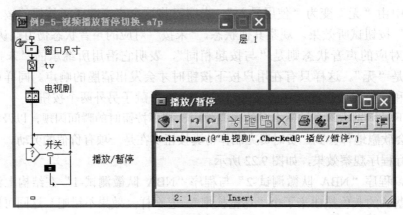

图 9.24 "视频播放暂停切换" 程序

下面介绍实例 9.5 程序的主要设计步骤和方法。

（1）设置程序的基本参数，选定窗口尺寸为"根据变量"，然后在一个计算图标中输入"ResizeWindow(500,400)"，以将窗口尺寸设定为适合图片大小的 500×400 像素。在其后的显示图标"tv"中输入一幅电视机图片。

（2）建立一个数字电影图标，为它输入一个视频图像文件"电视剧频道.mpg"，参数设置如图 9.25 所示。

图 9.25　数字电影播放设置

（3）建立一个交互图标，拖曳一个群组图标到交互图标的右下方建立一条交互分支，默认为按钮类型，单击分支图标上方的交互响应方式符号，在"响应"选项卡中设置该分支的"擦除"方式为"在下一次输入之后"；执行后的程序执行流向为"重试"；在"按钮"选项卡中单击"鼠标"选择右边的 按钮打开一个鼠标指针样式列表，从中选择系统提供的手形鼠标指针样式。

（4）为按钮设置状态。因为程序开始运行就处于电视剧播放状态，所以在正常情况下应该是一个暂停按钮，当单击暂停后又自动变为播放按钮。所以应该为"常规"下方的"未按"状态导入"暂停"圆钮，而在"选中"下方的"未按下"状态导入"播放"圆钮，以形成在同一位置反复切换出现的一对按钮。单击分支图标上方的交互响应方式符号，在属性对话框左边灰色按钮下方单击"按钮"按钮，在弹出的"按钮"选择对话框中单击"添加"按钮，打开"按钮编辑"对话框。选中"常规"下的"未按"状态方框，单击对话框中"图案"右边的"导入"按钮，在弹出的对话框中选择网上资源"教材实例\第 9 章交互结构的设计\9-2-按钮方式\例 9-5-视频播放暂停切换"中的"关 up.psd（psd 文件带有 Alpha 通道，按钮边缘可透明）"图像文件，双击导入，在右边的空白框中会出现正常状态的"暂停"圆钮。继续输入"常规"下"按下"状态对应的图像文件"关 down.psd"，使得单击时产生凹陷效果。然后为按钮设置"选中"状态。选中"选中"下的"未按"状态方框，导入"开 up.psd"文件，选中"按下"状态方框，导入"开 down.psd"文件，在右边的空白框中会出现正常状态的"播放"圆钮，如图 9.26 所示。

👀注意：此时应选中对话框左下角的"自动检测"选项，以实现每次的状态切换。

（5）为电影播放增加控制。退出按钮设置后，双击分支上的计算图标，在其中输入语句：

　　　MediaPause（@"电视剧"，Checked@"播放/暂停"）

然后关闭窗口。

🔊))小技巧：MediaPause 是使用变量灵活控制播放/暂停的函数。括号中的"@"电视剧""指定欲控制的数字电影图标名称，在这里是"电视剧"；"Checked@"播放/暂停""则指定依据这里名为""播放/暂停""的按钮分支中的选中变量 Checked 的值来控制播放/暂停。

实际上，按钮状态的切换会引起变量 Checked 值在 0 与 1 之间反复变化，为 0 则播放，为 1 则暂停，再为 1 又从断点继续。如果在上面的对话框中没有选中"自动检测"选项，则无法随用户按钮动作而自动改变 Checked 的值，当然也就无从控制电影的播放/暂停了。

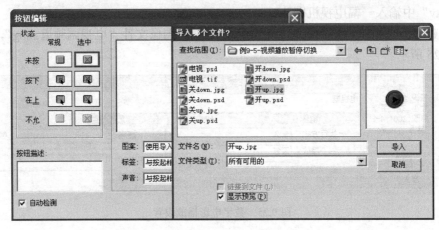

图 9.26　按钮状态设置

变量及函数的应用非常奇妙，有兴趣的读者可以认真研究本书"技巧篇"的实例，一定能成为高手哦！

9.2.4 "无处不在"的永久按钮

前面我们提到，一些响应被设置为永久型的，是为了使它们随时都能被激活。例如，"声音开关"、"帮助"、"结束"等按钮，在程序运行的任意时刻、任何画面都应有效，用户可随时单击它们以开/关配乐，或显示帮助信息，或退出程序运行。下面通过《计算机编译原理》教学课件体会按钮的永久性。

【**实例 9.6　编译课件**】　该实例程序见网上资源"教材实例\第 9 章交互结构的设计\9-2-按钮方式\例 9-6-编译课件\例 9-6-编译课件.a7p"，程序运行效果如图 9.27 所示。

从课件的目录页和章节界面中我们看到，从目录上面可自由选择各章按钮，但无论进入哪一章节，右下方的两个按钮"声音开关"和"结束"都是有效的。

图 9.27　"编译课件"程序运行效果

请打开程序文件观察交互结构的设置，如图 9.28 所示。

在"目录"这个常见的交互结构之前，加入了一个名为"永久"的交互结构。打开响应属性设置对话框，与实例 9.5 一样在"按钮"选项卡中定义"声音"和"结束"两个按钮的几种状态和鼠标指针形式，然后在"响应"选项卡中把"范围"后的"永久"项选中，再把"分支"项选为"返回"，如图 9.29 所示。

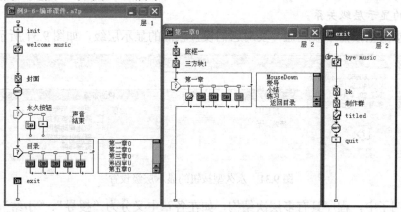

图 9.28 "编译课件"程序中的交互结构

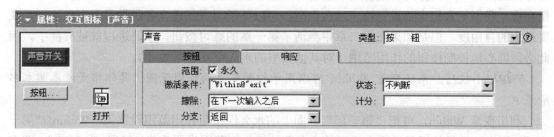

图 9.29 永久按钮的分支返回设置

这时，我们发现流程线上原"永久"交互结构向上返回的流向已变为向下贯穿的流向，这说明程序可以穿过它向下运行，显示后面的目录页、标题按钮，并等待用户选择章节。但无论何时只要用户单击"声音开关"按钮，激活上面交互结构的分支，其中计算图标里的赋值语句就会将控制放音的变量值"真"、"假"互换，起到播放、暂停的效果。而无论何处只要用户单击"结束"按钮，激活分支，程序就会执行其中的 Goto 转向函数，跳转到流程线下方的"exit"群组模块，播放结尾音乐，显示制作群，最后用函数"Quit(0)"退出程序运行，返回 Windows 界面，如图 9.30 所示。

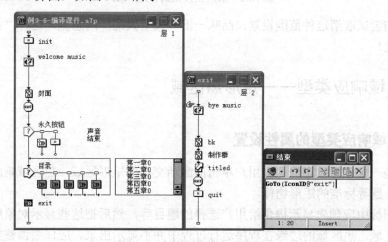

图 9.30 利用函数转向模块 exit

◉◉ 注意：按钮作为图片，即使定义为永久，如果被其他图片遮盖也将会失效。因此可在它所属的交互图标属性框中定义较高的显示层级，同时还要考虑多个不同范围层次的永久交互之间的显示层级关系。

为确保永久型按钮不被遮盖，要对它们设置较高的显示层级，如图 9.31 所示。

图 9.31　永久型按钮的显示层级设置

在这个例子中，程序具有多层次结构，如在各章中又分为"授导"、"小结"、"练习"等部分，而"练习"又分为"选择"、"填空"、"改错" 3 种题型，这些选择都用不同形态的按钮完成。我们把它们全部设置为"永久"型，可以使学习者任意在各种学习形态中跳转，获得最大的自由度。但是如果在第二章中激活了第一章的练习按钮，学习进程就被打乱了。因此必须细心地控制按钮的作用范围（对其他类型的永久交互也是如此）。

📢)) 小技巧：系统变量 Within 可以用于控制交互的作用范围。具体格式请参阅本书附录 A。

利用变量 Within，可把"第一章"界面上的永久性按钮作用范围设置为"Within@"第一章""；同样，把最外层目录页上出现的永久型按钮作用范围设置为"~Within@"Exit""，即在为退出而设置的模块中不再起作用，如图 9.32 所示。

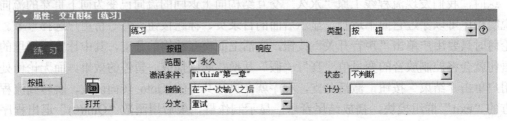

图 9.32　永久型按钮的作用范围

请同学们尝试取消这种范围设置，品味一下"天下大乱"的感觉。这种"歪招"恐怕是黑客专用的吧！

9.3　热区域响应类型——矩形热区域

9.3.1　热区域响应类型的属性设置

热区域是一个任意设定的可被用户单击而激活交互的矩形区域，热区域响应类型通常用于选择章节标题等标准的矩形物体。

在交互图标中应预先显示提供给用户选择的题目等，然后把这些显示对象所在的矩形区域设置为热区域，热区域的边缘在程序运行过程中并不显示出来。应仔细调整热区域的位置和尺寸，使它的边缘与显示对象的边缘基本重合。

9.3.2 热区域响应的实现

【实例 9.7 星座遭遇当机】 该实例程序见网上资源"教材实例\第 9 章交互结构的设计\9-3-热区域方式\例 9-7-星座遭遇当机\例 9-7-星座遭遇当机.a7p"。

这是一个星座网站的心理分析趣谈，根据不同星座名称单击所在区域，屏幕上就出现了这一类星座人士面临麻烦的应对方式，当然是玩笑啦。程序运行效果如图 9.33 所示。

图 9.33 "星座遭遇当机"程序运行效果

在热区域响应方式的属性设置对话框中，如图 9.34 所示，"热区域"选项卡的选项设置如下。

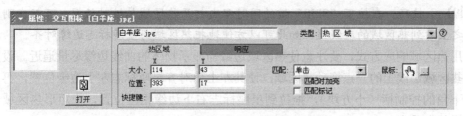

图 9.34 热区域响应方式的属性设置

（1）大小：可在"X"、"Y"两个文本框中设置热区域尺寸（以像素为单位）。

（2）位置：可在"X"、"Y"两个文本框中输入热区域左上角的位置，为热区域定位（使用屏幕坐标系）。

（3）组合键：热区域交互方式也可以通过用户按下一个或几个特殊的键来等价地实现（可用于用户系统无鼠标的情况）。在此对话框中可给出该热区域对应的键盘选择键。

（4）匹配：在下拉列表框中给出热区域响应的 3 种匹配方式。

● 单击：选择此项，程序运行时，用户在热区域范围内单击鼠标可激活热区域响应。

● 双击：选择此项，程序运行时，用户在热区域范围内双击鼠标可激活热区域响应。

● 指针处于指定区域内：选择此项，程序运行时，用户将鼠标指针移入热区域范围内可激活热区域响应。

另外，关于热区域响应的匹配还有下列两个可选项。

● 匹配时加亮：选择此项，程序运行时，当用户选中热区域的瞬间，热区域的颜色给予高亮回应。

● 匹配标记：选择此项，程序运行时，在热区域的左方出现一个小空方格，当用户选中热区域后，此格变为实心方格。

（5）鼠标：单击右边的 按钮将打开一个鼠标指针样式列表，可从中选择系统提供的鼠标指针样式，也可以单击"添加"按钮另外输入鼠标指针样式。

此外，属性对话框中的其他几个选项与按钮响应方式基本相同。

下面结合程序介绍热区域属性的具体设置方法，如图 9.35 所示。

程序中用到的图片全部放在对应的文件夹中，我们先把前面的显示图标设计完成。这样当程序背景图显示之后，就出现了各星座的标志，它们圆溜溜的样子很像按钮，但是如果为这 12 个小家伙制作 30 多张按钮状态图，一定非常麻烦。而热区域响应的特点是直接在屏幕上的固定位置框出一个矩形的交互区，这对方形、条形的物体来说是再方便不过了。另外，尽管热区域是矩形的，但对于较小的非矩形物体也可以近似地看做矩形，对小型的圆形对象也能将就。因此在要求不高的情况下，我们就改用热区域响应方式简捷地实现吧。

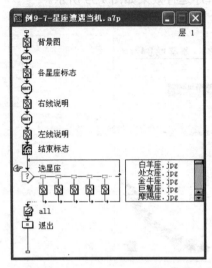

图 9.35　"星座遭遇当机"程序

我们把交互结构中的 12 个分支都定义为热区域响应类型（先定义好一个，再复制 11 个）。先运行前面的显示图标，程序停下等待交互时，双击打开热区域属性对话框进行设置。

小技巧：在按下"Shift"键的同时双击打开热区域属性对话框，可以在刚才的显示背景之上看到热区域的虚线框，如此可以方便地把热区域与星座标志边缘对齐。

采用热区域响应方式，要注意使热区域边缘与显示物体的曲线边缘尽量逼近。设置时，先点中热区域边线上的一点拖动热区域，使其左上角对齐星座标志左上边缘位置，再点中热区域右下角的控制柄（小方块），拖拉到星座标志右下边缘相应位置，使矩形热区域与星座标志位置基本重合。

当 12 条分支上的图片的反应都输入完毕后，我们就大功告成啦，确实比按钮制作要快捷吧！不过这种"偷工减料"的热区域方式肯定不如按钮方式逼真，为追求"活"的效果，可将属性对话框中的"鼠标"指针形式设为手形，再将"匹配时加亮"选项选中，按下时一闪的效果还是不错的。

最后，把用"插入"菜单命令插入的一个 GIF 格式的出门小动画的方形区域也定义为热区域，再安排这个热区域激活用于退出的分支，一个完整的程序就圆满结束了。文件夹中还准备了一些其他的矩形小动画素材，可供大家选用。

【实例 9.8　章节标题】　该实例程序见网上资源"教材实例\第 9 章交互结构的设计\9-3-热区域方式\例 9-8-章节标题.a7p"，程序运行效果如图 9.36 所示。

这是计算机《数据结构》课件某章节标题及一页内容。注重人性化的现代教育提倡按个人的条件、程度、兴趣选择学习内容与方式，各章节都应允许学习者自由选读。在这个例子里，开始出现本章基本内容提示——3 条小节标题，标题位置均被定义为热区域，如图 9.37 所示。

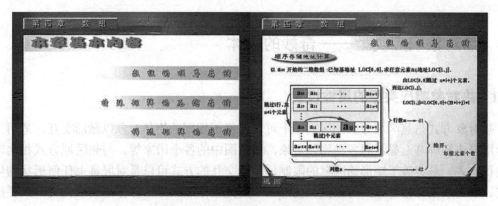

图 9.36 "章节标题"程序运行效果

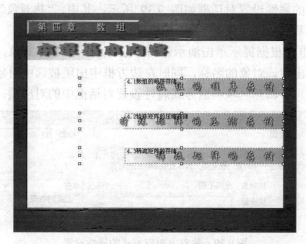

图 9.37 热区域对齐标题边缘

运行程序时，单击最上面一节的标题，激活对应的分支，将执行运动位移图标，令这条标题上移至顶端作为主标题，画面上开始出现各小标题内容。程序中含有框架结构，它是系统提供的一种交互模式，既可直接套用又可灵活设置，特别适用于翻页型的例子，如图 9.38 所示。框架结构将在第 10 章中详细介绍。

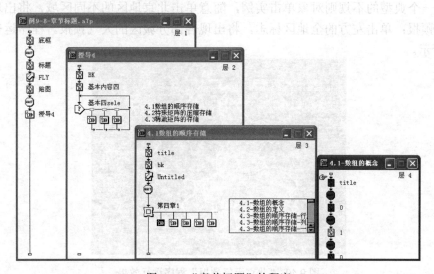

图 9.38 "章节标题"的程序

9.4 热对象响应类型——奇妙的物体

9.4.1 热对象响应类型的属性设置

热对象方式与热区域方式的区别在于可以选择不规则的物体对象以激活交互，适用于提供给用户选择屏幕上显示的各种物体对象，如地图中的各个国家等。与热区域方式相比较，它的优点之一是突破了矩形热区域的限制，激活交互的方式可以是对屏幕上任何形状物体的单击、双击或鼠标指针移到对象上；优点之二是无须像热区域一样仔细调准位置，只要指定了一个物体作为热对象，无论在调试中怎样改动它的位置，都能确保激活交互的功能不变。

热对象响应方式的属性设置对话框如图 9.39 所示，其中，"热对象"选项卡中的有关选项与热区域响应方式基本相同，仅有下列一项不同。

"热对象"文本框：根据提示单击演示窗口中显示的一个物体对象，将它选为热对象，在右边的文本框中将出现该对象的名称，同时左边方框中出现被选中对象的缩略图。

其他选项的设置可参阅热区域响应方式属性设置对话框中的对应项。

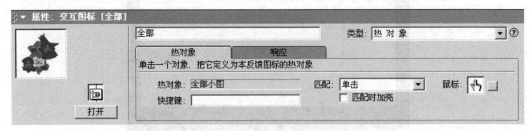

图 9.39　热对象响应方式的属性设置

9.4.2 热对象响应的实现

【实例 9.9　北京天气预报】 该实例程序见网上资源"教材实例\第 9 章交互结构的设计\9-4-热对象方式\例 9-9-北京天气预报\例 9-9-北京天气预报.a7p"。

这是一个典型的不规则对象单击实例，随意单击北京地区的不同区域，将出现这个区域的天气预报；单击左方的全地区标志，将出现各部分城区的天气预报。程序运行效果如图 9.40 所示。

图 9.40　"北京天气预报"程序运行效果

下面结合程序介绍热对象属性设置应注意的问题，如图9.41所示。

图 9.41 "北京天气预报"程序

我们注意到，作为欲设置为热对象提供给用户选择单击的物体，都单独从原先完整的城区图中被切分了出来，成为独立的对象存放在一个单独的图标内，如"中部"、"西北"，等等。

对原图的切分可利用 Photoshop 实现。

👀注意：作为热对象的物体必须单独放在一个显示图标内，否则同一显示图标中的其他对象也将被作为单击目标，从而造成混淆。

🔊))小技巧：为避免切分物体周围出现不能透明的白色边缘，除利用 Alpha 通道外，还可以利用 Windows 剪贴板直接将切分好的物体复制后粘贴到 Authorware 显示图标中。

【实例 9.10　彩陶文物鉴赏】　该实例程序见网上资源"教材实例\第 9 章交互结构的设计\9-4-热对象方式\例 9-10-彩陶文物鉴赏\例 9-10-彩陶文物鉴赏.a7p"。

用户鼠标指针落入不同陶器的小标志时，将闪现出它的放大图片；随意单击一个陶器小标志，将出现它的详尽介绍文字，所不同的是这里选取的是精致的不规则对象。程序运行效果如图9.42所示。

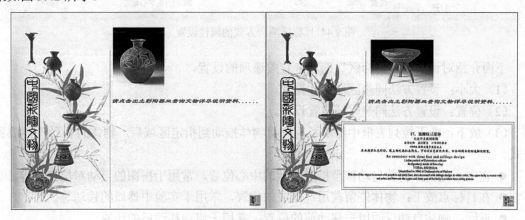

图 9.42 "彩陶文物鉴赏"程序运行效果

在程序的交互结构中，物体被设为永久的热对象，并改变了分支转向方式，同样达到了精美灵活的效果。实例 9.10 的程序如图 9.43 所示。

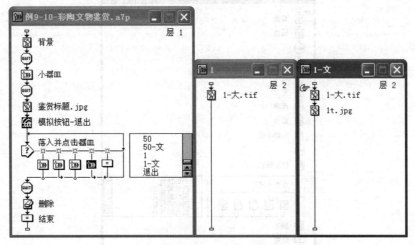

图 9.43　"彩陶文物鉴赏"的程序

9.5　目标区响应类型——连拖带拉小游戏

9.5.1　目标区响应类型的属性设置

目标区响应方式要求用户将一个物体对象移动到一个指定的目标区域，此区域在程序运行时是隐形的，靠用户判断决定对象移动的目标方位。目标区响应方式常用于拼图、实验操作等的实现。

打开目标区响应方式的属性设置对话框，如图 9.44 所示。

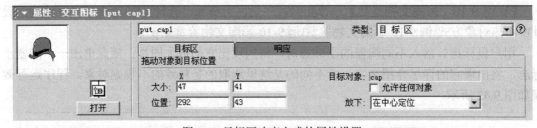

图 9.44　目标区响应方式的属性设置

下面介绍对话框中"目标区"选项卡有关选项的设置。

（1）大小：设置方法同热区域尺寸设置。

（2）位置：设置方法同热区域位置设置。

（3）放下：此下拉列表框中给出了用户将物体拖动到指定区域后，物体的 3 种不同放置方式。

● 在中心定位：物体自动移至指定区域的中心位置，常用于拼图的自动对位拼接等。

● 在目标点放下：物体停留在用户拖放的位置，常用于实验中器皿的移动等。

● 返回：物体自动返回用户移动前的位置，常用于错误移动后的还原。

注意：用户做出一个错误的响应后，一般应允许重新拖放，所以要将"响应"选项卡中的"分支"设置为"重试"。

（4）目标对象：根据操作提示，单击演示窗口中显示的一个物体对象，将它选为目标对象，在右边的文本框中将出现该对象的名称，并在左端的方框中出现该对象的缩略图。然后根据下一步设置的具体提示，如"拖动对象到目标位置"，确定指定区域及其中心。

（5）允许任何对象：任意可移动对象被拖到指定区域时交互均被激活，常用于正确选择之外的所有错误选择。

其他选择项的设置请参阅按钮响应方式属性设置对话框中的对应项。

9.5.2 目标区响应的实现

【实例 9.11 绅士拼图】 该实例程序见网上资源"教材实例\第 9 章交互结构的设计\9-5-目标区方式\例 9-11-绅士拼图\例 9-11-绅士拼图.a7p"。

这是一个简单的趣味拼图游戏实例，通过将帽子、雨伞、鞋子拖曳到屏幕上绅士身体的不同区域，将激活不同的交互分支，对用户的拖曳动作给出正确或错误判断。实例 9.11 的运行效果如图 9.45 所示。

图 9.45 "绅士拼图"程序运行效果

实例 9.11 的程序如图 9.46 所示。

下面介绍实例 9.11 程序的主要设计步骤和方法。

（1）在流程线上加入 4 个显示图标，分别为其命名并导入绅士、帽子、鞋和雨伞等图片。

（2）在显示图标间插入等待图标（不显示"等待"按钮），设置适当的时间间隔，产生逐个显示的效果。在程序调试中利用"Shift"键显示前面出现的物体对象，调整各物体的相对位置，把帽子、鞋和雨伞放到一边。

（3）加入一个交互图标，再加入一个群组图标在交互图标右下方，形成交互结构的一个分支，设置响应方式为目标区交互方式，并将图标命名为"put cap1"（"1"代表将对象拖曳到正确的目标区域，"0"则反之）。单击分支上方的交互响应类型标志，打开目标区响应属性设置对话框，单击屏幕上的帽子指定欲拖曳的对象，拖曳帽子对齐绅士头部位置，四边带有灰色控制柄的目标区域自动跟进，其中心定位在帽子物体中心。这时可调整目标区域四边的灰色控制柄，改变区域的大小。一般来说，目标区域放大意味着拼图游戏难度的降低，因此应适当加以控制，如图 9.47 所示。

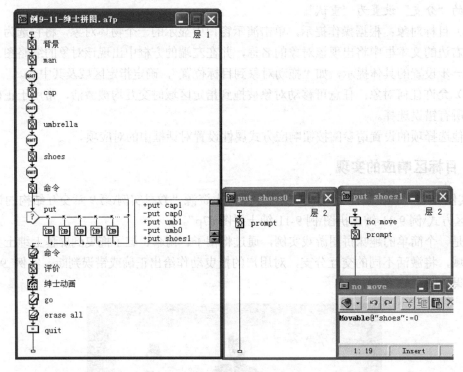

图 9.46 "绅士拼图"的程序

图 9.47 拖曳对象到某位置以定义目标区

　　对于正确的拖曳，一般将对象保留位置选项设为"在中心定位"，以保证用户将物体拖曳到较大范围内的目标区后，物体自动跳到精确的拼接位置。因为要重复选取，所以分支的流向采用默认设置"重试"。这样一条分支就设计完成了。

　　在交互结构中再加入一个群组图标，使之成为交互结构的第二个分支（响应方式继承目标区交互方式），并将图标命名为"put cap0"。打开移动对象响应属性设置对话框，也指定屏幕上的帽子为欲移动的对象，但应将移动目标区域设置为整个屏幕（实际为除去左方目标区域后的所余部分），并将对象保留位置选项设为"返回"，以保证用户将物体拖曳到目标区大范围内后（这个目标区实际上是除去前面正确区域后的错误区域），物体自动跳回到原地，如图 9.48 所示。

图 9.48　帽子对象的正误两个目标区

（4）用上述方法继续加入分支图标"put shoes1"、"put shoes0"、"put umb1"和"put umb0"，然后加入分支图标"End"，并将其响应方式改为按钮交互方式，同时将其分支流向设置为"退出交互"。

（5）在流程线下方加入一个擦除图标和用于退出的计算图标并进行设置，结束程序的设计，如图 9.49 所示。

图 9.49　设置完成的目标区

👀注意：从移动对象交互响应的设置过程中可观察到，指定一个欲移动的物体后，系统给出它所在的图标名称，将这个图标中所有显示内容的整体作为一个移动对象。因此每个被移动物体一定要单独放在一个显示图标中。

另外，为欲移动的对象设置目标区时，目标区的大小用来控制用户放置的自由度，可灵活设定。关键是应能凭借对象拖曳后的精确放置，使目标区的中心点定位到精确位置，以保证对象的准确拼接。

小窍门：雨伞被用户拉来放入绅士手中时，伞柄将盖在手上，效果欠佳。可在"umbrella"图标的属性对话框中将雨伞的显示层次设置为 0。再次运行可观察到雨伞的伞柄恰落入手内（雨伞的显示层次低于人物的显示层次）。

当需要在屏幕上显示具有精确位置关系的多个物体时，可先在一个图标中制作好各物体，安排好位置，再分别将它们复制到各图标中，如此可方便地调节好它们之间的位置关系。

运行程序，发现当物体已经定位到既定位置后（如鞋子已被拖曳到绅士脚下），由于用户的误操作，有可能又将它反复拖曳而偏离了准确的位置。为解决这个小问题，在完成正确拖曳操作后，就应及时将该物体的可移动性取消，相当于被武林高手点穴而再也动弹不得，从而避免用户的误操作。方法是在被激活的分支中加入一个计算图标，在其中设置

        Movable@"shoes":=0

即把"鞋子"图标中的物体的可移动性改变为 0（不可移动），参见图 9.46 所示程序中的计算图标设置。

9.6 下拉菜单响应类型——菜单任我点

9.6.1 下拉菜单响应类型的属性设置

下拉菜单为用户提供了一种方便、简捷的选择方式，众多用户对标准的 Windows 菜单已经非常熟悉。我们也可以通过选择永久方式在应用程序中建立一个永久方式的下拉菜单，在下拉菜单中还可以设置热键。

打开下拉菜单响应方式的属性设置对话框，如图 9.50 所示。

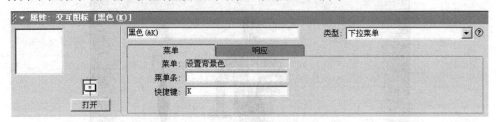

图 9.50　下拉菜单响应方式的属性设置

下面介绍对话框的"菜单"选项卡中有关选项的设置。

（1）菜单：显示所建立的菜单名称，系统自动把交互图标的名字赋予菜单。

（2）菜单条：在默认情况下，自动取为该分支图标的名称。可对它进行修改，输入出现在下拉菜单中的命令名称，修改后，相应图标的名称也将随之改变。在菜单选项名称中加入某些特殊符号，可以控制菜单选项的显示。

用特殊符号控制菜单项显示的方法如下。

● 欲使某菜单项显示时变灰，则在它前面加一个左括号。
● 欲显示一条虚线，则仅输入一个左括号。
● 欲加入一条分隔线，则输入一个左括号和一个减号。
● 欲将一条命令中的一个字母设为等效键，则在此字母前面加一个"&"字符。在菜单中，该字母下面会出现一条横线，当菜单打开时，在键盘上直接按下该字母，即等效于单击选择该菜单项。

（3）组合键：有下列两种类型。

- 使用"Ctrl"键与其他键构成的组合键，只需输入该键字符，如"K"，即表示"Ctrl+K"组合键；
- 使用"Alt"键与其他键构成的组合键，需输入"Alt"和该键字符，如"AltK"，即表示"Alt+K"组合键。

👀注意：组合键与等效键不同，后者需要在菜单打开时才起作用，而前者在未打开菜单时就可以起作用了。

其他选择项的设置请参阅按钮响应方式属性设置对话框中的对应项。

9.6.2　下拉菜单响应的实现

【实例9.12　背景色变】　该实例程序见网上资源"教材实例\第9章交互结构的设计\9-6-下拉菜单方式\例9-12-背景色变\例9-12-背景色变.a7p"。

这是一个利用菜单命令，为用户提供操作服务的实例。软件的背景色一般都是预先设计好的，但在这个例子中，用户却拥有了更改背景色的自由，而且是使用最为快捷、方便的菜单方式来实现的。程序运行效果如图9.51所示。

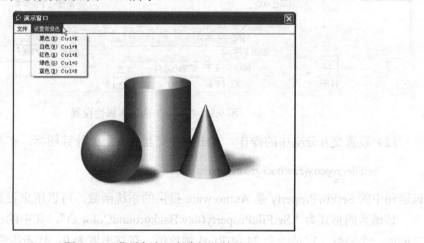

图9.51　"背景色变"程序运行效果

实例9.12的程序如图9.52所示。

图9.52　"背景色变"程序

下面介绍实例9.12程序的主要设计步骤和方法。

（1）设置菜单交互结构。在一个软件中，为用户提供的菜单属于这个程序的基本功能，一般应该设置在程序的开始，以保证用户一进入系统，菜单就能够先于其他对象显示出来。

建立一个交互图标，命名为"设置背景色"（这个交互图标的名称将会成为一个菜单的名字，出现在菜单条中），然后拖曳一个计算图标到它的右下方建立一个交互分支，并将分支的响应方式改为"下拉菜单"。

打开下拉菜单响应方式属性对话框，在"菜单"选项卡上方的文本框中输入"黑色(&K)"，设定"设置背景色"这个菜单中的第一个菜单项。这里的"(&K)"表示以"K"为等效键，允许用户在打开菜单的状态下，以按下"K"键执行与单击菜单项"黑色"等效的功能。另外在对话框下方的"组合键"文本框中，输入字母 K，为菜单项"黑色"建立一个组合键，允许用户在任何时候，即使在不打开菜单时，也可利用"Ctrl+K"组合键快速执行菜单项的操作，参见图 9.63 对话框中的相应设置。

在"响应"选项卡中，选中"永久"选项，再把"分支"跳转方式置为"返回"，保证用户在任何时刻皆可利用菜单进行操作。分支"擦除"方式设置为"在下一次输入之后"，以保证在各菜单项之间可随意地进行切换，如图 9.53 所示。

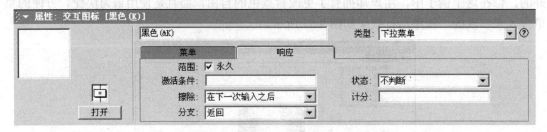

图 9.53 "响应"选项卡属性设置

（2）设置交互分支中的操作。双击打开交互分支上的计算图标，在其中输入语句：

SetFileProperty(#awBackgroundColor,0)

该语句中的 SetFileProperty 是 Authorware 提供的系统函数，可以用来设置背景颜色。

该函数的格式为"SetFileProperty(#awBackgroundColor,x)"，其中的 x 是 0～16 777 215 之间的一个整数，它是一个 24 位 RGB 颜色值，在这里取为 0，代表黑色。

（3）设置多个交互分支。复制并粘贴多个分支图标，使它们继承以上设置的属性。修改它们的名称为"白色(&W)"，"蓝色(&B)"等。然后一一打开其上的计算图标，为它们更改颜色设置。对白色设置如下：

SetFileProperty(#awBackgroundColor,16777215)

其中，"$16777215=2^{24}-1$"表示 RGB 白色（255,255,255）的十进制数值。其他以此类推。

如此设置颜色值非常不方便，因为需要先把 3 个 RGB 十进制数值转换为一个 8 位二进制数，拼接为 24 位二进制数，再转换为 0～16 777 215 之间的十进制数值。我们可以采用一个 RGB 函数进行自动转换。

将原设置改写为：

SetFileProperty(#awBackgroundColor,RGB(R,G,B))

语句中函数 RGB 的作用是将红色（R）、绿色（G）、蓝色（B）的颜色值合成为单值，R、G、B 的取值均为 0～255。使用这个函数，将合适的 R、G、B 值写入，即可改变背景颜色。对红色、绿色、蓝色分别设置如下。

红色：SetFileProperty(#awBackgroundColor，RGB(255，0，0))

绿色：SetFileProperty(#awBackgroundColor，RGB(0，255，0))

蓝色：SetFileProperty(#awBackgroundColor，RGB(0，0，255))

（4）设置程序其他部分。在交互结构下方建立多个显示图标，输入一些图片，最好带有Alpha通道，以使阴影等边缘能够与不同背景融合。

在这个程序设计的过程中，我们看到，在建立下拉菜单的过程中，每一个交互结构对应一个下拉菜单，而每一个响应分支则对应菜单的一个命令项。

下面我们再来继续改进原程序，除原有的用于设置纯背景色的菜单外，再为它加入一个新的菜单，让用广随机地设置多彩的背景色。

把原来的交互结构"设置背景色"全部复制，粘贴在它下方流程线上，形成新的交互结构，命名为"设置随机背景色"，并把原结构改名为"设置纯背景色"。逐个修改新交互结构中的分支图标，改名为"随机(&X)"、"更红(&1)"、"更绿(&2)"和"更蓝(&3)"，并在属性对话框中分别为它们定义组合键"X"、"1"、"2"和"3"。逐个修改新交互分支上计算图标中的函数调用语句，如图9.54所示。

图9.54 "背景色变"改进程序

重新运行程序，在原有菜单右边又增加了一个设置随机背景色的菜单，当选中"随机"菜单项时，背景将变为一种随机的色彩，选中"更红"则颜色稍微偏红，继续反复选中该项（可反复按下"Ctrl+1"组合键），红色逐渐加深，而绿、蓝两色随之衰减，最后变为纯红色，如图9.55所示。

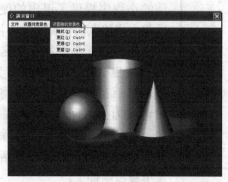

图9.55 "背景色变"改进程序运行效果

【**实例9.13 美食博览**】 该实例程序见网上资源"教材实例\第9章交互结构的设计\9-6-下拉菜单方式\例9-13-美食博览\例9-13-美食博览.a7p"。

实例9.13的运行效果如图9.56所示。

图9.56 "美食博览"程序运行效果

在这个程序中，多个菜系下拉菜单的建立，是依靠构造多个交互结构实现的，如图9.57所示。由于它们顺序排列在流程线上，这样当程序运行时，进入前面的交互，后面的交互就无法进入，这意味着除"文件"外，在第一个菜单中不能跳到其他菜单，甚至根本不出现后面其他菜单的标题。然而我们并没有遇到这样的尴尬，这正是由于我们已经把所有交互结构中的所有菜单项都设为了"永久"型的交互的原因。这样流程线贯穿到底，运行时各交互结构都可进入，各菜单项都可被选中，任我们在美食博览会上尽情享受饕餮盛宴，大快朵颐。

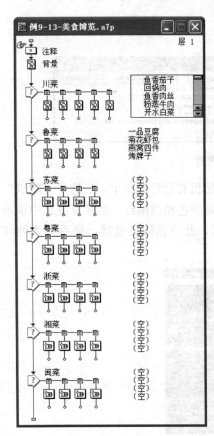

图9.57 "美食博览"的程序

美中不足的是，屏幕上方菜单条中自动加入了一个"文件"菜单，这是系统另为所有的菜单提供的默认下拉菜单，它只包含一个"退出"命令项。它为简洁的小程序提供了退出的便捷方式，但在这里该命令项与中华悠久的饮食文化不协调，我们来把它去掉。

在程序开头添加一个名为"文件"的交互结构，随意拖曳一个群组图标作为分支，设为下拉菜单类型，然后在属性对话框中将其设置为永久型，跳转方式设置为"返回"，使流程线从其中穿过继续向下延伸。在它下面建立一个擦除图标，在屏幕上选取"文件"菜单为擦除对象，重新运行程序，发现"文件"菜单被擦除掉了。

我们还可以自行设计一个中文退出菜单项。添加一个名为"操作"的交互结构,拖曳一个计算图标作为分支,命名为"退出(&Q)",设置为下拉菜单类型,然后在属性对话框中将其设置为永久型,跳转方式设置为"返回",并为它设置组合键"Q"。在计算图标中输入函数调用语句"Quit(0)",这样就可为用户提供单击菜单项退出的功能了,如图9.58所示。

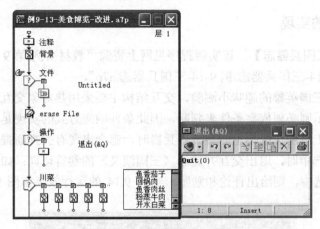

图9.58 "美食博览"改进程序

9.7 条件响应类型——百变控制秘籍

9.7.1 条件响应类型的属性设置

由于条件响应类型的匹配条件可用变量或表达式指定,非常灵活,因此条件响应类型得到了广泛的应用。事实上,没有条件控制,就没有程序;因此条件响应类型可以说是交互结构中的"百变控制秘籍"。

打开下拉菜单响应方式的属性设置对话框,如图9.59所示。

图9.59 条件响应方式的属性设置

下面介绍对话框中"条件"选项卡有关选项的设置。

(1)条件:可在其文本框中输入一个变量或表达式,作为指定的响应匹配条件。程序运行时,当此条件的值为"TRUE"时,激活交互,进入对应的分支。此条件作为相应分支上图标的标题。

💡小窍门:在对变量或表达式的值"TRUE"、"FALSE"进行判断时,如果变量或表达式的值为数值类型,则非零数等价于"TRUE",零等价于"FALSE";如果变量或表达式的值为字符类型,则"T"、"YES"、"ON"等价于"TRUE",其他等价于"FALSE"。

(2)自动:用于指定匹配的方式,有下列3种选择。

- 关：非自动匹配，仅当用户做出响应动作时才判断条件是否匹配。
- 为真：不断监视条件值的变化，条件为真即匹配，执行分支。
- 当由假为真：当条件由假变为真时匹配。

其他选择项的设置请参阅按钮响应方式属性设置对话框中的对应项。

9.7.2 条件响应的实现

【**实例 9.14 三国兵器志**】 该实例程序见网上资源"教材实例\第 9 章交互结构的设计\9-7-条件方式\例 9-14-三国兵器志\例 9-14-三国兵器志.a7p"。

这是一个关于三国英雄的趣味小测验，交互结构主要采用热对象交互方式，但交互的退出及信息的不同显示则必须依靠条件来判断，因此条件响应方式的实现是本例的重点。运行程序，当用户为武士单击选取架上的某一件兵器时，都会出现有关判断提示。当三英和吕布的 4 种兵器全部被选中时，退出交互并显示《三国演义》的卷首诗词；如果用户在 5 次选取机会中都没能全部选中，则给出评论和勉励。实例 9.14 的运行效果如图 9.60 所示，程序如图 9.61 所示。

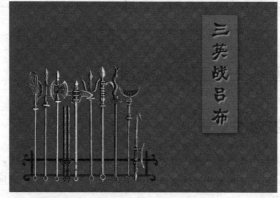

图 9.60 "三国兵器志"程序运行效果

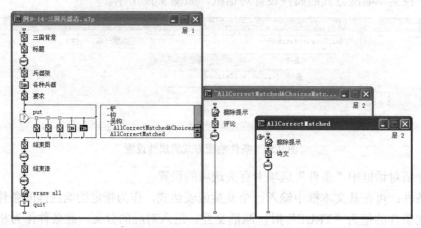

图 9.61 "三国兵器志"的程序

下面介绍实例 9.14 程序的主要设计步骤和方法。

（1）导入文件夹中的背景、标题、兵器架等图片作为显示对象，再逐件输入各兵器作为单独的显示对象，以备作为热对象选取。这里的背景、标题、兵器架均应设置为不可移动的，应在显示图标上加入计算语句。

（2）建立一个交互结构，将各兵器一一设置为热对象，并加入正误判断设置。在对应的分支中，显示用户选取后系统的反馈信息。例如，正确情况下的"奉先之方天画戟"，错误情况下的"非也！此为斧"等。分支应设为重试型，以便在显示信息后再次进入交互时允许用户重新进行选择。

（3）设置错失 5 次选取机会时的判断。这里可用两个系统变量的综合来作为条件，即

~AllCorrectMatched&ChoicesMatched=5

其中，系统变量"AllCorrectMatched"用于判断在本交互分支中所有标记为正确的分支是否都已得到了匹配，前面加上"~"则表示此判断不成立；系统变量"ChoicesMatched"用于统计本交互分支当前已经有多少条得到了匹配（正确、错误均包括在内），因而"ChoicesMatched=5"就是判断本交互分支当前是否已经被用户单击选择了 5 次；两者中间的"&"表示前后两个条件必须同时满足。分支设置为退出循环，这样就在用户选择 5 次而没有将正确兵器全部选中时，给出评论和勉励并退出交互。

（4）设置将正确兵器全部选取后的判断，参见图 9.59 对话框中的相关设置。条件为：

AllCorrectMatched

该条件语句用于判断在本交互分支中所有标记为正确的分支是否都已得到了匹配。分支设置为退出循环，这样就可使用户在 5 次以内将正确兵器全部选中时，退出交互并显示《三国演义》的卷首诗词作为结束。

👀注意：条件响应分支是从左至右逐个寻求匹配的，因此如果加以适当安排，可以简化判断，优化程序。

实例 9.14 中的条件判断似乎有些重复烦琐，下面根据从左至右逐个寻求匹配的原则进行适当的调整和改进，如图 9.62 所示。

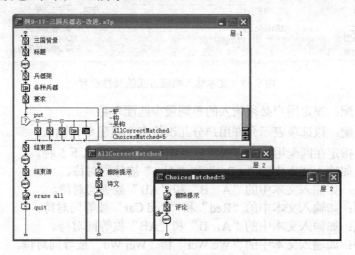

图 9.62 "三国兵器志"改进程序

与原程序进行比较，发现两个条件分支调换了左右位置，即交换了判断的先后顺序。这样，当第二个条件"ChoicesMatched=5"得到匹配时，必定是在前一个条件"AllCorrectMatched"不满足的情况下发生的，即"~AllCorrectMatched"，这就恰好相当于匹配了原程序中烦琐的判断条件"~AllCorrectMatched&ChoicesMatched=5"，虽然是一个微小的调整，

却简化了条件的设置和判断，清晰了分支的走向，从而优化了程序，而运行效果与原程序完全相同。

在程序设计中，每一步的走向几乎都是由各种不同的条件决定的，在多媒体作品中也是如此，常常需要用条件来控制各种令用户眼花缭乱的效果。

9.8 文本输入响应类型——问卷调查

9.8.1 文本输入响应类型的属性设置

文本输入响应类型适用于希望用户回答文字信息来响应交互的场合。

在文本输入响应交互中，用户对问题回答的范围可能很广泛，如输入数值、文字等。系统提供了专用的变量，可以将用户回答的各种原始文本存储起来。例如，在接受用户登录的程序段中，可要求用户输入名字，再将其与预先登录文件进行比较，以确认用户的权限。

文本输入响应类型的属性设置对话框如图 9.63 所示。

下面介绍对话框中"文本输入"选项卡有关选项的设置方法。

（1）模式：此文本框用于指定用户应匹配的文本。当可匹配多个不同文本时，它们之间要用符号"|"（代表"或"）隔开，如"Red|Green|Blue"。此外，在此文本框中既可输入精确的匹配文本，也可输入包括通配符"*"（代表若干个任意符号）和"?"（代表一个任意符号）的模糊匹配文本，如"student?"。若输入"*"，表示除此分支左方其他交互指定的匹配文本外，匹配用户输入的任何文本内容，都可用于激活显示"回答错误"的交互分支图标。

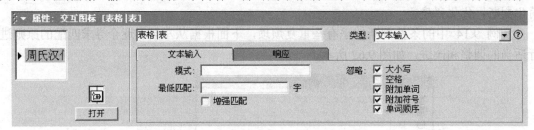

图 9.63　文本输入响应方式的属性设置

（2）最低匹配：规定用户必须输入的单词最少匹配个数。

（3）增强匹配：该选项表示允许用户分几次将多个匹配单词输入。

（4）忽略：指定在匹配用户文本时可以忽略的因素，有以下 5 种。

● 大小写：如输入文本中的"ABC"和"Abc"被等同对待。

● 所有空格：如输入文本中的"A　B"和"AB"被等同对待。

● 额外单词：如输入文本中的"Red"和"Red Car"被等同对待。

● 额外标点：如输入文本中的"A，B"和"AB"被等同对待。

● 单词顺序：如输入文本中的"Wu Wei"和"Wei Wu"被等同对待。

其他选择项的设置参阅按钮方式的选择对话框中的对应项。

另外，在交互图标的设置窗口中，也提供了有关文本输入的多项选择。

9.8.2 文本输入响应的实现

下面结合实例介绍文本输入响应交互的设置方法。

【**实例 9.15　闯关填空题**】　　该实例程序见网上资源"教材实例\第 9 章交互结构的设计\9-8-文本方式\例 9-15-闯关填空题\例 9-15-闯关填空题.a7p"。

这是一道计算机课程填空题，要求学习者在文本栏中输入答案文字，然后程序根据输入的文字判断是否正确，再根据条件组合显示答案等。实例 9.15 的运行效果如图 9.64 所示。

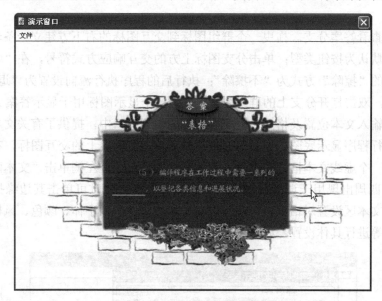

图 9.64　"闯关填空题"程序运行效果

实例 9.15 的程序如图 9.65 所示。

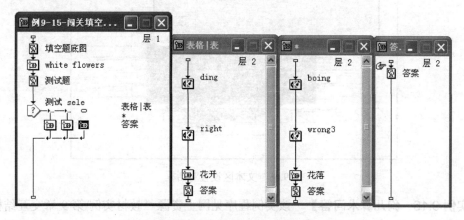

图 9.65　"闯关填空题"的程序

下面介绍实例 9.15 程序的主要设计步骤和方法。

（1）建立显示图标，输入填空题底图（可用于多道题目的背景）和本道填空题，再加上一些用于实现动态效果的小花朵图案。

（2）建立交互图标并正确输入文本分支。拖曳一个群组图标到交互图标的右下方建立一条交互分支，修改为文本输入响应类型；单击分支图标上方的交互响应方式符号，在属性对话框中上方的文本框中填入用来匹配用户输入的正确文本"表格|表"（竖线表示左右两者皆可）；在"响应"选项卡中设置该分支的"擦除"方式为"不擦除"；执行后的程序"分支"流向为"退出交互"。双击打开分支上的群组图标，建立声音图标以发出正确提示，

并给予鼓励；建立显示图标以绽开彩色花朵，最后显示答案。

（3）复制并粘贴一个同样的文本输入响应类型分支，命名为"*"，用来匹配用户输入的除正确文本"表格|表"以外的所有错误文本；双击打开分支上的群组图标，建立声音图标以发出错误提示，并给出鼓励；建立运动图标令开始时放置的花朵纷纷落下，最后显示答案。

（4）建立查看答案分支。拖曳一个群组图标到交互图标的右下方建立一条名为"答案"的交互分支，默认为按钮类型；单击分支图标上方的交互响应方式符号，在"响应"选项卡中设置该分支的"擦除"方式为"不擦除"；执行后的程序执行流向设置为"退出交互"。输入个性化按钮，双击打开分支上的群组图标，建立一个显示图标用于显示答案。

（5）设置输入文本位置及格式。在交互图标的设置窗口中，提供了有关文本输入的多项选择。首先运行程序显示底图、题目等对象；然后单击流程线上的交互图标，在前面的显示内容上面叠加一个虚线文本框，在屏幕下方的交互属性对话框左侧单击"文本区域"按钮，在虚线文本框四周出现用于调节区域大小的灰色控制柄，此时可单击其边缘拖曳至合适位置。同时弹出文本区设置对话框，可在其中对文本的属性，如字体、颜色、风格、透明、标志、擦除选项等进行具体设置，如图 9.66 所示。

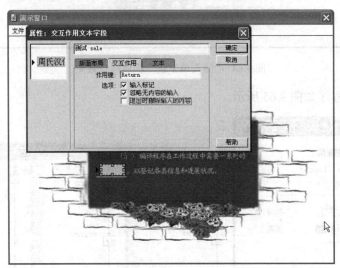

图 9.66　文本区设置对话框

【实例 9.16　狗儿算术问答】　该实例程序见网上资源"教材实例\第 9 章交互结构的设计\9-8-文本方式\例 9-16-狗儿算术问答\例 9-16-狗儿算术问答.a7p"。

本例要求在文本栏中输入一个整数，然后根据输入的答案利用条件响应进行判断，程序中用到了保存输入数据的变量 NumEntry。实例 9.16 的运行效果如图 9.67 所示。

实例 9.16 的程序如图 9.68 所示。

下面介绍实例 9.16 程序的主要设计步骤和方法。

（1）建立计算图标"随机数 a,b"。出题时利用了系统函数"Random(1,100,1)"（在 1～100 的范围内任取一个随机整数），由赋值语句"a:= Random(1,100,1)"把得到的随机数赋给被加数变量 a，同样再取一个随机数赋给加数变量 b，把这两个语句放在交互图标之上的计算图标中。

图 9.67 "狗儿算术问答"程序运行效果

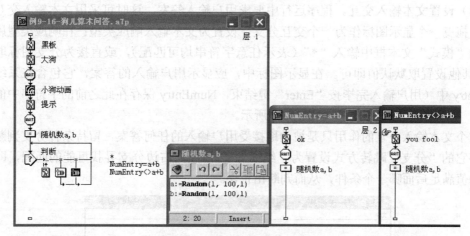

图 9.68 "狗儿算术问答"的程序

（2）建立并设置交互图标"判断"。建立并双击打开交互图标，在其中输入每次循环出题的文字"{a}+{b}="（{a}、{b}分别表示变量 a、b 的值），如图 9.69 所示。这样，如果随机数分别取为 98 和 5，那么程序运行时将显示题目"98+5="。将它的"擦除"方式设置为"在退出之前"。

图 9.69 在交互图标中显示随机题目

这里屏幕上不出现死板的文本输入线框，其设置方法是在交互图标中打开文本设置框，输入负值定位文本框左上角，并取较小的尺寸，以保证文本输入框隐藏在窗口之外，如图 9.70 所示。这样，输入的数字无法自动显示，可用变量 NumEntry 显示。

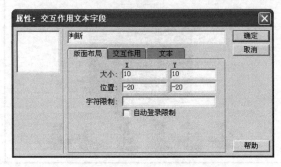

图 9.70　文本区隐藏的设置

（3）设置文本输入交互。程序运行中要求用户输入答案，这时可采用文本输入交互方式实现。拖曳一个显示图标作为一个交互分支，设置为文本输入响应类型；在响应类型属性对话框的"模式"文本框中输入"*"（表示任意字符串均可匹配），或直接为分支图标取名为"*"，其他设置取默认值即可。在显示图标中，应显示用户输入的答案，它包含在系统变量 NumEntry 中（用户输入完毕按"Enter"键结束，NumEntry 保存在此之前的字符串中的第一个数），写入{NumEntry}即可，如图 9.71 所示。

这个文本输入交互的作用只是被动地接受用户输入的任何答案，留待条件分支判断，因此应将它的"分支"跳转方式设置为"继续"，以继续向右边分支寻找可能的匹配，即检验输入数值满足后面哪一个条件，从而判断出正误。

图 9.71　在文本分支中显示输入的答案

（4）设置两个条件响应分支。拖曳一个群组图标作为交互的第二个分支，设为条件响应方式，为图标取名为"NumEntry=a+b"；打开响应类型属性对话框的条件选项卡，发现这个名字已自动成为判断条件，确认"自动"选项设置为默认的"关"（非自动匹配，仅在用户做出响应动作时才判断条件是否匹配），如图 9.72 所示。

在"响应"选项卡中把"擦除"选项设置为"在下一次输入之前"，以保证对本题的评语在进入下题之前自动消失。打开"NumEntry=a+b"分支图标加入一个显示图标，写入评语"OK!",安排一个等待图标,再安排一个同样的计算图标"随机数 a,b"给出下一道题,这样当显示评语后片刻即重返交互进入下一道题。复制并粘贴另一个用于条件响应的分支,命名为"NumEntry<>a+b"(符号"<>"为不等于的判断),在其显示图标中写入另一句评语"You fool!",其他各选项设置同"NumEntry=a+b"分支。

图 9.72 条件响应分支属性设置

观察已完成的程序流程图,发现其中有 3 个同样的计算图标"随机数 a,b",这样可保证在不同情况下进入交互结构时都能显示新的题目。我们可将随机数 a、b 的产生附加在交互图标中,如图 9.73 所示。

))小技巧:在交互图标(或其他图标)中附加语句的具体方法是,在交互图标上单击鼠标右键打开快捷式菜单(或由"修改"菜单打开"图标"子菜单),再选择菜单项"计算",打开计算对话框,写入语句。关闭对话框后,可观察到在交互图标的左上角出现了一个小等号,表示附加了计算语句。

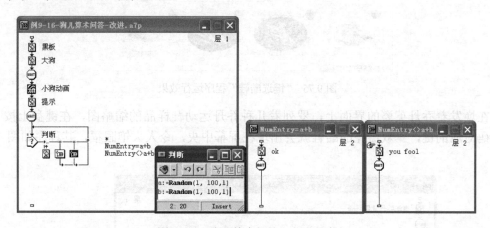

图 9.73 "狗儿算术问答"改进程序

9.9 按键响应类型——遥控模拟器

9.9.1 按键响应类型的属性设置

按键响应类型为用户提供以敲击键盘按键下达命令的交互手段。

打开按键响应类型的属性设置对话框,如图 9.74 所示。

在"按键"选项卡中的"组合键"文本框中给出允许用户匹配的所有键,当多于一键时用符号"|"隔开;其他选择项的设置请参阅按钮响应方式属性设置对话框中的对应项。

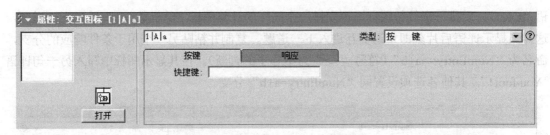

图 9.74   按键响应类型的属性设置

9.9.2   按键响应的实现

【实例 9.17   键选酷鞋】   该实例程序见网上资源"教材实例\第 9 章交互结构的设计\9-9-按键方式\例 9-17-键选酷鞋\例 9-17-键选酷鞋.a7p",程序运行效果如图 9.75 所示。

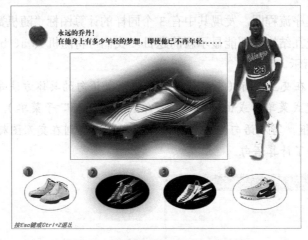

图 9.75   "键选酷鞋"程序运行效果

在焕发着乔丹英姿的界面上,罗列着几种乔丹运动鞋样品的缩略图,在键盘上按下鞋旁号码对应的键,一双漂亮的酷鞋就会出现在屏幕中央,令人大饱眼福,其程序如图 9.76 所示。

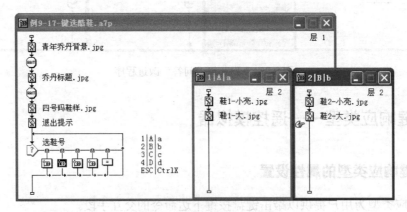

图 9.76   "键选酷鞋"的程序

下面介绍实例 9.17 程序的主要设计步骤和方法。

(1)建立显示图标,输入背景图、标题、提示及四种鞋样的小图和号码。

（2）建立交互图标和按键响应分支。拖曳一个群组图标到交互图标的右下方建立一条交互分支，并修改为按键输入响应类型；单击分支图标上方的交互响应方式符号，在属性对话框中上方的文本框中输入用来匹配用户输入的键值"1|A|a"（竖线表示左右两者皆可）；在"响应"选项卡中设置该分支的"擦除"方式为"在下一次输入之后"；设置执行后的程序执行流向为"重试"。双击打开分支上的群组图标，建立显示图标显示酷鞋大图，同时显示加亮对应的鞋样小图。

（3）复制并粘贴 3 个同样的按键响应分支，分别输入键值"2|B|b"、"3|C|c"和"4|D|d"，同时显示其他 3 种酷鞋。

（4）建立退出交互循环的分支。拖曳一个计算图标到交互图标的右下方建立一条交互分支，并修改为按键输入响应类型；单击分支图标上方的交互响应方式符号，在属性对话框中上方的文本框中输入用来匹配用户退出的键值"Esc|CtrlX"，设置执行后的程序执行流向为"退出交互"。双击打开分支上的计算图标，写入调用函数退出语句"Quit(0)"。

9.10 重试限制响应类型——事不过三

9.10.1 重试限制响应类型的属性设置

重试限制响应类型不单独使用，一般用来辅助其他交互方式，以产生实用效果。例如，用于进入系统前检验用户口令，可设置成当用户 3 次错误输入口令后退出系统。

打开重试限制响应类型的属性设置对话框，如图 9.77 所示。

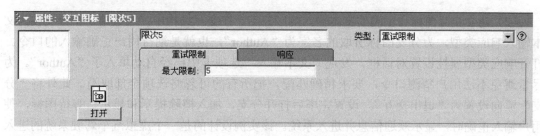

图 9.77　重试限制响应类型的属性设置

对话框中"重试限制"选项卡上的选项"最大限制"的作用为，指定此交互结构所允许的最多尝试次数。

其他选择项的设置请参阅按钮响应方式属性设置对话框中的对应项。

9.10.2 重试限制响应的实现

【实例 9.18 口令当关】　该实例程序见网上资源"教材实例\第 9 章交互结构的设计\9-10-限次方式\例 9-18-口令当关\例 9-18-口令当关.a7p"。

你一定也有不知道人家计算机口令却自作聪明地瞎猜三次，终于垂头丧气地被挡在门外的经历吧。这回你要充当一个系统管理员，治治其他的"不法之徒"了。

实例 9.18 的运行效果如图 9.78 所示。实例 9.18 的程序如图 9.79 所示。

实例 9.18 的程序利用文本输入响应和重试限制响应实现，其基本设计步骤如下。

（1）建立显示图标，输入背景图及提示。

图 9.78 "口令当关"程序运行效果

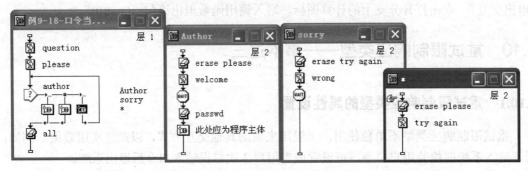

图 9.79 "口令当关"的程序

（2）建立交互图标和正确的文本输入响应分支。在交互结构中，左边第一个分支设为文本输入响应类型，为分支图标所取的名字为"Author"，也就是期待用户正确输入的口令。打开响应类型属性设置对话框，发现"文本输入"选项卡中已经自动填入了"Author"。为尽量避免不法用户猜测口令，要求精确匹配，把所有的可忽略选项全部取消。此外将"分支"流向设置为"退出交互"。设置完毕后打开分支，加入擦除提示和显示、等待图标，使用户输入正确时，显示欢迎信息并进入系统。该实例设计的是一个虚拟汽车驾驶系统的进入界面，如图 9.80 所示。

图 9.80 口令正确欢迎进入系统

（3）建立错误的文本输入响应分支。复制并粘贴一个文本输入响应分支（错误匹配），命名为"*"，但将"分支"流向设置改为"重试"。打开分支，加入擦除提示和显示、等待图标，使用户输入任何错误的符号串后，都能显示错误信息，并要求重新输入，然后重新进入交互。

（4）建立限次退出交互循环的分支。拖曳一个群组图标到交互图标的右下方建立一条名为"sorry"的交互分支，将这个起重要作用的分支改为重试限制响应类型；打开响应类型属性设置对话框，在"重试限制"选项卡的"最大限制"文本框中填入"3"，再将"分支"流向设为"退出交互"；打开分支，加入擦除提示和显示、等待图标，使用户 3 次输入错误后，显示不接纳信息，然后退出交互。

注意：两个文本输入响应分支的响应优先级别与其排列顺序有关，位置不可互换。

当程序进入交互时，按从左至右的顺序依次检查匹配条件是否满足。因此若将两个文本输入响应分支互换，则用户输入的所有字符串（包括正确的"Author"）都会导致执行名为"*"的分支，使系统做出错误判断。

另外，在本程序段的基础上，还可加入用户姓名输入部分，配合函数调用功能，实现用户姓名的查找和登录过程。用户身份确认后，应进入应用程序，否则用函数控制退出系统。

9.11　时间限制响应类型——倒计时

9.11.1　时间限制响应类型的属性设置

时间限制响应类型也需要与其他方式结合使用，以避免用户无期限地在交互结构中滞留，可用于设计速算、限时抢答等程序。

打开时间限制响应类型的属性设置对话框，如图 9.81 所示。

图 9.81　时间限制响应类型属性设置对话框

对话框中"时间限制"选项卡上的有关选项的功能如下。

（1）时限：指定以秒为单位的时间限制。

（2）中断：指定被永久性交互响应中断后计时的方式，共有以下 4 种。

● 继续计时。

● 暂停，在返回时恢复计时。

● 暂停，在返回时重新开始计时。

● 暂停，如运行时重新开始计时。

（3）选项：该选项共有下列两种选择。

● 显示剩余时间。

● 每次输入重新计时。

其他选择项的设置请参阅按钮响应方式属性设置对话框中的对应项。

9.11.2　时间限制响应的实现

【实例 9.19　书虫抢答】　该实例程序见网上资源"教材实例\第 9 章交互结构的设计\9-11-限时方式\例 9-19-书虫抢答\例 9-19-书虫抢答.a7p",程序运行效果如图 9.82 所示。

这个文学知识小测验中的每一道题都限制在一定的时间内答出,程序利用时间限制响应控制答题时间,如图 9.83 所示。

图 9.82　"书虫抢答"程序运行效果

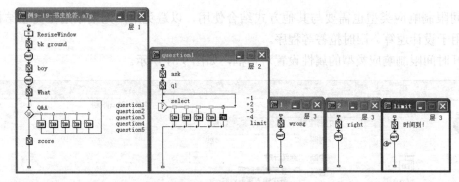

图 9.83　"书虫抢答"程序

下面介绍实例 9.19 程序设计的重点。

在显示背景图标和题图图标之后,是一个由判断图标构造的循环结构,用于多题的随机不重复显示。判断图标"Q&A"的"重复"方式设置为"所有的路径","分支"类型设置为"在未执行过的路径中随机选择",如图 9.84 所示。

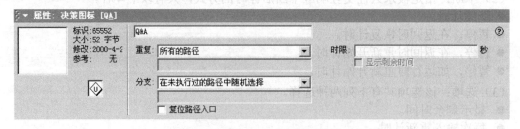

图 9.84　随机不重复循环分支结构属性设置对话框

判断图标的每个分支都是一道题的出题、解答过程。以"question1"为例，首先由图标"ask"显示题目（包括各选择项），然后进入"select"交互结构，等待用户响应。分支 1~4分别为 4 个可选答案所对应的判断反馈信息，设为热区域响应类型。当用户单击某一答案所在区域时，激活某一响应，执行对应的分支，给出"正确"或"错误"信息，并退出交互，返回判断图标，顺序测试另一道未出现过的题目。

在"select"交互中，最右边的分支设为时间限制响应交互类型。在响应类型属性对话框的"时间限制"选项卡中设定"时限"秒数为 2；在下面的选项中，选定"显示剩余时间"复选框。程序运行时在画面上出现一个计时小钟，提醒用户所余时间无多，快快做出抉择。当时间到而用户还未选择时，屏幕显示"时间到！"，同时退出交互，结束本题解答过程，进入下题。

🔊)))小技巧：程序运行时按下"Ctrl+P"组合键暂停，用鼠标单击屏幕上的计时小钟，四周出现灰色控制柄，可拖曳虚线边缘调整位置，也可单击打开交互图标调整小钟位置。

为改进程序，还可以为每一次选择加入正误判断（系统内部统计信息）；如果各题的权重不一，还可以逐题定义分数，等待测验结束时将有关的统计信息告之用户。

9.12 事件响应类型——响应方式大扩充

9.12.1 事件响应类型简述

事件响应类型，顾名思义是根据某些特定事件而做出相应动作的响应类型。相对其他的交互响应类型，事件响应交互涉及的知识比较多，特别对于初学者来说更是一种比较陌生和复杂的响应方式。事件响应类型与其他响应方式不同，事件响应可实现计算机与 Xtra文件之间的交互，其中最主要的是，可实现 Authorware 与 ActiveX 之间的交互控制，因此可以说事件响应是建立 Authorware 与外部 Xtra、ActiveX 之间数据交流的一座桥梁。

ActiveX 控件是一个来自 Microsoft（微软）的模块化对象，指一组包括控件、DLL 和ActiveX 文档的组件，通常以动态链接库的形式存在。它的优势在于它具有动态可交互性，可以通过改变它的属性和参数，在应用程序中动态实现自己的特殊要求。

如果需要在 Authorware 程序中增加 Authorware 自身不具备的特殊功能（如日历查询），只要灵活地插入一个具有此项功能的 ActiveX 控件即可方便地实现。在 Authorware 程序中，ActiveX 又称做 Sprite，它的确是一个既神通广大又善解人意的小精灵。

许多 ActiveX 控件可以向 Authorware 发送事件。Authorware 中所提供的事件交互方式，就是为了对 ActiveX 控件产生的事件做出响应，以事件驱动程序运行，从而可灵活地实现 ActiveX 控件所具备的功能。由 ActiveX 控件产生的事件数不胜数，在这个意义上，事件响应可以说是 Authorware 交互方式的无限扩充。

事件响应的创建方法与其他方式类似，只需将一个图标拖动到交互图标的右下方，并在打开的对话框中选中"事件"即可。

9.12.2 事件响应的实现

下面通过一个实例介绍事件响应的设置及应用方法。

【实例 9.20 珍藏的记忆】 该实例程序见网上资源"教材实例\第 9 章交互结构的设计\9-12-事件方式\例 9-20-珍藏的记忆\例 9-20-珍藏的记忆.a7p",程序运行效果如图 9.85 所示。

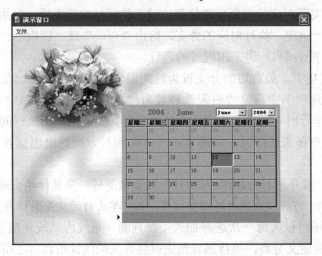

图 9.85 "珍藏的记忆"程序运行效果

由图 9.85 可知,在这个程序中插入了一个 Windows 日历控件。利用这一控件所发送的单击事件消息,用户可以查询任何一天的相关信息,并可在记事本上记录,同时系统将其保存到指定的文件中,还可以随时对其进行修改。实例程序如图 9.86 所示。

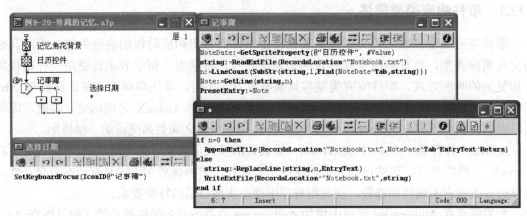

图 9.86 "珍藏的记忆"程序

下面介绍实例 9.20 程序的主要设计步骤和方法。

（1）在流程线上放置一个显示图标并导入一幅背景图片。

（2）单击流程线上显示图标下方位置,出现手形指针标志,从菜单中选择"插入"→"控件"→"ActiveX"命令,系统将弹出一个"Select ActiveX Control（ActiveX 控件选择）"对话框,其中会显示所有 Authorware 检测到的 ActiveX 控件对象,如图 9.87 所示。

在对话框中,系统会将所有安装在系统目录下的已注册的控件名称显示出来,可以通过鼠标拖动滚动条或在"Search"文本框内输入欲使用控件的关键词进行查看。在此例中单击选中"日历控件 11.0",然后单击"OK"按钮确认,此时弹出"日历控件 11.0"对话框,如图 9.88 所示。

单击右侧的"Custom（定制）"按钮,弹出"Authorware 属性"对话框,如图 9.89 所示。

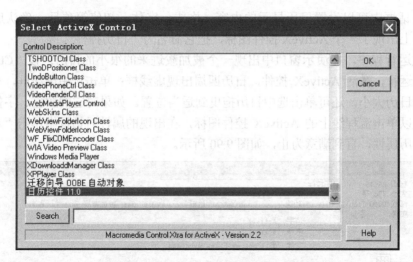

图 9.87 "Select ActiveX Control" 对话框

图 9.88 "日历控件 11.0" 对话框

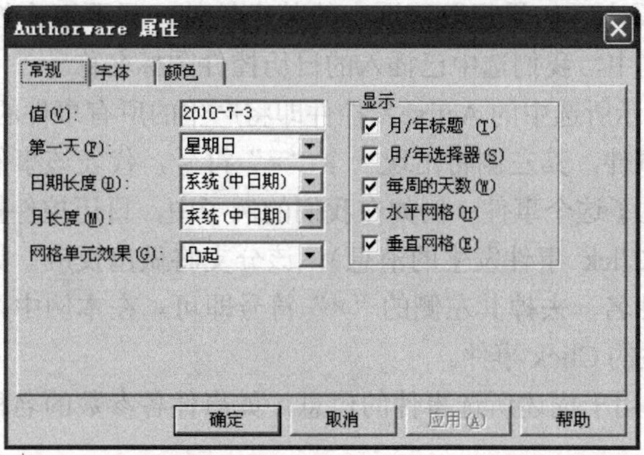

图 9.89 "Authorware 属性" 对话框

在此对话框中可以设置日历显示的内容、格式、字体、初值等项目，确认后关闭对话框，流程线上出现了一个 ActiveX 控件图标，把它命名为"日历控件"。

（3）试运行程序，在演示窗口中出现一个被加载进来的很小的日历；按"Ctrl+P"组合键暂停程序运行，激活 ActiveX 控件，日历四周出现虚线框；单击选中虚线框，可拖动它的控制块改变日历大小，还可单击选中日历拖曳到适当位置。如果对它的颜色、字体等属性仍不满意，可以单击流程线上的 ActiveX 控件图标，在出现的属性对话框中单击"选项"按钮重新设置日历属性，直到满意为止，如图 9.90 所示。

图 9.90　ActiveX 控件属性对话框

（4）在流程线上放置一个交互图标，命名为"记事簿"。在它的右下方放置一个计算图标，在弹出的交互类型对话框中选择"事件"响应类型，将该图标命名为"选择日期"。双击分支上方的事件交互类型标志，打开事件响应类型的属性设置对话框，如图 9.91 所示。

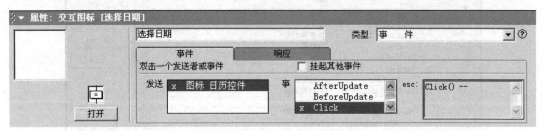

图 9.91　事件响应方式的属性设置

对话框中"事件"选项卡上的选项如下。

● 发送：显示 ActiveX 控件的名称。

如果在流程线上插入了 ActiveX 控件，在此窗口中将显示它所对应图标的名称。用鼠标双击该控件，控件的左侧将出现一个"×"符号，代表该控件已经被选中，该分支将对它所产生的某个事件做出反应。如果想取消选中的某个控件，只要双击控件名，去掉其左侧的"×"符号即可。在本例中，我们选中已插入的日历控件图标名称。

● 事（事件）：显示所选中的 ActiveX 控件即将产生的所有事件的名称。

用鼠标双击某个事件，其左侧将出现一个"×"符号，代表该事件已经被选中，这意味着一旦选中的控件产生了这个事件（例如在我们的例子中，日历控件接受到用户选择某日期的单击动作，将发送 Click 事件发生的消息），该分支将做出反应。如果想取消已选中的某个事件，只要双击事件名，去掉其左侧的"×"符号即可。在本例中，我们选中用户单击日历选择日期的动作产生的 Click 事件。

● Desc（描述）：用于描述所选事件的信息，如事件各参数的名称和类型等。在本例中不必设置。

● 挂起其他事件：若选中此复选框，在执行当前事件响应时，会将其他事件挂起。在本例中不必设置。

然后设置交互响应方式，如图 9.92 所示，设置完毕后关闭对话框。

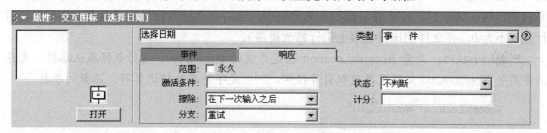

图 9.92　交互响应设置

（5）在"选择日期"计算图标的右侧再放置一个计算图标，形成第二个交互分支；双击分支上方的交互响应标志，在交互响应类型选择对话框的"类型"下拉列表框中选择"文本输入"选项，设置该图标的响应类型为文本输入响应。为图标命名为"*"，表示可接受并响应用户输入的任意字符串（以回车符结束）。文本交互属性设置框中的其他选项保持默认设置，如图 9.93 所示。交互响应方式的设置与"选择日期"分支相同。

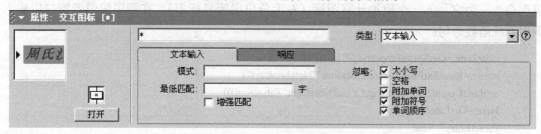

图 9.93　文本输入响应属性设置对话框

（6）设置记事簿正文的输入位置及风格。试运行程序，在演示窗口中出现背景和日历以及供用户往记事簿中输入文字的文本框。按"Ctrl+P"组合键暂停程序运行，单击文本框边缘，四周出现控制块，可拖动它的控制块改变文本框大小，还可单击选中文本框后将其拖曳到适当位置。单击流程线上的交互图标，在屏幕下方的属性设置对话框左端单击"文本区域"按钮，在随之打开的文本设置对话框中对其颜色、字体等属性进行调整。

通过下列步骤，可利用变量和函数实现对控件所发送事件的响应。

（7）双击事件响应分支上的"选择日期"计算图标，在打开的程序编辑器窗口中输入调用系统函数语句：

```
SetKeyboardFocus（@"记事簿"）
```

👀注意：书写程序代码时除汉字名称外一定要使用半角字符，否则系统会报错。

（8）双击文本输入响应分支上的"*"计算图标，在打开的程序编辑器窗口中输入调用系统函数语句：

```
if n=0 then
    AppendExtFile(RecordsLocation^"Notebook.txt",NoteDate^Tab^EntryText^Return)
else
    string:=ReplaceLine (string,n,EntryText)
    WriteExtFile(RecordsLocation^"Notebook.txt",string)
end if
```

上述语句的作用是将用户单击日历指定的日期和输入的记事文本（以回车符结束）保存到一个自动建立的"Notebook.txt"（可任意命名）文件中（在第一次输入某日记事，即查询原日期行数 n 为 0 时，在文件后面加入某日记事；此后再次输入该日记事时查询此日期记事行数 n 不为 0，在文件的该日记事上进行修改覆盖）。

🔊))小技巧：变量 RecordsLocation 指定系统的 Authorware 运行数据默认路径，文件名字符串 Notebook.txt 必须用半角双引号括起，"^"是字符串连接运算符，函数的参数

> RecordsLocation^"Notebook.txt"

指定了外部文件附加写操作的对象（带有路径的文本文件），在本例中为

> C:\ Documents and Settings\ dell\ Application Data\ Macromedia\ Authorware 7\ A7W_DATA\ Notebook.txt

如果要在程序代码中给出路径字符串，应将反斜线双写（避免系统将其误认为转义符）。

（9）用鼠标右键单击流程图上的交互图标"记事簿"，在打开的快捷式菜单中选择"计算"命令，为它加入一个附加计算图标（左上角出现等号标志）；在程序编辑器窗口中输入调用系统函数语句：

```
NoteDate:=GetSpriteProperty(@"日历控件",#Value)
string:=ReadExtFile(RecordsLocation^"Notebook.txt")
n:=LineCount(SubStr(string,1,Find(NoteDate^Tab,string)))
Note:=GetLine(string,n)
PresetEntry:=Note
```

上述语句的作用是利用函数取出用户单击日历控件指定的日期值 Value，并将其保存在变量 NoteDate 中；用变量 string 保存读取的原有记事簿外部文件"Notebook.txt"的内容，从中查找该日期记录并计算出其行数 n；最后用变量 Note 保存读出的 n 行该日期记录文本，并在用户进行新一次文本输入之前将它作为原记事文字显示出来。

为 了 与 上 述 作 用 相 衔 接，以 上 " * " 计 算 图 标 中 的 代 码 "NoteDate^Tab^EntryText^Return"给出了将写入文件保存的新一条日期记事信息，它是由日期值（由自定义变量 NoteDate 给出）、制表符 Tab、用户新输入文本字符串（由系统变量 EntryText 给出）及回车符 Return 连接构成的。

🔊))小技巧：函数"GetSpriteProprty(@"SpritelconTitle",#Property)"用于获取 ActiveX 控件的属性，在本例中是取得日历控件由用户单击日历上某日期所获取的日期属性值 Value。

（10）运行程序观看结果并进行调试。

上述实例是被众多教材采用的 Authorware 事件交互的典型范例，其中用到多个变量和函数，显得较为复杂，初学者不必深究程序代码的详尽意义，应将注意力集中于体会事件交互中控件与交互结构之间的消息传递，体会事件交互的价值所在。

Authorware 支持众多的 ActiveX 控件，它们基本上都是即插即用的。例如，媒体播放器、Windows 界面管理、RealPlayer 播放器、文本编辑器、滚动条等，只要在 Windows 中注册后，就可以像其他 Windows 应用程序一样在 Authorware 中发挥各自的功能。这样，Authorware 程序就无所而不能了。关于控件的其他应用，请参看本书第 14 章的专题介绍，

有兴趣的读者还可参照本书的参考文献做进一步研究。

本 章 小 结

本章以多个实例为线索，循序渐进地介绍了 Authorware 程序中最丰富的内容——交互结构。利用交互图标可创建分支结构和循环结构，它们的流向可由用户主动干预选择执行。交互也是多媒体作品与演示型视听作品的根本区别。Authorware 提供了丰富的交互方式，如能在 Authorware 程序中巧妙采用，将使作品充满活力。本章要求掌握的重点如下：

- 交互图标的工作方式及各项属性设置；
- 创建交互结构的基本操作；
- 交互结构中各分支的流向控制；
- 交互结构中各分支的自动擦除设置；
- 按钮响应交互方式的设置方法及应用；
- 热区域响应交互方式的设置方法及应用；
- 热对象响应交互方式的设置方法及应用；
- 目标区响应交互方式的设置方法及应用；
- 下拉菜单响应交互方式的设置及应用；
- 按键响应交互方式的设置及应用；
- 文本输入响应交互方式的设置方法及应用；
- 重试限制响应交互方式的设置方法及应用；
- 时间限制响应交互方式的设置及应用；
- 事件响应交互方式的设置及应用。

练 习

一、填空题

1. 在 Authorware 中，共有_____种交互响应供用户选择，这些交互响应可以完成的 5 种重要功能分别是_____、_____、_____、_____和_____。

2. 如果用户准备在交互图标右侧拖入一个群组图标作为按钮响应时，必须在打开的选择交互类型对话框中选择_____单选框，而如果要创建热对象响应时，则必须选择_____单选框。

二、选择题

1. 创建按钮响应后，双击交互响应类型区域，并在打开的属性窗口中，指定"大小"文本框中的数值，可以指定什么？
    A．响应区域的大小
    B．鼠标单击区域的大小
    C．响应按钮的大小
    D．展示窗口的大小

2. 在创建热区域响应时，在"匹配"下拉列表框中，不能选择的操作是什么？
    A．设置鼠标单击触发响应
    B．设置鼠标双击触发响应
    C．设置鼠标光标处于区域内触发响应
    D．设置右键单击触发响应

3. 希望限制用户在当前分支结构中停留的时间，并显示该时间的变化，应该如何设置？
    A．在时间限制文本框中输入合适的数字
    B．选中"显示剩余时间"复选框

·193·

C．选中"每次输入重新计时"复选框　　　　D．在"中断"中选择"继续计时"

4．在文本输入型响应中，系统接受的通配符是什么？

　　　A．！　　　　　B．？　　　　C．&　　　　D．*

5．希望当前交互项下的某个显示图标的内容不被交互项本身的自动擦除功能擦除，其他图标仍可被自动擦除，应怎样操作？

　　　A．将该交互项的自动擦除设置为"不擦除"

　　　B．将该显示图标属性中的选项"防止自动擦除"选中

　　　C．将该交互图标属性中的自动擦除设置为"不擦除"

　　　D．将包含该图标的所有上级图标的自动擦除选项都设置为"不擦除"

三、简答题

1．Authorware 中有多少种交互类型？说出它们的名称。

2．由分支图标组成的分支结构和由交互图标组成的交互结构，在执行原理上有什么不同？

3．交互图标有没有显示功能？

4．一个交互结构中的多个分支能否采用不同的交互类型？

5．与按钮交互对照，热区域交互有什么特点？

6．与热区域交互对照，热对象交互有什么特点？

7．目标区交互有什么特点？

8．文本交互有什么特点？

9．与文本交互对照，菜单交互有什么特点？

10．在时间限制交互中，引发响应的事件是什么？

11．在条件交互中，引发响应的事件是什么？

12．在设置限次交互时，所给出的限制次数起什么作用？

13．如何设置永久性交互？

14．如何设置分支的正确属性或错误属性？

四、上机操作题

1．应用按钮响应交互方式设计"艺术家的生涯"程序。

2．应用热区域响应交互方式设计"美文名篇选读"开头部分。

3．应用热对象响应交互方式设计"美眉配手包"程序。

4．应用目标区响应交互方式设计"动物选美食"程序。

5．应用下拉菜单响应交互方式设计"音乐宝典"程序。

6．应用按键响应交互方式设计"家装方案竞标"程序。

7．应用条件响应交互方式设计"虚拟猎豹"程序。

8．应用文本输入响应交互方式设计"点歌台"程序。

9．应用重试限制响应交互方式设计"爱乐知识问答"程序。

10．应用时间限制响应交互方式设计"啄木鸟捉虫"程序。

11．应用事件响应交互方式设计"仙女魔键"程序。

第10章 框架和导航结构的设计

在文本浏览方面，目前最流行的方式莫过于电子图书和网页，而前面讲过的各种图标也能实现这方面的功能。例如，使用交互图标可以实现翻页功能，但它制作起来比较麻烦，而且在查找页和指定页方面显得力不从心。自从有了框架图标及导航图标，Authorware 在制作文本浏览时，就变得更加得心应手了。在 Authorware 中，利用框架图标，可以建立流程的页，通过导航图标，可以实现对页的访问。也就是说利用框架图标和导航图标，可以非常方便地建立起程序内部的超链接，通过程序设置或用户控制，程序可以方便地实现跳转和调用。用户可以通过超文本、翻页结构及查找功能访问程序中对应的部分。Authorware 的这种管理方式称为流程的页管理。

10.1 翻页结构设计——西风吹书读哪页

10.1.1 认识框架图标

在 Authorware 中，框架结构由 3 部分组成：框架图标、不同主页的页图标和导航图标。在框架图标中只有三者结合在一起才具有导航作用。框架图标最基本的作用是建立分支和结构的内容。同交互图标一样，框架图标下面也可以附带许多图标，除了显示图标外，其他图标，如计算图标、擦除图标、移动图标、群组图标、等待图标和电影图标等都可以作为它的分支。与交互图标不同，框架图标右面的每一个图标都被称做它的"页"，页常常是一个组图标，它有着自己的主题，组中包括了各种图标的有机结合，如图 10.1 所示。

双击流程线上的框架图标，可看到这里面还有很多图标，如图 10.2 所示。这个默认的框架图标实际上是一些基本图标和基本响应的组合，其中包括显示图标、交互图标和导航图标，而交互响应主要为按钮交互响应。

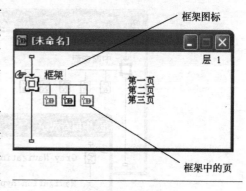

图 10.1 框架图标

如图 10.2 所示，框架图标窗口可分为两部分，上面部分是程序的输入窗口，下面部分是程序的输出窗口。当程序进入框架图标时，首先执行输入窗口中的内容，当程序退出时，它将执行输出窗口中的内容。也可以在输入窗口和输出窗口的流程线上添加其他的图标，甚至可以将原有的图标全部删除掉，然后将其改头换面。拖动条介于输入窗口与输出窗口之间，用鼠标拖动右边的矩形调整按钮就可以改变窗口的大小。

在输入窗口的顶端有一个显示图标（灰色导航面板），它里面有一个面板，其主要功能是在屏幕的右上角显示一个图形。该图形划分为 8 个部分，分别放置 8 个按钮。

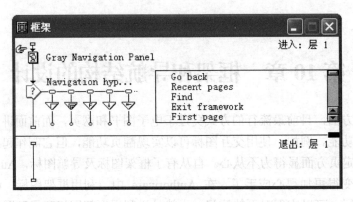

图 10.2　框架图标的内部结构

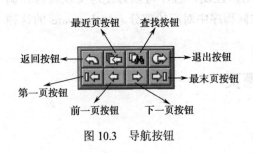

图 10.3　导航按钮

在交互图标中有这 8 个按钮的具体形状，我们称这些按钮为导航按钮，在程序运行时，只要单击这些定向按钮就可以实现页面的跳转和查找，如图 10.3 所示。

显示图标的下方是交互图标，在交互图标的右面共有 8 条交互分支，响应标题分别是返回、最近页、查找、退出框架、第一页、上一页、下一页、最后页，它们采用按钮响应方式实现交互操作。

请运行网上资源"教材实例\第 10 章框架和导航结构的设计\ 10-1-翻页结构设计\10-1-中国奇观\中国奇观.a7p"，实例程序如图 10.4 所示。

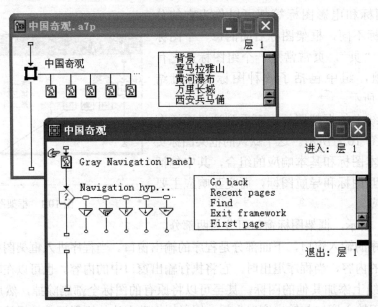

图 10.4　"中国奇观"程序

运行该程序后屏幕上出现如图 10.5 所示的画面，单击屏幕右上角的导航按钮，程序将会按照相应的响应方式跳转。

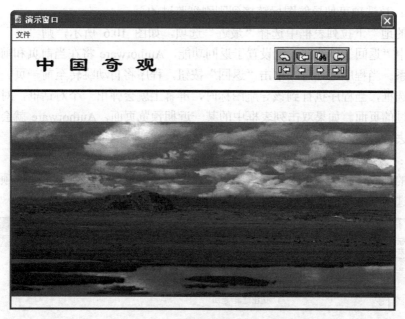

图 10.5 "中国奇观"程序运行效果

10.1.2 认识导航图标

导航图标主要用于控制程序的跳转方向和跳转方式。通过该图标，可使程序跳转到任意框架图标下的页图标，具体可实现下列功能。

- 跳转到程序中任意页图标。
- 图标间的相对位置跳转，如跳转到前一页或后一页。
- 回到用户使用过的页图标。
- 在用户已使用过的页图标中选择一页作为目的页。
- 查找功能定位所需的页图标并跳转。
- 通过程序调用跳转并返回。

框架图标建立了页的结构，但要实现与页之间的定向链接，还需要利用导航图标。导航图标可以放在流程线上的任何位置，也可以附属于框架图标、交互响应图标或决策图标，但它必须指向程序中某一框架图标中的页。导航图标与某页的定向链接可在导航图标属性设置对话框中进行设置。

双击"导航"图标，打开"属性：导航图标[Recent pages]"对话框，如图 10.6 所示。

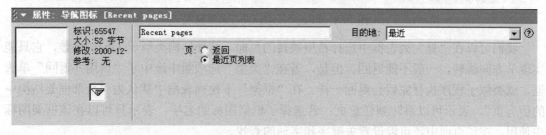

图 10.6 导航图标属性设置对话框

在对话框中，"目的地"下拉列表框中可选择的 5 种链接方式如下。

● 最近：该选项可使导航图标链接到刚刚浏览过的页。

在"目的地"下拉列表框中选择"最近"选项，如图 10.6 所示，则"页"选项组为两个选项。选中"返回"单选框，就设置了返回功能，Authorware 将在当前页和前一页之间建立起链接关系。当程序运行时，单击"返回"按钮，程序将自动跳转至前一页。选中"最近页列表"单选框，当程序执行到该导航图标时，屏幕上就会弹出一个对话框，对话框中将显示最近预览过的页面。如果双击列表框中的某一近期预览页面，Authorware 就会跳转到所双击的页面中去。

● 附近：该选项可使导航图标链接同一框架内的各页。

在"目的地"下拉列表框中选择"附近"选项，则"页"选项组为 5 个选项，如图 10.7 所示。只要选中某选项的单选框，就会设置相应的跳转方式。

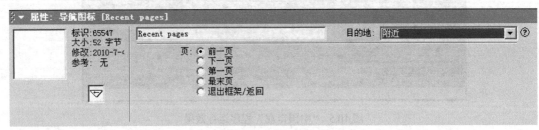

图 10.7　设置"最近"页面属性

- 选中"前一页"单选框，程序跳转到当前页的前一页。
- 选中"下一页"单选框，程序跳转到当前页的下一页。
- 选中"第一页"单选框，程序跳转到该页面系统的第一页。
- 选中"最末页"单选框，程序跳转到该页面系统的最后一页。
- 选中"退出框架/返回"单选框，程序退出本页面系统或执行后返回。

● 任意位置：该选项可使导航图标链接到任意框架中的任何一页。

在"目的地"下拉列表框中选择"任意位置"选项，则对话框如图 10.8 所示。只要根据需要进行相应设置，就可以实现直接跳转。

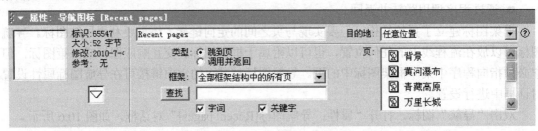

图 10.8　设置"任意位置"页面属性

我们可以在"页"列表框中选择希望跳转的页面。这种结构类似于 GoTo 函数，它只能实现单方向跳转，一般不能返回。但是，若在"类型"选项组中选中了"调用并返回"单选框，就类似子程序执行完后会返回一样。在"框架"下拉列表框中默认为"全部框架结构中的所有页"，表示可以跳转到任意页；若选择了框架图标的名字，表示只可以在该框架图标中使用。在该页面中还可以设置关键字和字词的查找。

● 计算：该选项可使导航图标根据一个表达式的值而链接到某页。

在"目的地"下拉列表框中选择"计算"选项，则对话框如图 10.9 所示。

图 10.9 设置"计算"页面属性

我们可以在"图标表达"列表框中输入希望页面跳转的 ID 号。当程序运行时，Authorware 将通过计算 ID 号跳转到相应的页面中去；还可以在该列表框中输入系统函数和系统变量来指定页。

提示：在实际应用中，通常我们会联合使用 FindText 函数和 IconID 变量。

● 查找：该选项可使导航图标链接到根据关键词查找到的页。

在"目的地"下拉列表框中选择"查找"选项，则对话框如图 10.10 所示。此时，可以设置导航图标的查找功能。

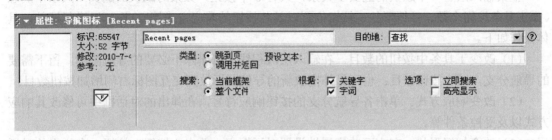

图 10.10 设置"查找"页面属性

"类型"选项组中的选项用于设置程序跳转的方式。选中"跳到页"单选框，当Authorware 执行到该"导航"图标时，将以跳转的方式进入"预设文本"文本框中指定的页中；选中"调用并返回"单选框，在程序执行时，Authorware 执行完跳转的页面后，将返回原来的页面。

"搜索"选项组中的选项用于设置查找的范围，如果选中"当前框架"单选框，Authorware 将只在当前"框架"图标中的页面里查找；若选中"整个文件"单选框，Authorware 将在整个文件中进行查找。"根据"选项组中的选项用于设置具体的查找功能，选中"关键字"复选框，Authorware 只查找符合指定关键字的页面。选中"字词"复选框，Authorware 只在规定的范围内查找符合此单词的页面。

另外，还可以直接在"预设文本"文本框中输入要查找的文本内容。这样当程序运行到"导航"图标时，该文本将自动出现在查找对话框的"字词"文本框中，这时单击"查找"按钮，即可查找符合此文本的页面。若同时选中"选项"组中的"立即搜索"复选框，在程序运行时单击"查找"按钮，Authorware 将直接显示查找内容。若同时选中"高亮显示"复选框，Authorware 将把查找到的文本的上下文全都显示出来，并高亮显示查找到的字词。

提示：在"预设文本"文本框中可以直接输入变量，但 Authorware 查找的是变量所对应的字符串。如果在此文本框中直接输入要查找的文本，则在字符串上要加上双引号。

10.1.3 创建框架结构的基本操作

1．创建框架结构的一般步骤

（1）拖曳框架图标到主流程线上并为其命名。

（2）拖曳页图标至框架图标的右侧释放并为其命名（一般用"群组"图标作为页图标比较灵活），该命名即为该页的标题。

（3）双击框架图标打开其"输入/输出"层进行编辑，在输入层中有一个默认的翻页工具条，可以直接利用它，也可以根据自己需要重新定制。"输入/输出"层的结构流程及默认工具条参见图 10.2 和图 10.3。

（4）编辑"框架"图标右侧各页的内容，可以为各页加入文本、图形等多媒体素材，甚至可以在内部设立新的框架结构，即所谓的"框架嵌套"。

2．翻页工具条的调整

框架输入层有一个默认的翻页工具条，共有 8 个按钮，如果对默认的翻页工具条不满意（如工具条按钮个数、按钮形状、按钮位置以及各按钮的响应方式等），均可以进行调整，具体操作如下。

（1）改变工具条中按钮的数目。在输入层流程线上可删除不必要的导航图标，留下需要的导航分支，减少按钮数目；也可另外拖放新的导航图标放到交互图标右侧增加按钮数目。

（2）改变响应方式。单击各导航分支的按钮响应符号，在弹出的对话框中可修改其响应方式以及受控条件等。

（3）改变按钮形状。在交互响应属性设置对话框中，单击"按钮"按钮，在弹出的对话框中可完成按钮形状及特性的编辑。可同时打开系统默认的"工具条底板"图标，改变按钮底板图形（或者干脆删除此图标，重新设计底板图形），以适应按钮形状的需要。

（4）拖放按钮位置。双击交互响应图标，在窗口中拖放各按钮至合适位置（如有底板图形可同时打开，一起拖放）。

当程序执行到一个框架结构时，在进入其中第一个页图标前会首先执行框架图标的输入层内容，在窗口中显示出输入层默认的（或定制的）导航按钮，然后自动进入首页浏览。在退出框架结构时，执行框架输出层的设置内容后，删除框架结构中的所有内容，撤销所有导航控制。

3．定向控制模块的替换

系统默认的定向控制可利用模块进行替换。

每次启动 Authorware 后，系统都会自动加载一个名为 Framewrk.a7d 的模块文件，加载了这个模块文件后，"框架"图标里就有了上面那一套定向控制结构。因此，我们可以将自己创建的模块文件命名为 Framewrk.a7d，然后将系统的 Framewrk.a7d 覆盖。这样，Authorware 启动时就会自动调用用户建立的模块文件了。如果确实想这样做，可以参照下面的具体步骤进行。

（1）打开名为 Authorware 7.0 的文件夹，在列表框中用鼠标右键单击 Framewrk.a7d 文件，选择"剪切"命令；然后进入其他目录，用右键单击窗口的空白处，在弹出的快捷式菜单中选择"粘贴"命令，将此模块文件移动到这个文件夹中保存。

（2）打开流程线上的框架图标，删除输入窗口中的所有图标，按用户的需要设置新的定向控制结构。如果想在框架图标退出时显示某一画面或执行某一内容，那么可以在输出窗口中加入一个显示图标或部分流程线。如果要将此图标制作为模块，先要选择该框架图标，然后执行"文件"菜单下的"存为模板"命令，此时屏幕上将弹出"保存在模板"对话框，选择文件的保存目录为 Authorware 7.0，在"文件名"文本框中输入模块名称 Framewrk.a7d，最后单击"保存"按钮确认。这样，框架图标的模块文件就替换成功了。

提示：如果想取消这种替换，可以从保存 Framewrk.a7d 文件的目录中将它移动回来，将自己制作的模块文件覆盖掉。

【实例 10.1　中国奇观】　该实例程序见网上资源"教材实例\第 10 章框架和导航结构的设计\10-1-翻页结构设计\10-1-中国奇观\中国奇观.a7p"。

这是一个利用框架方式实现电子图书的例子。画面上的导航按钮采用的是系统默认的形式。单击不同的按钮会有不同的跳转。程序运行效果参见图 10.5。

下面介绍实例 10.1 程序的主要设计步骤和方法（实例程序参见图 10.4）。

（1）利用"修改"→"文件"→"属性"命令设置程序的基本参数，选定分辨率为 640（像素）×480（像素）。

（2）拖曳一个框架图标回到流程线上，并为它命名为"中国奇观"。

（3）先后拖曳 7 个显示图标到框架图标的右下方建立 7 条分支，并分别将它们命名为"背景"、"喜马拉雅山"、"黄河瀑布"、"万里长城"、"西安兵马俑"、"新安江"和"青藏高原"。

（4）双击"背景"显示图标，利用文本工具设计标题"中国奇观"，然后导入网上资源"教材实例\第 10 章框架和导航结构的设计\10-1-翻页结构设计\10-1-中国奇观\10-1-中国奇观图片\背景.jpg"。

（5）依次双击后面的显示图标，分别输入网上资源"教材实例\第 10 章框架和导航结构的设计\10-1-翻页结构设计\10-1-中国奇观\10-1-中国奇观图片\"中的相应图片。

从以上例中可以看出，框架结构的设置比较简单，使用默认设置时系统就已经设置好了内部的转向。

10.2　动态跳转设计——非线性阅读

10.2.1　常见翻页跳转结构

在 Authorware 中，有关翻页结构的制作在很大程度上都需要通过导航图标与框架图标的协作来完成，两者缺一不可。框架图标与导航图标联合使用能够实现多种灵活的跳转方式，下面介绍几种常见的跳转结构。

1. 利用多个框架图标实现跳转

在流程线上，我们可以利用多个框架图标来实现跳转，程序可以从一个框架图标跳至另一个框架图标，也可以返回原来的框架图标。打开框架图标，设置导航图标的跳转范围和跳转目标，在"目的地"中选择"任意位置"，在"框架"下拉列表框中选择"全部框架结构中的所有页"选项，就可以设置在整个文件内自由跳转了，如图 10.11 所示。

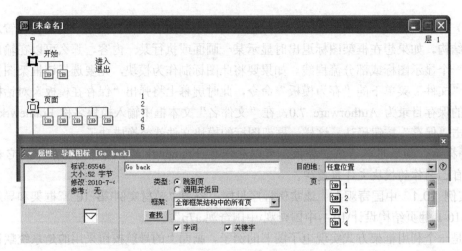

图 10.11 利用多个框架图标实现跳转

2. 利用导航图标直接跳转

如图 10.12 所示，在流程线上直接放置一个导航图标。打开该导航图标，就会看到它的"目的地"选项被默认设置为"任意位置"，在下面的"页"列表框中选择希望跳转到的第 2 个页面。这种结构类似于 GoTo 函数，它只能实现单方向跳转，一般不能返回，除非再次使用一个 GoTo 函数，但这样将不利于程序的结构化。

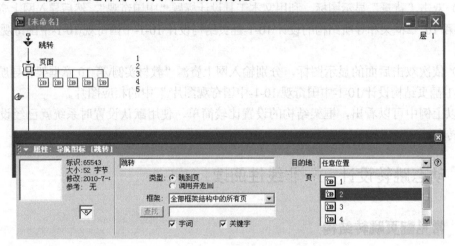

图 10.12 利用导航图标直接跳转

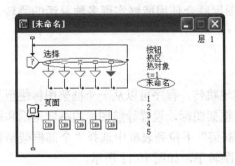

图 10.13 利用交互控制图标实现跳转

3. 利用交互图标实现跳转

在交互图标的分支中可以放置许多导航图标，对每一个分支可设置不同的响应类型，如热区域响应、热对象响应、条件响应等，最后为导航图标设置好具体的跳转方向，如图 10.13 所示。

🔊提示：当将一个导航图标放在流程线

上时，它的标题名为"未命名"，表示它还未进行具体页面链接的设置。

10.2.2　框架的嵌套和返回

框架的嵌套是指在一个框架的某些页中存在另外一个框架。这种方式的优点十分明显。首先，框架的嵌套具有层次性，有利于用户的阅读和使用；其次，框架的嵌套可以将程序的跳转限定在一个较小的范围内，不容易引起程序层次的混乱，也可大大减轻程序编制的工作量。

下面通过一个实例介绍框架嵌套的设计原理。具体内容读者可自行填入。

【实例 10.2　多媒体教材】　该实例程序见网上资源"教材实例\第 10 章框架和导航结构的设计\10-2-多媒体教材\多媒体教材.a7p"程序文件。

该教材包括 4 部分：讲授内容、习题、问题分析和帮助。在屏幕上单击某一按钮可以进入相应的部分。

在总的框架中，每一页中都可以包括子框架，而在子框架中还可以进一步地包含更下一层的框架。这样的组织方式不仅可以非常方便地实现框架中页与页之间的跳转，还可以非常方便地实现章与章之间的跳转以及教材各部分之间的跳转。这是一个利用框架方式实现的电子图书的例子。开始画面上的导航按钮采用系统默认形式。

下面介绍实例 10.2 程序的主要设计步骤和方法。

（1）利用菜单命令"修改"→"文件"→"属性"设置程序的基本参数，选定分辨率为640（像素）×480（像素）。

（2）拖曳一个交互图标到流程线上，然后将其命名为"多媒体教材"，其中包括 4 个按钮响应，如图 10.14 所示。

（3）为每一按钮响应设置链接，如图 10.15 所示。例如，只要单击代表"习题"部分的按钮，就可以通过按钮响应，由导航图标进入到课件的"习题"部分内容。课件中的每一部分相对于总体框架的一页，在总体框架中的前进一页和后退一页等功能的实际作用就是在课件的各个部分之间进行跳转。

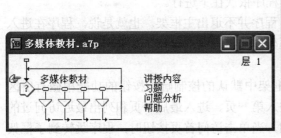

图 10.14　多媒体教材主程序

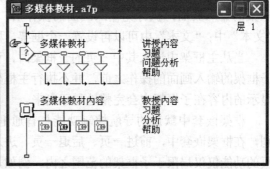

图 10.15　多媒体教材按钮响应设置

（4）总体框架中的"习题"部分内容应该包含各章的习题，所以在"习题"这一页中又包含了一个名为"章"的子框架，此子框架中的每一页相当于每一章的习题，如图 10.16 所示。"章"中的每一页中还可以包含它的子框架，该子框架中的每一页可以为一道习题。

从上述例子可以看出，当激活"习题"这个交互的按钮响应时，应该由导航图标将程序跳转到框架"多媒体教材内容"中的"习题"一页；但由于框架的特点，程序不是直接跳转到组图标"习题"处，而是首先跳转到框架的输入画面，执行输入画面中的操作；直到输入画面中的操作执行完毕，才跳转到"习题"这一页处，如图 10.17 所示。

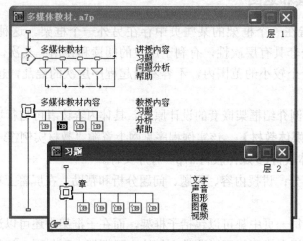

图 10.16　多媒体教材子框架示意图

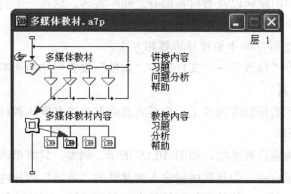

图 10.17　多媒体教材程序跳转

当程序执行到群组图标"习题"时，和前面的情况类似，程序首先跳转到"章"这个子框架的输入页面；执行完输入画面的操作后，跳转到此框架的第一页，即跳转到群组图标"文本"中；"文本"中可以再设置一个框架，程序依次往下进行。

当从主框架中进入其中一页的子框架时，程序并不退出主框架。也就是说，程序在进入子框架的输入画面的操作之前，并不执行主框架的输出画面的操作。主框架中的输入画面中显示的内容在子框架中会完整地显示出来。

框架嵌套中默认的导航控制功能与普通框架中默认的控制响应按钮的功能稍微有所区别，在框架嵌套中，前进一页、后退一页、进入第一页、进入最后一页和列出最近访问过的页的功能仅仅局限于子框架的范围之内。例如，当单击访问首页按钮时，程序跳转到子框架中的首页，而不是跳转到主框架中的首页。

在框架嵌套中，如果在主框架中设置了搜索功能，那么搜索到的目标页不仅包含主框架中的内容，还包含子框架中的内容；而如果是在子框架中设置搜索功能，那么搜索到的目标页只能显示子框架中的内容，而不会包含主框架中的内容。

当使用"任意位置"和"计算"类型的导航控制时，如果链接是从子框架进入主框架中的，那么"任意位置"首先执行子框架中输出画面中的操作，退出子框架并删除子框架显示的所有内容。

如果利用导航图标从主框架外面跳转到主框架中的子框架中的某一页时，程序每进入一个框架都要首先执行其输入画面的操作。同样，如果利用导航图标从子框架中的某一页跳转到主框架外部的某个框架的某一页时，那么程序每退出一个框架时都要执行其输出画面的操作。

框架的返回与前面介绍的返回并不相同，前面介绍的内容是设置如何返回到最近访问的某页，而框架的返回相当于程序设计语言中的子程序的概念。

要使得子程序执行完毕后能够正确地返回，就需要将用于跳转到子程序的导航图标中的"任意位置"属性设置为"调用并返回"，这样在完成子程序的功能后，才能回到框架图标中继续程序的执行。另外，还要设置一个退出框架图标的自动导航图标。

下面介绍创建一个完整子程序的操作步骤。

（1）拖动一个框架图标到流程线上。

（2）拖动其他图标到框架图标的右边，并编辑这些图标的内容。

（3）在框架图标的每一页的最后都添加一个导航图标，并将其属性设置为"附近"中的"退出框架\返回"。

（4）拖动一个导航图标到程序中需要跳转的地方。

（5）在导航图标属性对话框中将该导航图标的"目的地"属性设置成"任意位置"。

（6）在"任意位置"属性下面的"类型"选项组中选中"调用并返回"单选框。

（7）链接到子程序中的某一页。

（8）重复步骤（4）～（7）的操作，直到结束。

10.3 热字链接——超文本大动员

在 Authorware 中，利用超文本对象可以建立一种定向链接。当使用鼠标单击或双击超文本正文对象或将鼠标光标移至定义的超文本正文对象上时，Authorware 就会直接进入与该正文对象所对应、所链接的页中，这样的正文对象被我们称之为超文本对象，简称超文本。在 Authorware 中，适当地使用超链接功能，可以使用户自主地选择学习内容，提高学习兴趣。

10.3.1 超链接文本使用原则

在程序的创作过程中，对于超链接的使用必须控制在合理的范围内，否则将引起用户的困惑。因为学习的最佳模式是在适当引导的基础上让用户拥有一定的自由空间。具体地说就是，在程序的设计上，整体应遵循一定的逻辑顺序，将学习内容分成几个模块，必须保证能够完整地浏览整个材料。如果超链接用得太多，则可能会陷入超链接的困扰中而不知道从何处返回，甚至不知从何处继续学习过程。另外，层数太多的超链接在返回过程中发生错误的几率将大大增加。针对查询或展示用途的程序设计则不然，因为在这些程序中使用超链接无须返回，使用者顺着超链接的引导即可查找到感兴趣的内容，程序整体基本无须设置返回的过程。

10.3.2 超链接文本风格设置

超链接文本都具有一定的风格。风格是文本显示的外观和响应方式。在创建超链接之前，必须首先定义一定数量的风格种类，这样做才可以创建出不同类型的超链接。在 Authorware 中，超链接把定义一种风格与导航图标建立的交互结合在一起使用。

单击"文本"菜单，选择"定义样式"选项，出现如图 10.18 所示的对话框。

图 10.18　定义超文本链接的显示风格

👉提示：*此处定义的文本风格不仅可以应用于超链接，而且可以应用于所有的文本。*

单击"添加"按钮，可以添加新的文本风格。

（1）"交互性"选项组中的单选框。选中某一单选框可以选择触发超链接的方式。可选择的选项有"无"、"单击"、"双击"和"内部指针（移动鼠标光标经过包括定义风格的文本）"。如果选中了"无"选项，则其他的交互选项，如"自动加亮"、"指针"和"导航到"将失效。

（2）"自动加亮"复选框。选择此项后，当已经用指定方式选择了热文本区域时，在这个区域上就会显示一个反色的图像。这个图像可使最终用户确信触发超链接的方式已被接收，计算机正在处理用户的请求。

（3）"指针"复选框。当鼠标光标经过包含定义链接风格的文本上时，如果想让鼠标光标改变形状，就可选此选项，在弹出的鼠标光标库中选择另一种鼠标光标形状。

（4）"导航到"复选框。如果程序开发者准备把超链接作为风格的一部分，可以选择"导航到"选项。如果超链接是风格的一部分，那么包含这种风格的文本的每一部分将从属于相同的超链接条件。当定义了此选项后，单击导航符号可定义导航条件。

10.3.3　设置超链接文本的基本操作

在 Authorware 中制作超文本要用到的"定义风格"对话框，在前面曾经作过介绍，当时是利用该对话框来定制文本风格，下面介绍其制作文本链接的功能。首先，为所制作的超文本定制一个文本样式，并在该样式中设置导航属性，将对象具体设置为指定的页；其次，要建立文本对象，可以在交互图标或显示图标中直接创建；最后，还要将该文本样式应用到文本对象上。这样，超文本就建好了，只要单击一下该文本，程序就会跳转到指定的页面上了。

下面利用网上资源"教材实例\第 10 章框架和导航结构的设计\10-3-超链接菜单\超链接菜单.a7p"程序文件，介绍创建超链接文本的具体操作步骤。

（1）拖动一个框架图标到流程线上，命名为"主菜单"；双击打开该框架图标，将其所有内容删除。拖动 4 个显示图标放在框架图标的右边，分别命名为"本书目录"、"唐诗"、"宋词"和"古风"，如图 10.19 所示。

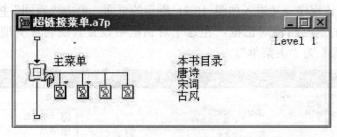

图 10.19　超链接程序

（2）单击"文本"菜单，选择"定义样式"选项，弹出相应的对话框（参见图 10.18）。单击"添加"按钮，添加"标题"和"返回"两种风格，并根据需要填写文字的字体、大小和风格。在"交互性"选项组中选中"单击"单选框、"自动加亮"复选框和"指针"复选框，注意"导航到"复选框先不选中。

（3）双击"本书目录"显示图标，参考图 10.20 所示设置页面，其中"唐诗"、"宋词"、"古风"全部设为"标题"风格。

（4）双击"唐诗"显示图标，参考图 10.21 所示设置页面，其中"返回"设置为"返回"风格。

（5）重复步骤（4）可完成"宋词"、"古风"的设置。

（6）单击按钮，使程序运行。在图 10.20 中，当鼠标光标变为手形时，单击鼠标左键，系统将打开如图 10.22 所示的导航图标属性对话框。在"目的地"下拉列表框中选择"任意位置"，在这个对话框中设置其跳转"类型"为"跳转页"，并选定"框架"为"主菜单"，目标"页"为"唐诗"。

图 10.20　超链接的封面

图 10.21　唐诗的内容

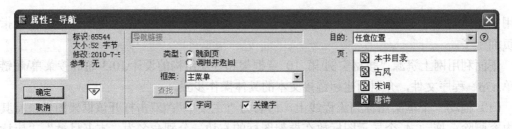

图 10.22　设置导航图标的属性

（7）继续运行该程序，又进入如图 10.21 所示的页面，单击"返回"按钮，系统会打开如图 10.23 所示的返回属性对话框，在这个对话框中设置其跳转"类型"为"调用并返回"，并选定"框架"为"主菜单"。

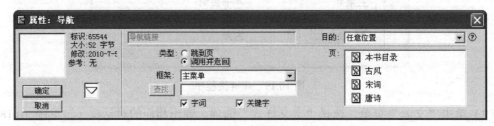

图 10.23　设置返回属性

【实例 10.3　班级纪念光盘】　该实例程序见网上资源"教材实例\第 10 章框架和导航结构的设计\10-4-班级纪念光盘\班级纪念光盘.a7p"。

下面介绍实例 10.3 程序的主要设计步骤和方法。

如图 10.24 所示，当开始运行程序时，将首先进入主画面；当将鼠标光标移到画面上的文本对象（超文本）上时，鼠标光标将变为手形；如果单击超文本，将进入该文本所链接的页面。若用户单击画面下方的导航按钮，那么就可以进行前后翻页、到第一页、到最后一页等操作。我们可以给程序编辑如图 10.25 所示的流程线，在框架图标的右侧放置 5 个群组图标，分别命名为"主画面"、"第一部分"、"第二部分"、"第三部分"和"第四部分"。框架图标右侧的第一个图标被称为第一页，如图中的"主画面"图标，从左到右依次排列。当程序一开始进入框架图标时，将首先执行该图标中的内容，因此将主画面部分放入其中。打开"主画面"图标，在其中放置程序的主画面，然后在"选择"图标中设置超文本对象，如图 10.25 所示。

图 10.24　程序主画面

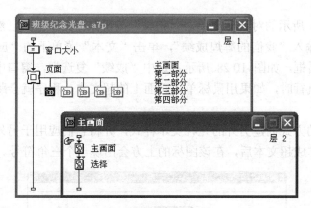

图 10.25 程序流程线

在制作超文本之前，首先要定制文本格式。打开"定义风格"对话框，如图 10.26 所示。单击"添加"按钮，输入文本风格标题为"成绩"，选定字体的各项设置；选中"单击"单选框，设置单击响应；选中"自动加亮"复选框，设置单击后文本以高亮显示；选中"指针"复选框，设置鼠标光标的响应方式为手形标志；选中"导航到"复选框，可以设置文本导航属性。

单击对话框中的按钮，打开"属性：导航风格"对话框，如图 10.27 所示。拖动"页"列表框右侧的滚动条，在列表中选择"第一部分"图标作为超文本的跳转页面，最后单击"确定"按钮确认。

提示：当该超文本产生响应时，程序就会自动跳到此处选择的"第一部分"页面。

图 10.26 "定义风格"对话框

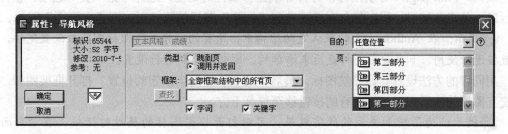

图 10.27 "属性：导航风格"对话框

返回如图 10.26 所示的对话框，单击"完成"按钮保存文本样式。然后打开"选择"图标，在演示窗口中输入"我们的辉煌成绩"，单击"文本"菜单下的"应用样式"命令，打开"应用样式"对话框，如图 10.28 所示；选中"成绩"复选框，窗口中的正文对象就变为超文本了。当程序执行时，如果用鼠标单击画面上的超文本，程序就会跳转到指定的"第一部分"页面中去。

然后，用同样的方式创建另外的几种文本样式，并将它们应用于另外的两个超文本。注意在将正文对象制作成超文本后，在该图标的上方会出现一个三角符号。

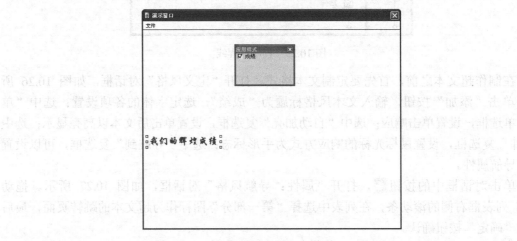

图 10.28　应用文本样式

返回到流程线后，打开"页面"框架图标，如图 10.29 所示，保留 4 个"导航"图标，将多余的"导航"图标删除，这样，在程序运行的画面上就只有 4 个按钮了，即"第一页"、"前一页"、"下一页"和"最后一页"。

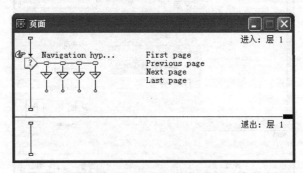

图 10.29　"页面"框架图标

双击"First page"导航图标，打开导航图标属性对话框，选择"第一页"选项。在程序运行时，单击此按钮，程序就会直接跳转到"框架"图标的第一页，即"主画面"图标。

提示：在 Authorware 的默认定向结构中，所有的"导航"图标都已被设置完毕，可以直接进行使用。如果导航图标是后来添加的，则必须重新进行设置。

用同样的方法设置其他导航图标。最后，还要设置定向按钮的位置。打开框架图标，进入交互图标的演示窗口，将所有的按钮移至屏幕下方。

提示：为了增加画面的欣赏效果，可以打开框架图标的属性对话框，在"页面特效"下拉列表框中设置比较漂亮的页面过渡效果。

本 章 小 结

本章主要介绍利用框架图标和导航图标建立程序内部超链接，以及实现程序跳转和调用的方法。充分使用这些方法可使多媒体程序的编写更加灵活，管理更加方便。

练 习

一、填空题

1. 框架图标的主要作用是将程序的_____在一个图标之中，多个这样的内容模块组成一个个单独的_____，并通过_____图标来完成它们之间的跳转。

2. 框架图标之间的跳转可以分为_____和_____两种途径，也就是自动跳转到导航图标中设置的目标页和通过对按钮的操作进入相应的页这样两种途径。

3. 与框架图标与交互图标不同，判断图标是不能和_____发生交互的，而需要由分支结构自行确定。判断图标中不包含_____，不能在演示窗口创建_____对象。

二、简答题

1. 框架图标的基本功能和最突出的特点是什么？

2. 框架图标提供的默认控制面板包括哪些导航功能？

3. 如果要使控制面板中的查找功能起作用，还需要做什么工作？

4. 怎样为框架结构中的页面设置统一的过渡效果？

5. 框架图标内部包含哪几种类型的图标？

6. 导航图标具有哪几种转向（查找）类型？

7 框架图标的内部结构中默认含有 8 个导航图标，这些导航图标分别进行了怎样的导航设置？

8 在框架图标的 8 个默认导航图标的设置中，未包含导航图标所具有的哪几种转向（查找）类型？

9 框架图标中的导航图标的设置可以更改吗？

10 框架图标中的导航图标可以增加或减少吗？

11 框架图标中的交互分支的响应类型可以更改吗？

12 能不能将文本的部分内容作为热文本？

13 定义文本风格应设置哪些内容？

14 不同的文本风格能不能应用到同一个热文本？

15 同一个文本风格能不能应用到不同的热文本？

16 建立超文本链接后，热文本与目的页的链接关系能不能修改？怎样修改？

三、上机操作题

1. 利用框架图标和导航图标制作一个个人写真集。

2. 利用框架图标和导航图标制作一本电子图书。

第四部分 技 巧 篇

第11章 编 程 基 础

Authorware 最大的魅力所在，就是简单实用，但是又不失创造性。在前面的章节中，我们已经对 Authorware 的基本使用方法有了初步的认识。本篇将讲述如何利用编程技巧使 Authorware 作品更有活力。

在进入技巧篇的学习之前，首先必须掌握一些 Authorware 编程的基础知识。

11.1 变量和函数的概念及使用

11.1.1 变量的概念

顾名思义，变量是一种值可以变化的量。在程序运行和调试过程中，变量的值可以随时产生变化。

变量分为两种，一种是 Authorware 自身提供的系统变量，另一种是用户自定义的变量。

（1）系统变量。在程序执行过程中，Authorware 随着程序的执行自动检测和调整系统变量的值，它们主要用来跟踪各图标中的相关信息和系统信息等。

（2）自定义变量。Authorware 允许用户自己创建新的变量，Authorware 同样也可以跟踪和存储自定义变量值的变化。

一般来说，变量的使用分为两种形式，一种是直接插入，另一种是引用格式"变量名"@"图标标题"。使用后一种形式可以在一个程序中不同的地方查询某个图标中该变量的值，我们称这样的变量为引用变量。

11.1.2 变量的使用

变量的使用有下列 3 种场合。

（1）在对话框中使用变量。在设置对话框中的某一选项时，常常会使用到条件限制，这时就需要使用变量来控制条件。

（2）在计算图标中使用变量。变量最常用的场合是计算图标的文本框，在其中可以输入包含变量和函数的语句以完成某些操作。变量一般在 Authorware 脚本程序中不能单独使用，通常应用于变量赋值或者作为函数的参数进行调用。

（3）在其他图标中使用变量。在显示图标或交互图标中不但可以绘制图形和输入文字，而且还能够进行计算和显示变量的内容。

11.1.3 函数的概念

函数主要用于执行某种特殊的操作。在 Authorware 中，函数同样分为系统函数和自定义函数。

（1）系统函数。系统函数是 Authorware 自身提供的一系列函数。这些函数可以用来对图形、正文对象、图标和文件等进行直接操作。

（2）自定义函数。对于利用 Authorware 自身提供的一系列函数无法完成的任务，用户可以利用自定义函数来完成这些任务。

创建自定义函数需要借助其他种类的编程语言在 Windows 环境中编程，这已经超出了本书的范围，有兴趣的读者可以参阅相关的书籍。

11.1.4 函数的使用

1．系统函数的使用

下面以一个实例介绍系统函数的使用方法，在实例中将使用函数控制窗体显示的大小。

（1）新建一个文件，向其中添加一个计算图标，双击该图标，打开其编辑窗口。

（2）执行菜单命令"窗口"→"面板"→"函数"（组合键是"Ctrl+Shift+F"），或者单击工具栏上的按钮 🔟，打开"函数"对话框，如图 11.1 所示。

（3）在"分类"下拉列表中选择"全部"项或"常规"项，在其下的函数列表框中选择"ResizeWindow"项，在"描述"文本框中出现"ResizeWindow(width，height)"函数的功能、参数意义及使用方法等说明，如图 11.2 所示。

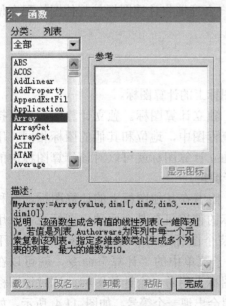

图 11.1 "函数"对话框

图 11.2 选择"ResizeWindow"函数

（4）选中"描述"中的"ResizeWindow"函数，将其粘贴到计算图标中，并且设置窗口的宽度和高度为 320 和 240，如图 11.3 所示。

（5）运行程序后，展示窗口将变为 320×240 像素大小的尺寸。

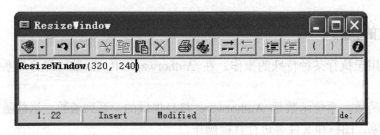

图 11.3 使用函数

2．自定义函数的使用

（1）自定义函数。自定义函数可以满足某些 Authorware 系统函数不能实现的功能，如改变显示器的分辨率。

（2）加载自定义函数。如果程序中加载了自定义函数，在程序打包发行时必须将包含此自定义函数的文件同时发布，否则有可能造成程序的部分功能无法实现。

加载后的自定义函数同系统函数一样，用户可以先选择该函数，然后单击"改名"按钮进行名称更改，单击"卸载"按钮可将其卸载。

11.2 计算图标的使用

计算图标 ▣ 是 Authorware 中最常用的图标之一，放在 Authorware 7.0 图标工具栏的中部。在计算图标中，用户可以定义变量或者调用函数，也可以存放一段程序代码。通俗地说，计算图标就是一段程序代码的缩写，用计算图标可以代表这段程序，在程序设计流程中插入了一个计算图标就相当于插入了一段程序。用户合理地将计算图标与其他图标配合使用，将能够更好地发挥 Authorware 的强大功能。

11.2.1 计算图标的使用场合

计算图标有两种：独立计算图标和附着在其他图标上的计算图标。

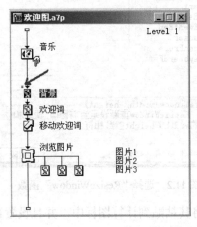

图 11.4 附着在其他图标上的计算图标

（1）独立计算图标。独立计算图标可直接放置在流程图中，地位和其他的图标相同。用户双击独立计算图标就可以对该计算图标中的内容进行编辑。

（2）附着在其他图标上的计算图标。这种附着图标的使用机会甚至比独立图标更多。用户选中某个图标之后，单击"修改"菜单下"图标"子菜单中的"计算"命令，就可以在选中的图标上附着一个计算图标，这时该图标的左上角会出现一个等号，如图 11.4 所示。如果需要对附着在其他图标上的计算图标进行编辑，可以选中计算图标所附着的图标，然后按下"Ctrl+="组合键，弹出计算图标窗口。

11.2.2 计算图标编辑器

Authorware 增强了计算图标编辑器的功能，用户可以通过该图标设置各种对话框自动生成各种控制语句，同时还可以将某一个图标中的代码进行封装形成一个新的函数。计算图标编辑窗口如图 11.5 所示。

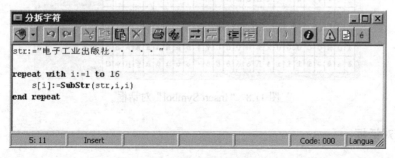

图 11.5 计算图标编辑窗口

Authorware 7.0 中增强了计算图标编辑窗口的处理能力，其窗口工具栏如图 11.6 所示。

图 11.6 计算图标编辑窗口工具栏

1．查找文本

如果计算图标中的代码很多，手工查找某一个变量会很麻烦。Authorware 7.0 新增了一个查找按钮，利用该按钮可以对代码进行查找，如图 11.7 所示。

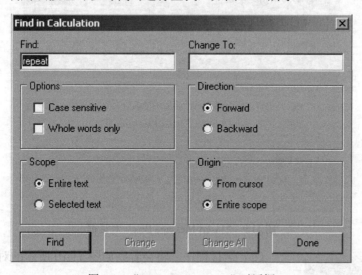

图 11.7 "Find in Calculation" 对话框

2．输入特殊字符

单击工具栏上的按钮，将出现如图 11.8 所示的 "Insert Symbol" 对话框，在该对话框中选中所需要的字符，单击 "OK" 按钮就可以在适当的位置输入所选中的字符。

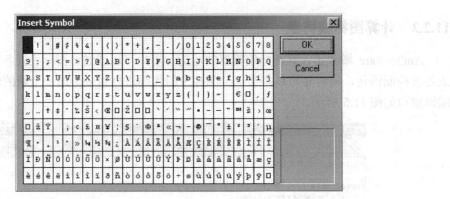

图 11.8 "Insert Symbol" 对话框

3. 插入对话框

（1）打开计算图标编辑器，单击工具栏上按钮 ⚠️，将会出现如图 11.9 所示的"Insert Message Box"对话框，在其文本框中输入文字"我的对话框!"。设置对话框的"Message Box Type"为"Warning"，设置"Message Box Buttons"为"OK, Cancel"。设置完毕后，单击"OK"按钮，返回到编辑窗口。此时将会自动生成如下代码：

```
SystemMessageBox(WindowHandle, "我的对话框!", "Warning", 305) -- 1=OK, 2=Cancel
```

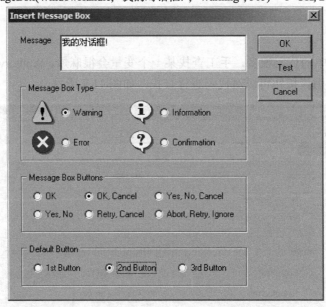

图 11.9 "Insert Message Box" 对话框

（2）运行程序，将会看到如图 11.10 所示的对话框。

4. 使用控制语句

过去要在计算图标中输入控制语句，需要从函数窗口中进行查找。现在 Authorware 在计算图标编辑器中定义了一个插入控制语句的窗口，读者可以在其中选择各种控制语句，下面说明实现方法。

（1）继续前面的实例，打开计算图标，单击其工具栏上的按

图 11.10 运行效果

钮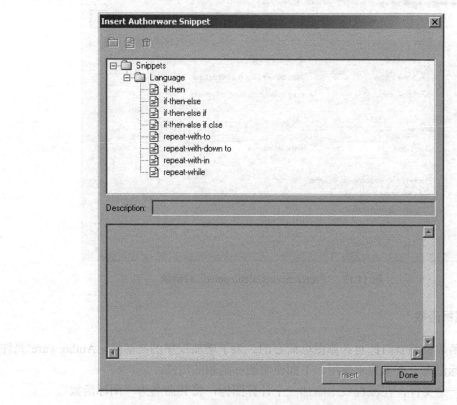，将会出现如图 11.11 所示的"Insert Authorware Snippet"对话框，在该对话框中可以选择各种控制语句。这里选择"if-then"语句，然后单击"Insert"按钮，将控制语句添加到代码编辑器中。

图 11.11 "Insert Authorware Snippet"对话框

（2）这时代码编辑器中自动添加了判断语句，如图 11.12 所示。

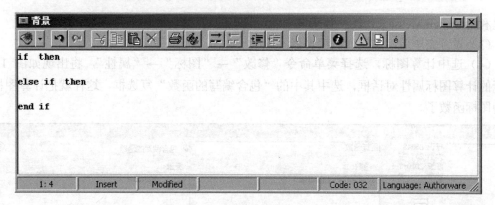

图 11.12 代码编辑器中的内容

5. 自定义代码编辑器

计算图标的代码编辑器允许用户根据自己的喜好定义编辑环境，如定义缩进大小、文字颜色、字体等，下面说明设置方法。

（1）在流程线上添加一个计算图标。

（2）双击该图标，将会出现代码编辑器，单击工具栏上的按钮 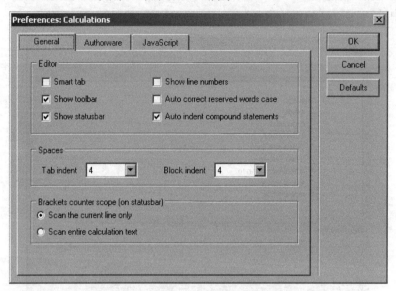，将出现"Preferences：Calculations"对话框，如图 11.13 所示。

图 11.13　"Preferences: Calculations"对话框

6．设置图标函数

所谓图标函数，是专门针对计算图标而言的。为了增加程序的灵活性，Authorware 允许用户将计算图标作为一个函数来使用，下面说明图标函数的用法。

（1）新建一个文件，在流程线上添加一个计算图标，将其命名为"图标函数"。

（2）打开计算图标，向代码编辑器中添加如下代码：

```
SystemMessageBox(WindowHandle,"我的对话框！","Warning",305)
```

这里利用 SystemMessageBox 函数来调用一个简单的对话框。

（3）设置完毕后，关闭代码编辑器。

（4）选中计算图标，选择菜单命令"修改"→"图标"→"属性"，将出现如图 11.14 所示的计算图标属性对话框，选中其中的"包含编写的函数"复选框，这样就把计算图标转换为图标函数了。

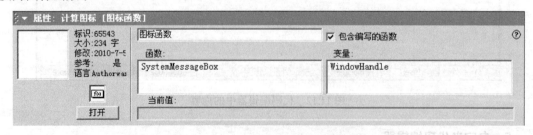

图 11.14　计算图标属性对话框

（5）设置完毕后，单击返回到流程线窗口，此时计算图标变成 形状。

（6）在流程线上添加一个计算图标，将其命名为"调用图标函数"。双击计算图标将其代码编辑器打开。

（7）选择菜单命令"窗口"→"面板"→"函数"，打开"函数"对话框，如图11.5所示。

图 11.15　"函数"对话框

（8）双击"常规"分类下的"CallScriptIcon"函数，将其添加到"调用图标函数"计算图标代码编辑器窗口中，修改后如图11.16所示。

图 11.16　计算图标编辑窗口

（9）调用循环控制语句，使"图标函数"执行 10 次，最后计算图标中的代码如图 11.17 所示。

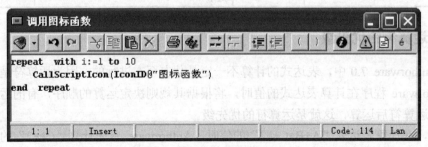

图 11.17　修改后的计算图标编辑窗口

11.3　运算符和表达式

在变量和函数的使用过程中，经常需要将它们以一定的方式进行运算，这些运算方式就是由运算符提供的。运算符就是提供运算方式的符号，如加法运算符（+）、逻辑与运算符（&）等。在这一节中，将对 Authorware 7.0 中提供的运算符的类型、运算符的优先级和运算符的使用进行详细说明。

11.3.1 运算符的类型

Authorware 7.0 中的运算符一共有 16 种，可以分为 5 类，即算术运算符、关系运算符、逻辑运算符、赋值运算符和连接运算符（括号、正号、负号等符号属于通用符号，故没有计算在内），如表 11.1 所示。

表 11.1 Authorware 7.0 中的运算符

运算符类型	运算符号	运算符名称	运 算 功 能	例 子
算术运算符	+	加法运算符	用运算符左边的值加上右边的值	A+B
	−	减法运算符	用运算符左边的值减去右边的值	A−B
	*	乘法运算符	用运算符左边的值乘以右边的值	A*B
	/	除法运算符	用运算符左边的值除以右边的值	A/B
	**	乘方运算符	以运算符右边的值作为左边值的指数计算	A**B
关系运算符	=	等于运算符	判断运算符左边的值是否与右边的值相等	A=B
	<>	不等于运算符	判断运算符左边的值是否与右边的值不相等	A<>B
	<	小于运算符	判断运算符左边的值是否小于右边的值	A<B
	<=	不大于运算符	判断运算符左边的值是否不大于右边的值	A<=B
	>	大于运算符	判断运算符左边的值是否大于右边的值	A>B
	>=	不小于运算符	判断运算符左边的值是否不小于右边的值	A>=B
逻辑运算符	~	逻辑非运算符	将运算符右边的值取非	~A
	&	逻辑与运算符	运算符左边的值和右边的值进行与操作	A&B
			逻辑或运算符	运算符左边的值和右边的值进行或操作	A|B
赋值运算符	:=	赋值运算符	将运算符右边的值赋予左边的变量	A:=B
连接运算符	^	连接运算符	将运算符左边的字符串与右边的字符串连接起来	A^B

11.3.2 运算符的优先级

在 Authorware 7.0 中，表达式的计算不一定是从左至右进行的，因为运算符是有优先级的。Authorware 程序在计算表达式的值时，将根据其规则决定运算的顺序，有的运算符先运算，有的运算符后运算，这就是运算符的优先级。

例如，在计算表达式"A+B*C**2"的值时，Authorware 首先计算"C**2"的值，再将该值乘以 B，将得到的值加上 A 就得到了表达式的值。这样的运算顺序是由于运算符的优先级"**">"*">"+"决定的。

在 Authorware 中，计算表达式值时首先进行优先级高的运算符的运算，再进行优先级低的运算符的运算，对处于相同优先级的运算符则按照从左至右的顺序执行。表 11.2 中给出了 Authorware 7.0 中运算符的优先级，优先级的数字越小，优先级别越高。

表 11.2　运算符的优先级

优 先 级	运 算 符
1	（ ）
2	~、+（正号）、-（负号）
3	**
4	*、 /
5	+（加号）、-（减号）
6	^
7	=、<>、<、<=、>、>=
8	&、|
9	:=

11.3.3　运算结果

对于常见的运算符，如算术运算符和关系运算符，其使用方法与常规方法完全相同，在此不再说明。下面对逻辑运算符和连接运算符的运算结果加以说明。

1．逻辑运算符

使用逻辑运算符可以实现两个逻辑变量之间的运算，一般用于条件的判断。表 11.3 给出了各种情况下的逻辑运算结果，即真值表。

表 11.3　真值表

运 算 数		运 算 结 果		
A	B	~A	A&B	A|B
TRUE	TRUE	FALSE	TRUE	TRUE
TRUE	FALSE	FALSE	FALSE	TRUE
FALSE	TRUE	TRUE	FALSE	TRUE
FALSE	FALSE	TRUE	FALSE	FALSE

2．连接运算符

连接运算符的作用是将两个字符串连接起来，并将值赋给另一个字符串。例如，对于程序中定义的字符型变量"S1"，可执行如下操作：

S1:="I am "^"a boy"

11.3.4　表达式的使用

表达式是由常量、变量、函数和运算符所组成的语句，可用于执行某个运算过程、执行某种特殊操作或显示某个表达式的值。表达式可以使用在计算图标设计窗口、图标属性对话框，以及文本对象中，使用的方法与变量和函数的使用方法基本相同。在使用表达式的过程中，应注意以下两点。

（1）给表达式添加注释。为了说明某表达式的具体含义，可以在表达式的后面添加一个简单的注释，Authorware 7.0 对此段文字将不予理睬。要将一段文字定义为注释文字，需要在这段文字前面添加两个减号。例如：

> Score:=0 --将变量 Score 的初始值设为 0

（2）在计算图标设计窗口中，在某个语句前添加两个减号，也可以将此语句设置为注释语句，该语句将不再被执行。

11.3.5 条件语句与循环语句

使用条件交互方式和条件分支方式可根据不同的条件执行不同的操作，使用循环分支方式可实现某个过程的循环，实际上，使用条件语句和循环语句也同样可以完成这些功能。

（1）条件语句有下列两种格式。

格式 1：

```
if 条件 1 then
    操作 1
else
    操作 2
end if
```

格式 2：

```
if 条件 1 then
操作 1
else if 条件 2
操作 2
else
操作 3
end if
```

在第一种格式中，程序首先判断"条件 1"是否为"TRUE"；如果满足则执行"操作 1"，否则执行"操作 2"。在第二种格式中，程序首先判断"条件 1"是否为"TRUE"，如果满足则执行"操作 1"，否则判断"条件 2"是否为"TRUE"，如果满足则执行"操作 2"，否则，执行"操作 3"。

（2）循环语句有下列 3 种格式。

格式 1：

```
repeat with 变量:=初始值(down)to 结束值
操作
end repeat
```

在此循环语句中，程序执行"操作"的次数为"结束值-初始值+1"次，如果此次数小于 0，程序将不执行"操作"。循环语句中的"down"为可选参数，如果"初始值"大于"结束值"，则需要添加这个参数，并且执行次数为"初始值-结束值+1"次。

格式 2：

```
repeat while 条件
操作
end repeat
```

在此循环语句下，"操作"将一直被执行，直到"条件"发生改变，即"条件"从"TRUE"变到"FALSE"。

格式 3：

repeat with in 列表
操作
end repeat

在此循环语句中，只有列表中的所有元素都被使用过以后，程序才会退出循环结构（类似于分支结构中的所有路径都被执行过后退出的选项）。

11.3.6 列表的使用

列表型变量用于存储一组相关的数据，但并不要求这些数据都属于同一类型，如 [1,4,"b"]。利用 Authorware 7.0 提供的列表处理函数，可以很方便地对列表中的数据进行管理。

（1）属性列表。属性列表用于存储属性和对应的属性值，其中每一个元素由一个属性标识符与其对应的属性值构成，属性标识符与属性值之间用冒号分隔，如 [#a:12]。

（2）多维列表。多维列表就是以列表为元素的列表，如列表[[#a],[#b]]就是一个多维列表，其中每个元素都是一个一维列表。在 Authorware 7.0 中，多维列表中的列数最多可以为 10。

本 章 小 结

本章主要介绍了 Authorware 脚本语言的基本语法。一个好的 Authorware 作品是不可能离开 Authorware 脚本语言的，因为语言可以增加交互功能和逻辑判断功能，使程序更加短小精练、效率更高，而且可为作品添加一份智慧的闪光。

练 习

1．Authorware 中的数据类型有哪几种？
2．Authorware 中的系统变量可分为几种类型？
3．Authorware 提供的函数类型有哪几种？
4．程序脚本可以出现在 Authorware 的哪些地方？
5．列表有多少种不同的类型？如何给它们赋初始值？

第 12 章 变量的应用

Authorware 7.0 中的系统变量有十一大类，如图 12.1 所示。

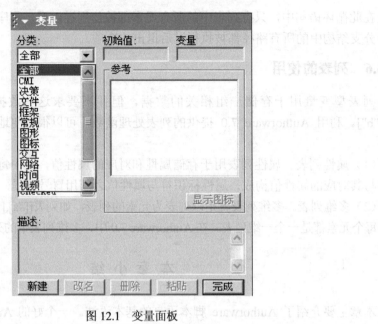

图 12.1 变量面板

12.1 时间类变量

12.1.1 时间类变量介绍

时间类变量是一些与系统时间有关的变量，下面介绍其中最常用的一部分，如表 12.1 所示。

表 12.1 常用时间类变量

变 量 名	解 释	例 子
FullDate	完整的日期	2004 年 3 月 15 日
FullTime	完整的时间	10:15:30
Year	年份	2004
Month	月份	3
Day	日数	15
Hour	小时数	10
Minute	分钟数	15
Sec	秒数	30

12.1.2　时间类变量应用实例

【**实例 12.1　时间显示**】　该实例程序见网上资源"教材实例\第 12 章变量的应用\时间类\Time.a7p"。下面介绍实例 12.1 程序的主要设计步骤和方法。

（1）在设计窗口中，将一个显示图标拖曳到流程线上，并将其命名为"时间显示"，如图 12.2 所示。

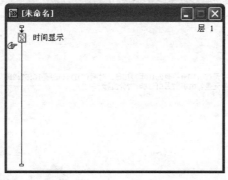

图 12.2　插入显示图标

（2）双击"时间显示"图标，打开演示窗口，进入编辑状态。使用文本工具输入如图 12.3 所示的文本，注意大括号内的变量名称不能写错，否则程序运行结果可能显示为 0。

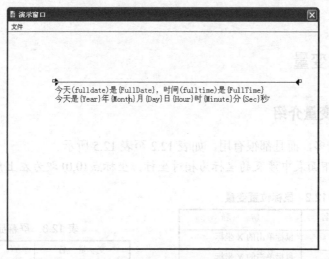

图 12.3　插入变量的显示图标

（3）利用组合键"Ctrl+I"或者选择"修改"→"图标"→"属性"菜单命令，打开显示图标属性设置面板，选中"更新显示变量"复选框，如图 12.4 所示。

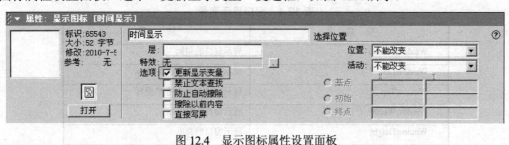

图 12.4　显示图标属性设置面板

该选项的作用是让系统动态地更新所显示的变量，如果这一选项没有被选中，显示图标中的系统变量将不会改变。也就是说，系统总是显示程序运行的最初时间，而不能不断地更新时间。

为美化显示效果，可以为该显示图标导入一张背景图片，并在"修改"菜单中选择"置于下层"。实例 12.1 的程序运行效果如图 12.5 所示。

图 12.5 "时间显示"程序运行效果

12.2 常规类变量

12.2.1 常规类变量介绍

常规类变量较多，而且都很有用，如表 12.2 至表 12.5 所示。

注意：下面表中涉及的坐标为相对坐标，坐标点 (0,0) 即为左上角。

表 12.2 鼠标位置变量

变量名	解释
ClickX	鼠标单击的 X 坐标
ClickY	鼠标单击的 Y 坐标
CursorX	鼠标的 X 坐标
CursorY	鼠标的 Y 坐标

表 12.3 屏幕显示变量

变量名	解释
ScreenWidth	屏幕的宽度
ScreenHeight	屏幕的高度

表 12.4 窗口显示变量

变量名	解释
WindowHandle	展示窗口的句柄
WindowLeft	展示窗口左上角的 X 坐标
WindowTop	展示窗口左上角的 Y 坐标
WindowWidth	展示窗口的宽度
WindowHeight	展示窗口的高度

表 12.5 时间控制变量

变 量 名	解 释
TimeOutLimit	该变量用于设置一段时间以等待最终用户实施某一操作（如单击鼠标、双击鼠标等），时间控制以秒计算。如果在这段时间内，用户最终没有实施任何操作，Authorware 将跳转到由系统函数 TimeOutGoTo()指定的位置
TimeOutRemaining	该变量存储等待最终用户实施某一操作（如单击鼠标、双击鼠标等）剩余的时间，时间控制以秒计算。如果在这段时间内，用户最终没有实施任何操作，Authorware 将跳转到由系统函数 TimeOutGoTo()指定的位置

12.2.2 常规类变量应用实例

【实例 12.2 鼠标、窗口变量展示】 该实例程序见网上资源"教材实例\第 12 章变量的应用\常规类\鼠标、窗口变量展示.a7p"。

下面介绍实例 12.2 程序的主要设计步骤和方法。

（1）在设计窗口中，将一个显示图标拖曳到流程线上，并将其命名为"鼠标、窗口变量展示"，如图 12.6 所示。

图 12.6 插入显示图标

（2）双击"鼠标、窗口变量展示"图标，打开演示窗口，进入编辑状态。使用文本工具输入如图 12.7 所示的文本，注意大括号内的变量名称不可以写错，否则程序运行结果可能显示为 0。

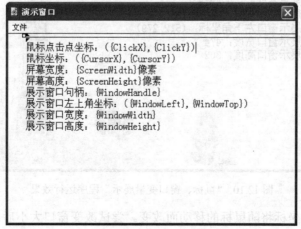

图 12.7 插入窗口类系统变量

（3）使用组合键"Ctrl+I"或者选择"修改"→"图标"→"属性"命令，打开显示图标属性设置面板，选中"更新显示变量"复选框，如图12.8所示。

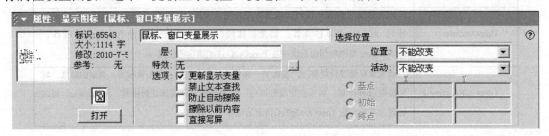

图 12.8　显示图标属性设置面板

（4）使用组合键"Ctrl+Shift+D"或者选择菜单"修改"→"文件"→"属性"命令，打开文件属性设置面板，将"大小"选项设为"根据变量"，即可变的窗口。如果不这样设置，展示窗口宽度的变量 WindowWidth 和展示窗口高度的变量 WindowHeight 将不会变化，如图12.9所示。

图 12.9　文件属性设置面板

为美化显示效果，可以为该显示图标导入一张背景图片，并在"修改"菜单中选择"置于下层"。实例12.2程序的最终运行效果如图12.10所示。

图 12.10　"鼠标、窗口变量展示"程序运行效果

仔细观察，鼠标坐标将随鼠标的移动而改变。尝试改变窗口大小后，表示"展示窗口宽度"和"展示窗口高度"的数字将随之发生变化。

【实例 12.3　动态改变窗口大小】　该实例程序见网上资源"教材实例\第 12 章变量的

应用\常规类\动态改变窗口大小.a7p"。

这么多的变量，不能仅记住它们的名称，如果不懂得如何去使用，那么就等于没有学了。在这个例子中我们将看到，这些变量到底如何去应用。

下面通过实例 12.3 程序的设计介绍变量应用的方法。

（1）拖曳图标到流程线上构造如图 12.11 所示的结构，其中"移动标志"的交互类型为"热区域"。

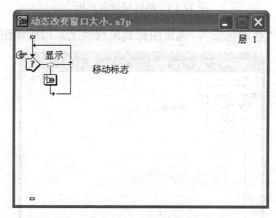

图 12.11　程序结构

（2）双击交互图标"显示"，使用文字工具输入如图 12.12 所示的文字，注意其中大括号括起来的系统变量 WindowWidth 和 WindowHeight。

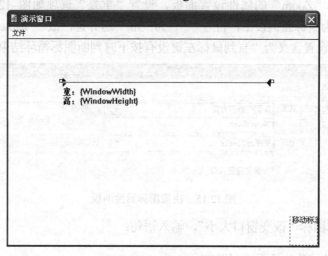

图 12.12　程序界面结构

（3）打开"热区域"设置面板，设置"位置"选项中的"X"坐标为"WindowWidth-50"，"Y"坐标为"WindowHeight-50"；设置"大小"选项中的"X"值和"Y"值均为50。思考一下，为什么要设为 50，而不是其他的数值，如图 12.13 所示。

设置中使用到系统变量 WindowWidth 和 WindowHeight，这样设置后，无论如何改变窗口尺寸，热区域总能保持在窗口的右下角位置。

设置鼠标指针为手形图标，设置完毕。

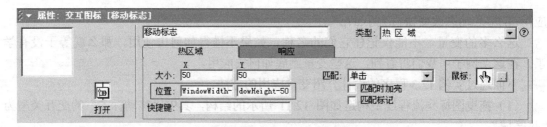

图 12.13　热区域设置面板

（4）打开群组图标"移动标志"，拖曳图标到流程线上，形成如图 12.14 所示结构。

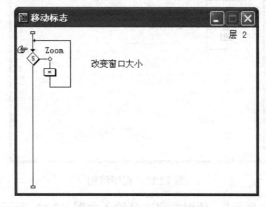

图 12.14　移动标志结构

打开判断图标"Zoom"的属性设置面板，设置"重复"选项如图 12.15 所示。其中，MouseDown 常量为鼠标左键按下，符号"~"为"非"运算符，故"~MouseDown"表示鼠标没有按下。这里的设置含义为"直到鼠标左键没有按下时判断图标循环结束"。

图 12.15　决策图标属性面板

（5）打开计算图标"改变窗口大小"，输入语句：

```
ResizeWindow(CursorX,CursorY)
```

其中，ResizeWindow 函数是专门用来改变窗口大小的，故该语句的意思为按鼠标所在位置改变窗口的大小，如图 12.16 所示。

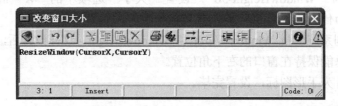

图 12.16　改变窗口大小脚本

添加背景后，实例 12.3 的程序运行效果如图 12.17 所示。

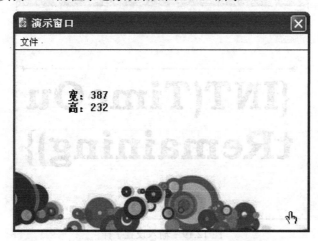

图 12.17 "动态改变窗口大小"程序运行效果

利用鼠标在窗口右下角的手形位置进行拖动操作，可以改变窗口大小，而展示窗口中表示窗口宽和高的数字也会随之改变。

【实例 12.4 等待时间随心变】 该实例程序见网上资源"教材实例\第 12 章变量的应用\常规类\等待时间随心变.a7p"。

在前面的课程中，我们学习过两种控制等待时间的方法，一种是使用等待图标，另一种是使用延时交互。其实还有第三种控制等待时间的方法，实例 12.4 中涉及两个与时间控制有关的系统变量 TimeOutLimit 和 TimeOutRemaining，这两个系统变量通常与系统函数 TimeOutGoTo 一起使用，用来控制等待时间。

下面介绍实例 12.4 程序的主要设计步骤和方法。

（1）拖曳显示图标到流程线上，如图 12.18 所示。

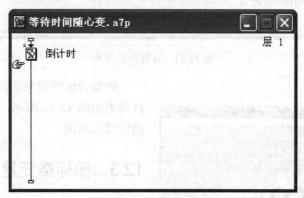

图 12.18 插入显示图标

（2）双击图标"倒计时"，使用文字工具输入" {INT(TimeOutRemaining)} "，设置适当的字体和字号，设置文字中央对齐，将文字对象放置在屏幕中央，如图 12.19 所示。

（3）使用组合键"Ctrl+I"或者选择"修改"→"图标"→"属性"命令，打开显示图标属性设置面板，选中"更新显示变量"复选框，如图 12.20 所示。

（4）选中显示图标"倒计时"，按下组合键"Ctrl+="，打开脚本编辑窗口，输入相关语句，如图 12.21 所示。

图 12.19　输入设置字样

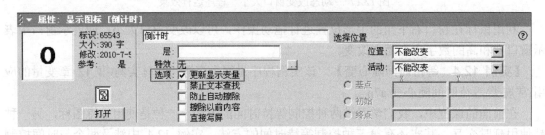

图 12.20　倒计时显示图标属性面板

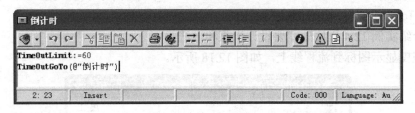

图 12.21　计算图标脚本

图 12.22　"等待时间随心变"程序运行效果

添加合适的背景后，实例 12.4 的程序运行效果如图 12.22 所示，从中可以看到 60 秒倒计时的画面。

12.3　图标类变量

12.3.1　图标类变量介绍

图标类系统变量很常用，在前面的例子中，大家学过的 PathPosition、PositionX、PositionY 和 IconID 都属于这一类。下面重点介绍一些其他常用的图标类的系统变量，如表 12.6 和表 12.7 所示。

表 12.7 对象位置变量

变 量 名	解　释
DisplayX	对象中心点的 X 坐标
DisplayY	对象中心点的 Y 坐标
DisplayLeft	对象左上角顶点的 X 坐标
DisplayTop	对象左上角顶点的 Y 坐标
DisplayWidth	对象的显示宽度
DisplayHeight	对象的显示高度

表 12.6 对象运动变量

变 量 名	解　释
Animating	判断对象是否运动
Dragging	判断对象是否被拖动
Moving	判断对象是否正在动

12.3.2 图标类变量应用实例

【实例 12.5 运动变量】 该实例程序见网上资源
"教材实例\第 12 章变量的应用\图标类\运动变
量.a7p"。

图 12.23 程序结构

下面介绍实例 12.5 程序的主要设计步骤和方法。

（1）拖动图标到流程线上，如图 12.23 所示。

在程序设计过程中，应注意以下几点。

① 在显示图标"ball"中，任意画一个球就可
以了。

② 在显示图标"显示"中，使用文字工具，输入
相关文字，如图 12.24 所示。

球是否移动(Moving变量)：{Moving@"ball"}
球是否拖动(Dragging变量)：{Dragging@"ball"}
球是否运动(Animating变量)：{Animating@"ball"}

图 12.24 插入系统变量

③ 在显示图标"显示"中，将显示属性"更新显示变量"设置正确。

④ 在移动图标"移动"中，选定对象小红球，设置移动类型为"指向固定路径的终
点"，并拖画出一条路径，如图 12.25 所示。

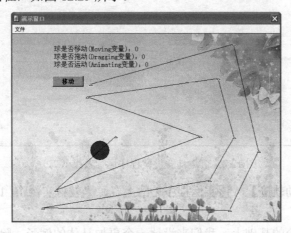

图 12.25 拖画出移动路径

（2）程序运行效果。运行实例 12.5 的程序后，首先单击"移动"按钮，这时小红球按设置好的路径移动，返回的结果如图 12.26 所示。

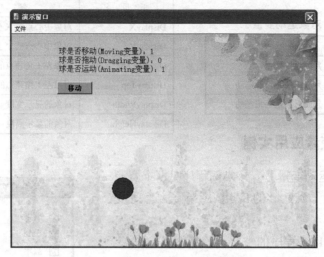

图 12.26 "运动变量"程序运行效果（一）

也就是说，移动图标使一个对象运动时，该对象的 Moving 变量和 Animating 变量都返回真（即返回 1）。

当利用鼠标拖动小红球时，返回的结果如图 12.27 所示。

很明显，当一个对象被拖动的时候，该对象的 Moving 变量和 Dragging 变量都为真（即为 1）。

综上所述，我们可以得出一个结论，只要对象移动，不管采用什么方法使它动起来，该对象的 Moving 变量都返回真。而具体区分该对象是如何动起来时，则需要看 Dragging 和 Animating 的返回值了。

图 12.27 "运动变量"程序运行效果（二）

【实例 12.6　运动轨迹】 该实例程序见网上资源"教材实例\第 12 章变量的应用\图标类\运动轨迹.a7p"。

在实例 12.5 结论的基础上，我们来设计一个更加具体的例子，除了进一步应用上面的结论外，也学习一下其他的图标类变量。

下面介绍实例 12.6 程序的主要设计步骤和方法。

（1）拖曳图标到流程线上，如图 12.28 所示，其中，显示图标"ball"画一个球即可。

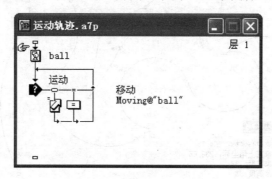

图 12.28　程序结构

（2）双击交互图标"运动"，使用文本工具输入下列文字：

对象中心坐标：{DisplayX@"ball"},{DisplayY@"ball"}
对象左上角坐标：{DisplayLeft@"ball"},{DisplayTop@"ball"}
对象宽度：{DisplayWidth@"ball"}
对象高度：{DisplayHeight@"ball"}

同时，正确设置交互图标"运动"的属性，如图 12.29 所示。

（3）选择显示图标"ball"作为移动图标"移动"的对象，正确设置移动图标"移动"的属性，注意"执行方式"必须设置设为"同时"，然后可自行拖画出一条移动路径，如图 12.30 所示。

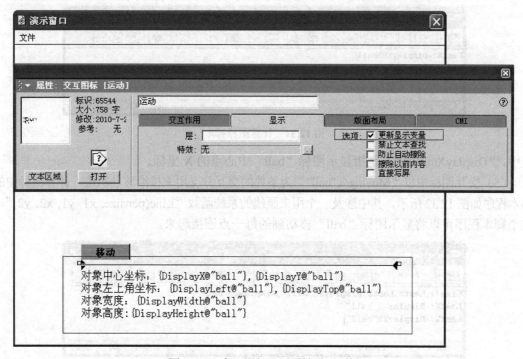

图 12.29　交互图标显示属性设置面板

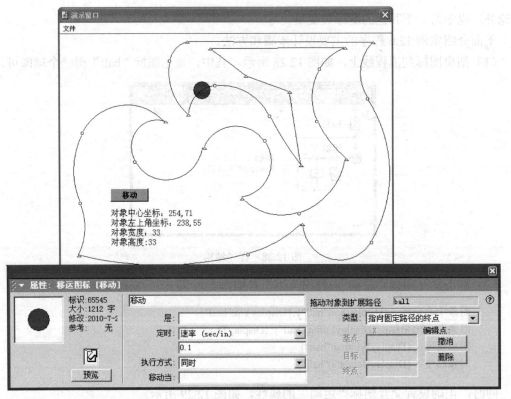

图 12.30 拖画出移动路径

（4）选中移动图标"移动"，按下组合键"Ctrl+="，打开移动图标"移动"的计算窗口，输入相应的脚本程序，如图 12.31 所示。

图 12.31 计算图标脚本

其中，"DisplayX@"ball""是指显示图标"ball"中心点的 X 坐标。

（5）交互图标中以"Moving@"ball""为条件的交互分支用来描绘移动轨迹，计算图标中的脚本程序如图 12.32 所示，其中涉及一个用来画线的系统函数"Line(pensize, x1, y1, x2, y2)"。这个脚本程序可以将显示图标"ball"移动到的每一点连接起来。

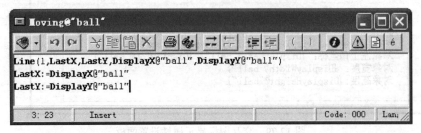

图 12.32 条件交互属性设置

在条件交互属性设置面板中，将激活条件设置为"Moving@"ball""，即只要对象"ball"移动到一个新的点，就将该点与上一个点连接起来。

运行实例程序，可以看到对象在移动过程中其坐标的变化过程，如图 12.33 所示。

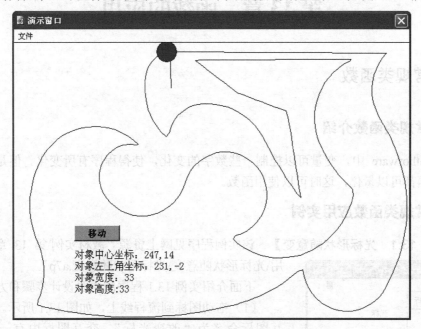

图 12.33 "运动轨迹"程序运行效果

本 章 小 结

变量的应用是一种辅助性很强的设计手段。Authorware 中有数百个系统变量，功能涉及方方面面，使用它们可以使你的设计作品丰富多彩。

练 习

1. 列举 Authorware 7.0 中变量的种类。
2. 列举 Authorware 7.0 中变量的使用范围。
3. 制作一个电子日历钟，使它具有时钟和日历功能。
4. 制作一个 60 秒的计时器。

第13章 函数的应用

13.1 常规类函数

13.1.1 常规类函数介绍

在 Authorware 中，变量可以控制一些数字的变化，使得程序有所变化。但是，并不是所有的东西都可以量化，这时可以使用函数。

13.1.2 常规类函数应用实例

【实例 13.1 光标形状随意变】　该实例程序见网上资源"教材实例\第 13 章函数的应用\光标形状随意变\光标形状随意变.a7p"。

下面介绍实例 13.1 程序的主要设计步骤和方法。

（1）拖动图标到流程线上，如图 13.1 所示。其中，交互图标命名为"改变光标"，交互图标内有一个按钮交互，使用的是计算图标，命名为"光标"。

（2）双击计算图标"光标"，打开计算图标编辑窗口。单击工具栏上的 按钮，打开"函数"选择面板，如图 13.2 所示。

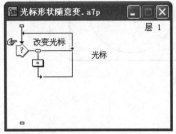

图 13.1　程序流程

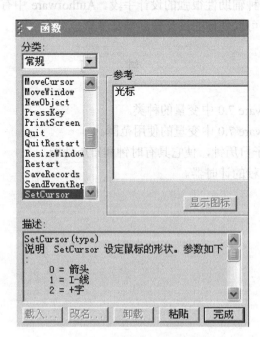

图 13.2　"函数"选择面板

（3）在"函数"选择面板的"常规"分类中，有一个名为"SetCursor"的系统函数，在描述框内有这个函数的具体说明，它的作用就是动态地改变鼠标光标的形状。函数格式为

SetCursor(type)

其中，type 为一个数字，0～6 代表系统给定的 7 种鼠标光标形状，如表 13.1 所示。

如果是自定义的光标，type 的数字大于 50，如 SetCursor(51)。必须指出的是，自定义光标必须先定义后才能够调用。

（4）单击函数选择面板中的"粘贴"按钮，将 SetCursor 函数粘贴到计算图标当中。这时，计算图标中的语句为

SetCursor(type)

其中，type 值并没有指定，将 type 改成 1，如图 13.3 所示。

表 13.1　鼠标光标形状

函 数 格 式	光 标 形 状
SetCursor(0)	箭头
SetCursor(1)	I-线
SetCursor(2)	+字
SetCursor(3)	无
SetCursor(4)	空格
SetCursor(5)	沙漏（Windows），表(Macintosh)
SetCursor(6)	手

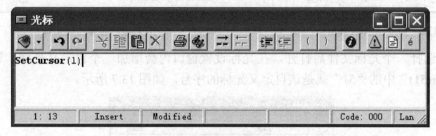

图 13.3　脚本程序

（5）添加背景后，单击工具栏中的 按钮，运行作品。单击演示窗口中的"光标"按钮，可以看到鼠标光标形状变成了 I 字形。

参照步骤（4），更改 type 的值，观察一下鼠标光标变化的情况，如图 13.4 所示。

图 13.4　程序运行结果

（6）选择"窗口"菜单中的"鼠标指针"命令，打开鼠标光标设置窗口，如图 13.5 所示。

（7）在鼠标光标设置窗口中单击"添加"按钮，可添加一个新形状的光标，鼠标光标文件的扩展名为 ICO 或者 CUR，如图 13.6 所示。

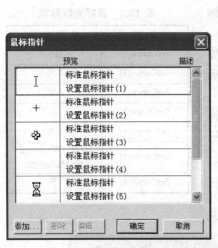

图 13.5 鼠标光标设置窗口

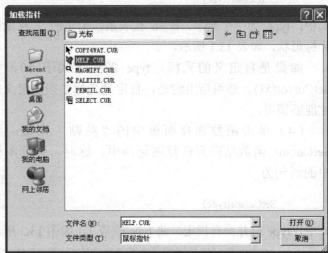

图 13.6 选择光标文件

（8）选择一个光标文件后打开，在光标设置窗口内会增加一个自定义光标，说明文字"SetCursor(51)"中的"51"就是该自定义光标的序号，如图 13.7 所示。

图 13.7 新增加的鼠标光标

（9）将计算图标"光标"中的代码做如图 13.8 所示的改动。

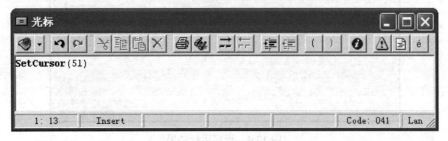

图 13.8 改动后的代码

（10）再次运行程序，在演示窗口中可以看到这个自定义的鼠标光标，如图 13.9 所示。

图 13.9 "光标形状随意变"程序运行效果

13.2 文件类函数

13.2.1 文件类函数介绍

将某个目录中的文件列出来，在多媒体创作过程中非常重要。Authorware 提供了功能强大的"文件"类函数，可用于这一目的，如图 13.10 所示。

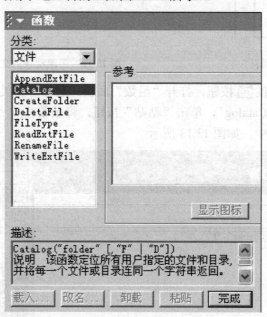

图 13.10 "文件"类函数

文件类函数共有 8 个，其中包括文件操作函数和目录操作函数，如表 13.2 所示。

表 13.2 文件类函数

函 数 名	功 能
AppendExtFile	在指定文件后添加内容
Catalog	返回指定文件目录的文件名或者子目录列表
CreateFolder	建立目录
DeleteFile	删除文件
FileType	返回指定文件的类型
ReadExtFile	对指定文件的内容进行读取
RenameFile	对指定文件重命名
WriteExtFile	对指定文件的内容进行写入

13.2.2 文件类函数应用实例

【**实例 13.2 制作文件目录**】 该实例程序见网上资源"教材实例\第 13 章函数的应用\制作文件目录\制作文件目录.a7p"。

下面介绍实例 13.2 程序的主要设计步骤和方法。

（1）拖曳一个显示图标到流程线上，并将其命名为"文件列表"，如图 13.11 所示。

（2）双击显示图标"文件列表"，打开显示图标编辑窗口。使用文字工具在编辑窗口中添加一个文字对象，选择菜单"文本"→"卷帘文本"命令，使文字对象拥有滚动条，如图 13.12 所示。

 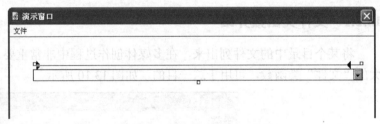

图 13.11 显示图标"文件列表"　　　　　　　　图 13.12 带滚动条的文字对象

（3）单击工具栏中的 fw 按钮，打开"函数"面板。选择"分类"下拉文本框中的"文件"选项，选择函数"Catalog"，单击"粘贴"按钮，将函数格式"Catalog("folder" [,"F" | "D"])"粘贴到文字对象中，如图 13.13 所示。

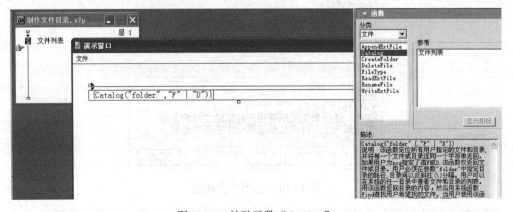

图 13.13 粘贴函数"Catalog"

（4）修改刚才粘贴的函数格式"Catalog("folder" [,"F" | "D"])"。由于并不需要使用这么多的参数，因此将函数格式修改成"Catalog("C:\\")"，同时将文本对象变大一点，如图 13.14 所示。

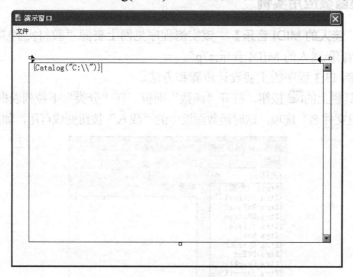

图 13.14　修改函数

（5）运行程序后，可以看到本地硬盘 C 盘上的所有文件和目录，如图 13.15 所示。

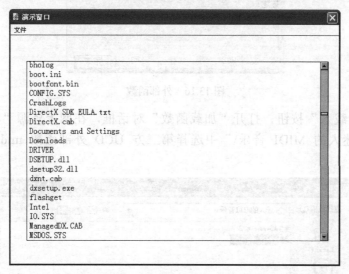

图 13.15　"制作文件目录"程序运行效果

13.3　媒体类函数

13.3.1　媒体类函数介绍

Authorware 支持具有 wav、aiff、pcm、swa 和 mp3 扩展名的声音文件，尽管通过 QuickTime 插件可以支持 MIDI 格式文件的播放，但这并不是真正意义上的调用 MIDI 文件。

Authorware 提供的外部函数接口可以解决这个问题，即利用第三方的 UCD 外部函数，可以实现对 MIDI 声音文件的支持。

13.3.2 媒体类函数应用实例

【实例 13.3 迷人的 MIDI 音乐】 该实例程序见网上资源"教材实例\第 13 章函数的应用\迷人的 MIDI 音乐\迷人的 MIDI 音乐.a7p"。

下面介绍实例 13.3 程序的主要设计步骤和方法。

（1）单击工具栏上的 按钮，打开"函数"面板。在"分类"下拉列表框中选择"迷人的 MIDI 音乐"（存盘文件名）选项，这时函数面板中的"载入"按钮变成可用，如图 13.16 所示。

图 13.16 外部函数

（2）单击"载入"按钮，打开"加载函数"对话框，在网上资源"教材实例\第 13 章函数的应用\迷人的 MIDI 音乐\"中选择第三方 UCD 外部函数 midiloop.u32，如图 13.17 所示。

图 13.17 加载 midiloop.u32

（3）加载 midiloop.u32 文件后，自动打开"自定义函数在 midiloop.u32"对话框。这个对话框内列出了 midiloop.u32 中的所有函数，选择需要的函数并导入到 Authorware 的函数面板中成为外部函数。

外部函数 midiloop.u32 中的函数只有两个，一个是 LoopMidi，使用它可以循环播放 MIDI 音乐，调用方式是 LoopMidi（文件名）；另一个是 StopMidi，使用它可以停止播放 MIDI 音乐，调用方式是 StopMidi（文件名），如图 13.18 所示。

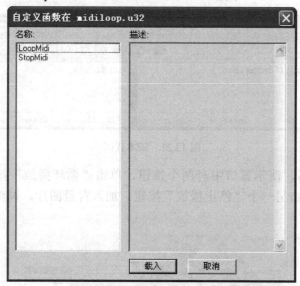

图 13.18　midiloop.u32 函数表

（4）由于函数只有两个，使用"Ctrl"键或者"Shift"键结合鼠标选择这两个函数；单击"载入"按钮，将函数导入到"函数"面板的外部函数列表中，然后就可以直接在 Authorware 中调用这两个函数了，如图 13.19 所示。

（5）拖曳交互图标到流程线上，并将其命名为"MIDI 音乐"，再拖曳两个计算图标到交互图标右侧，选择交互方式都为按钮，并将它们分别命名为"循环播放"和"停止播放"，如图 13.20 所示。

图 13.19　外部函数列表

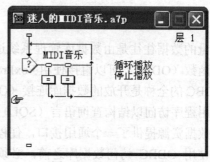

图 13.20　程序流程

（6）双击打开计算图标"循环播放"和"停止播放"，分别在编辑窗口中输入

LoopMidi("3monk.mid")

和

StopMidi()

如图 13.21 所示。

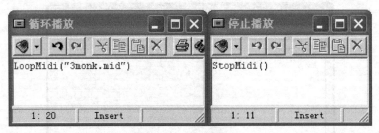

图 13.21　脚本代码

（7）运行程序后，演示窗口中有两个按钮，单击"循环播放"按钮将循环播放一个 MIDI 音乐，直到单击另一个"停止播放"按钮。加入背景图片，调整按钮形状后，运行效果如图 13.22 所示。

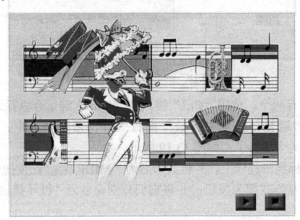

图 13.22　迷人的 MIDI 运行效果

13.4　外部函数

13.4.1　ODBC 函数介绍

大量的数据往往是由数据库管理系统进行管理的，通过 Authorware 提供的开放的数据库连接函数（ODBC）可以直接使用 FoxPro、Access 和 dBASE 等数据库中保存的数据。

ODBC 的全称是开放的数据库连接（Open Database Connectivity），它是一种编程接口，能使应用程序访问以结构查询语言（SQL）作为数据访问标准的数据库管理系统。ODBC 为不同的数据资源提供了一个通用接口，使程序员可以利用同一函数来访问不同类型的数据。

在使用 ODBC 访问数据库之前，必须保证正确安装了相应数据库的驱动程序，而且建立了数据源（DSN）。ODBC 数据源可以由管理工具中的 ODBC 数据源管理器进行配置（读

者使用的数据源管理器的版本可能与此不同，Windows XP 的 ODBC 数据源管理器在控制面板中），如图 13.23 所示。

图 13.23 "管理工具"窗口

有了数据源之后，Authorware 就可以在程序中通过使用 ODBC.U32 提供的 5 个用于 ODBC 的函数访问数据了。

13.4.2 ODBC 函数应用实例

【实例 13.4 开心词典】 该实例程序见网上资源"教材实例\第 13 章函数的应用\开心词典\开心词典.a7p"。

下面介绍实例 13.4 程序的主要设计步骤和方法。

（1）创建数据源。在制作本实例前，首先要将需要调用的数据库文件在 ODBC 数据源管理器中建立数据源。这里使用的是 Microsoft Access 的 mdb 数据库，如图 13.24 所示。

图 13.24 "ODBC 数据源管理器"对话框

打开"ODBC 数据源管理器"对话框，单击"添加"按钮；在打开的"创建新数据源"对话框中选择"Driver do Microsoft Access(*.mdb)"，如图 13.25 所示。

图 13.25 "创建新数据源"对话框

单击"完成"按钮，将出现"ODBC Microsoft Access 安装"对话框。在"数据源名"文本框中输入"开心词典"，如图 13.26 所示。

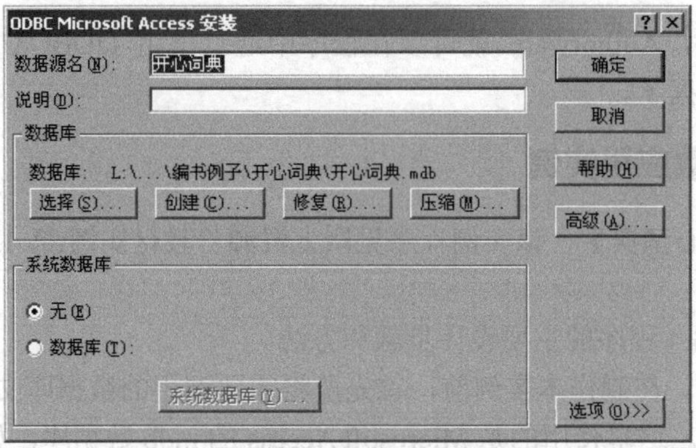

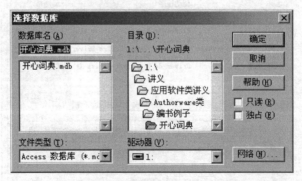

图 13.26 "ODBC Microsoft Access 安装"对话框

单击"选择"按钮，将弹出"选择数据库"对话框，选中指定的数据库文件即可，如图 13.27 所示。

图 13.27 "选择数据库"对话框

设置完成后，一个名为"开心词典"的新的用户数据源就出现在数据源列表框中了。

（2）加载外部函数文件 ODBC.U32。在"函数"面板中单击"载入"按钮，打开 ODBC.U32 外部函数文件，将其中的 ODBC 函数加载到当前程序中。接下来就可以使用这些函数对数据源进行操作了，如图 13.28 所示。

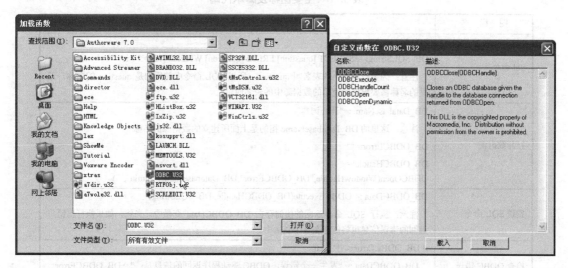

图 13.28　加载外部函数

（3）拖曳图标到流程线上，如图 13.29 所示。

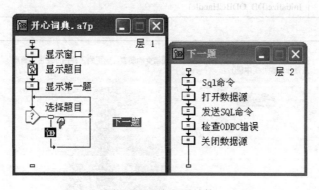

图 13.29　流程图结构

（4）在显示图标"显示题目"中使用文字工具输入"第{i}题：{DB_ODBCData}_"。注意在显示图标属性面板中选中"更新显示变量"复选框。

（5）在计算图标"显示第一题"中输入脚本程序

```
GoTo(@"下一题")
```

目的就是执行一次群组图标"下一题"，取得第一题，然后保存在自定义变量 DB_ODBCData 中，并在显示图标"显示题目"中显示出来。

（6）构造交互图标"选择题目"。交互图标"选择题目"中只有一个按钮交互"下一题"，可利用交互响应激活群组图标"下一题"。群组图标结构参见图 13.29。为了方便解释，群组图标中包括了 5 个计算图标（当然可以将它们写在同一个计算图标中），其脚本代码如表 13.3 所示。

（7）程序运行效果如图 13.30 所示。

本实例程序从 ODBC 数据源中取得数据，显示在演示窗口中。利用这个方法，可以很简单地将本实例修改为一个可以随机出题的答题程序。

表 13.3　主要图标及脚本代码

图　标　名	脚　本　代　码
Sql 命令	i:=i+1 DB_SQLString:= "SELECT [question] FROM [question] WHERE [ID]='" ^ i ^ "'" 　注意：因为数据源中的表名叫 question，所以 SQL 命令中使用的是 question 的名称，这里的名称需要根据所使用的数据源中的表名而定
打开数据源	DB_DatabaseName:="开心词典" 　注意：这里的 DB_DatabaseName 指的是上面所建立的数据源的名称 DB_ODBCError:="" DB_ODBCHandle:= ODBCOpen(WindowHandle,"DB_ODBCError",DB_DatabaseName,"admin","")
发送 SQL 命令	DB_ODBCData := ODBCExecute(DB_ODBCHandle, DB_SQLString) 　注意：执行 SQL 命令返回的值储存在 DB_ODBCData 变量中。当然，如果执行出错，返回的错误信息也将储存在这个变量中

检查 ODBC 错误	if DB_ODBCError <>"" then
	　DB_ODBCData := "发生一个错误，ODBC 驱动程序返回的信息是："^ DB_ODBCError
	end if

关闭数据源	ODBCClose(DB_ODBCHandle) Initialize(DB_ODBCHandle)

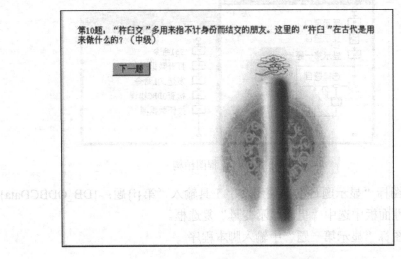

图 13.30　"开心词典"程序运行效果

本 章 小 结

　　函数是比变量更加灵活的工具。不同于变量的被动使用，函数可以更加主动地去创造效果和返回结果。Authorware 函数的种类比变量更多，覆盖面更广，功能也更强大。学习函数时，首先要理解函数的意义，了解函数的功能，然后了解函数的格式，进而使用它。Authorware 中有数百个系统函数，可参见网上资源的附录 B。

练　习

1. 掌握调用系统函数的过程。
2. 什么地方可以调用函数？怎么调用？
3. 制作一个以小动物为主角的鼠标光标变换程序。
4. 制作一个 MIDI 音乐的调用程序。
5. 使用 ODBC 制作一个同学录程序。

第14章 控件的应用

14.1 GIF 动画的嵌入

Authorware 中的控件就是 ActiveX 控件，扩展名为 OCX 或者 DLL，是利用计算机高级语言编制而成的可以完成特定功能的组件。在 Authorware 中可以调用控件来扩充其功能。在 Authorware 的"插入"菜单中有两个选项，一个是"控件"，这是调用外部控件用的；另一个是"媒体"，其中含有 Authorware 预设的一些功能强大的控件，为了以示区别，本书称为插件。

14.1.1 GIF 文件介绍

在多媒体的制作中，常常需要用到动态 GIF 文件。它们体积很小，而且比较容易建立，还可以出现透明的效果，这使 GIF 文件成为一种不可替代的图片文件。当将一个动态的 GIF 文件导入程序的显示图标中时，看到的只是一幅静态的画面，不会产生动态的效果。Authorware 可以将动态 GIF 作为一种特殊的媒体加入作品中。

14.1.2 GIF 文件应用实例

【实例 14.1 爬过水管的 BB】 该实例程序见网上资源"教材实例\第 14 章控件的应用\爬过水管的 BB\爬过水管的 BB.a7p"。

下面介绍实例 14.1 程序的主要设计步骤和方法。

（1）拖曳图标到流程线上，构造如图 14.1 所示的程序流程结构。整个程序由 4 部分组成，一个插件图标"BB"，一个移动图标"爬行"和一个群组图标"管道"，还有一个文字图标，其中群组图标"管道"由两个显示图标"管道口"和"管道身"组成。

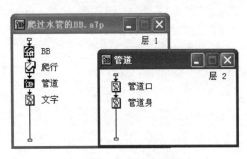

图 14.1 程序流程结构

（2）构造插件图标"BB"。在 Authorware 中，可以导入一些外部控件或使用外部插件。使用时，必须保证硬盘中存在这些文件才可以调用，否则运行过程中就会出错。

图标"BB"其实是一个 GIF 控件，打开"插入"菜单，里面有两个子菜单"控件"和"媒体"。"控件"子菜单中可以调用系统中存在的 ActiveX 控件，"媒体"子菜单中则有一些插件。Authorware 7.0 中共有 3 个插件，Animated GIF、Flash Movie 和 QuickTime。这里需要使用的就是 Animated GIF，如图 14.2 所示。

（3）选择菜单"插入"→"媒体"→"Animated GIF"命令，打开"Animated GIF Asset Properties"对话框，如图 14.3 所示。

图 14.2　插入外部插件菜单

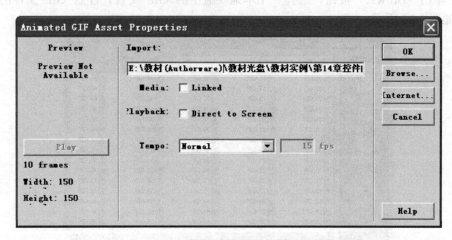

图 14.3　"Animated GIF Asset Properties" 对话框

提示：当设置好一个 GIF 插件后，如需修改，则可以打开插件图标属性设置面板，单击其上的"选项"按钮也可以打开"Animated GIF Asset Properties"对话框，如图 14.4 所示。

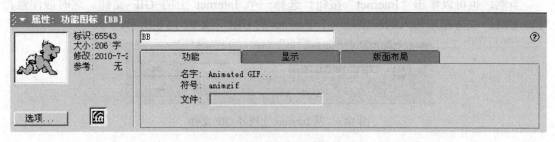

图 14.4　插件图标属性设置面板

在 "Animated GIF Asset Properties" 对话框中，有一个 "Tempo" 选项，这个选项中有 3 个选择项目，其功能如表 14.1 所示。

表 14.1 "Tempo"选项功能表

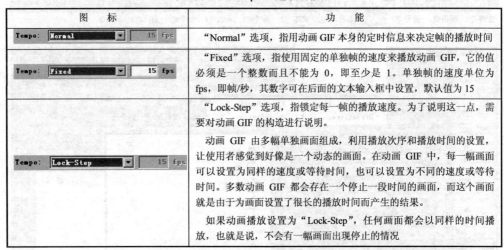

图　标	功　能
Tempo: Normal ▼ 15 fps	"Normal"选项，指用动画 GIF 本身的定时信息来决定帧的播放时间
Tempo: Fixed ▼ 15 fps	"Fixed"选项，指使用固定的单独帧的速度来播放动画 GIF，它的值必须是一个整数而且不能为 0，即至少是 1。单独帧的速度单位为 fps，即帧/秒，其数字可在后面的文本输入框中设置，默认值为 15
Tempo: Lock-Step ▼ 15 fps	"Lock-Step"选项，指锁定每一帧的播放速度。为了说明这一点，需要对动画 GIF 的构造进行说明。 动画 GIF 由多幅单独画面组成，利用播放次序和播放时间的设置，让使用者感觉到好像是一个动态的画面。在动画 GIF 中，每一幅画面可以设置为同样的速度或等待时间，也可以设置为不同的速度或等待时间。多数动画 GIF 都会存在一个停止一段时间的画面，而这个画面就是由于为画面设置了很长的播放时间而产生的结果。 如果动画播放设置为"Lock-Step"，任何画面都会以同样的时间播放，也就是说，不会有一幅画面出现停止的情况

另外，上述 3 个选项的设置也是编程时对 Animated GIF 插件进行调用的重要参数。

（4）单击"Browse"按钮，选择一个本地硬盘中的 GIF 文件，注意 GIF 文件的扩展名为 gif，如图 14.5 所示。

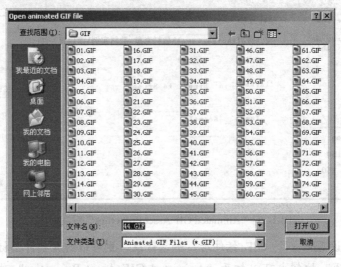

图 14.5　选择本地 GIF 文件

当然，也可以单击"Internet"按钮，选择一个 Internet 上的 GIF 文件。这时应注意，"File URL"文本框中输入的应该是一个 Internet 的 URL，如图 14.6 所示。

图 14.6　从 Internet 上选择 GIF 文件

（5）拖曳一个移动图标到流程线上，并将其命名为"爬行"。其中，"执行方式"属性设置为"永久"，并设置"移动当"为"TRUE"，使这个移动永久进行。移动"类型"设置为"指向固定路径的终点"，并设置好路径的起点和终点。这样移动图标就设置完了，预览效果如图 14.7 所示。

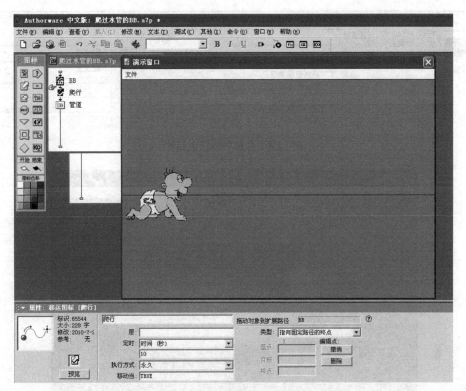

图 14.7 设置移动图标

（6）群组图标"管道"由两个显示图标组成，一个是"管道口"，另一个是"管道身"。其中的两幅图片是由 Photoshop 图像处理软件绘制的，并保存了 Alpha 通道。注意这两幅图片的模式应设置为 Alpha 通道模式，以保证其边缘无白色斑驳出现，如图 14.8 所示。

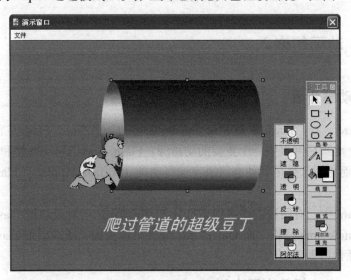

图 14.8 制作立体管道

（7）在显示图标"管道身"的属性设置面板中，将"层"的属性设置为 2。这样做是为了让管道口和管道身不在同一层上，如图 14.9 所示。

（8）运行程序，可以看到一个爬行的 BB 从管道中通过，如图 14.10 所示。

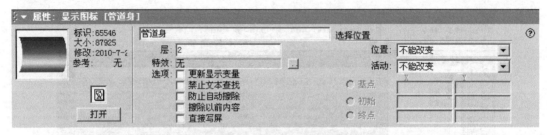

图 14.9　设置立体管道属性

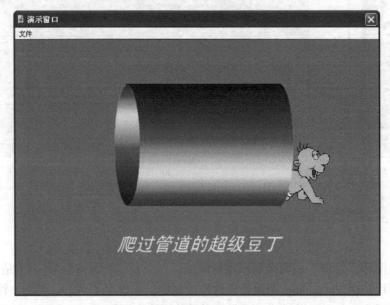

图 14.10　"爬过水管的 BB"程序运行结果

14.2　Flash 动画的嵌入

14.2.1　Flash 动画介绍

　　与 Authorware 一样，Flash 也是 Macromedia 公司的一个产品。Flash 广泛使用在 Internet 中，成为继 GIF 动画后网页中一个重要的动画源。Flash 动画的可交互性和变化效果是 GIF 动画做不到的，而相对于使用其他高级语言编写动画（如 Java Applet），Flash 动画的创作方法简单得多。

　　在 Authorware 中，有两种方法可用来打开 Flash 动画。一种是通过 Flash Movie 插件，另一种是通过 QuickTime 插件。而 QuickTime 插件可以更加灵活地调用 Flash 动画文件，这是 Flash Movie 插件所做不到的。

14.2.2　Flash Movie 插件应用实例

　　【实例 14.2　Flash 插件应用】　该实例程序见网上资源"教材实例\第 14 章控件的应用\Flash 自动循环播放器\Flash 插件应用.a7p"。

　　下面介绍实例 14.2 程序的主要设计步骤和方法。

（1）选择菜单"插入"→"媒体"→"Flash Movie"命令，插入一个 Flash 插件，如图 14.11 所示。

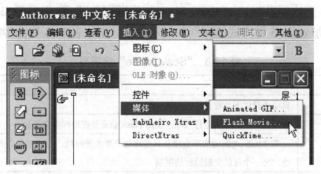

图 14.11　插入"Flash Movie"插件

（2）选择了上述菜单命令后，在流程线上将出现一个 图标，名字为"Flash Movie"，同时打开一个名为"Flash Asset Properties"的对话框，如图 14.12 所示。

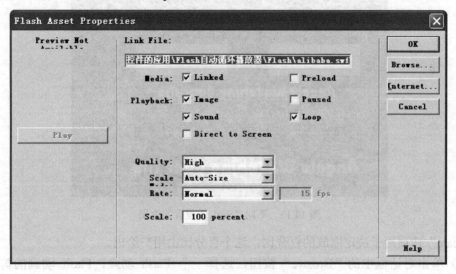

图 14.12　"Flash Asset Properties"对话框

这个对话框类似于"Animated GIF Asset Properties"对话框，其中主要的按钮和选项基本一致，这里就不再详细说明了。

这里说明一下不同的地方，Flash 对话框中有一个"Playback"选项组，里面的选项包括"Image（图片）"、"Paused（暂停）"、"Sound（声音）"、"Loop（循环）"和"Direct to Screen（直接写屏）"，部分选项的功能如表 14.2 所示。

表 14.2　Playback 选项组部分选项功能表

选　　项	功　　　能
Image	播放视频，如果动画本身带有声音，不选此项时，演示窗口将只有声音而没有视频
Paused	播放静态图像，默认为动画的第一帧
Sound	播放音频，如果动画本身带有声音，不选此项时，演示窗口只播放视频，而不播放声音
Loop	循环播放动画或声音

"Quality"选项用于决定图像的质量，默认选择是"High（高质量）"，一般只有在因特

网上，考虑网络速度时才有可能选择"Low（低质量）"。

"Scale Mode"选项用于决定缩放方式，共有"Auto Size（自动放缩）"、"Show All（全部显示）"、"No Border（无边框限制）"、"Extra Fix（与边框吻合）"和"No Scale（不放缩）"5种方式，默认选项为自动放缩。5种方式的区别和显示效果分别如表14.3和图14.13所示。

表 14.3 "Scale Mode"选项表

选　项	缩　放　方　式
Auto Size	自动选择以下 4 种设置当中的一种
Show All	按照宽和高的比例进行放缩，使得 Flash 动画能在边框中全部显示
No Border	当 Flash 动画的实际宽度和高度比边框要大的时候，保证宽和高的其中一个与边框吻合，另一个可以突破边框的限制
Extra Fix	使 Flash 动画的宽度和高度与边框的宽度和高度相同，即使边框外型与原动画的外型差异很大，也会与其吻合
No Scale	保持 Flash 动画原有的宽度和高度，如果边框小于动画原有尺寸，则 Flash 动画置中显示

图 14.13 不同"Scale"设置的效果

"Scale"选项用于决定缩放的百分比，这个百分比由用户给出。

（3）单击对话框中的"Broswe"按钮，选择一个 Flash 动画，Flash 动画的扩展名为swf，如图 14.14 所示。

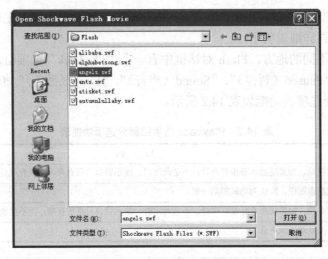

图 14.14 选择 Flash 动画文件

（4）调整 Flash 动画。嵌入的 Flash 动画的边框一般都较小，而且没有什么规律，所以需要对它的边框进行调整。

无论是在编辑状态还是在运行状态，都可以通过鼠标来调整 Flash 动画的位置，但是不能调整边框大小。大小的调整可采用如下方法。

按"Ctrl+R"组合键运行程序；若要调整画面大小，可按"Ctrl+P"组合键暂停程序运行，这时动画周围出现 8 个控制点；利用鼠标拖曳相应的控制点，可以调整动画的大小。

（5）运行效果如图 14.15 所示。

图 14.15　程序运行效果

14.3　利用 QuickTime 插件嵌入 Flash 动画

14.3.1　QuickTime 插件介绍

QuickTime 插件来自 Apple 公司，它不但可以播放 QuickTime 的文件，还可以播放其他格式的文件，如电影文件、声音文件、图片文件、GIF 动画和 Flash 动画。换句话说，QuickTime 插件可以完全代替数字电影图标、声音图标、Animated GIF 插件和 Flash Movie 插件，甚至比这些图标的功能更加强大。

使用 QuickTime 插件前，需要先安装 QuickTime。否则，尽管在"插入"菜单中有"QuickTime"选项存在，但却不可使用。

14.3.2　利用 QuickTime 插件嵌入 Flash 动画实例

【实例 14.3　Flash 动画循环播放器】　该实例程序见网上资源"教材实例\第 14 章控件的应用\ Flash 自动循环播放器\ Flash 自动循环播放器.a7p"。

下面介绍实例 14.3 程序的主要设计步骤和方法。

（1）拖曳图标到流程线上，构造如图 14.16 所示的程序流程结构。

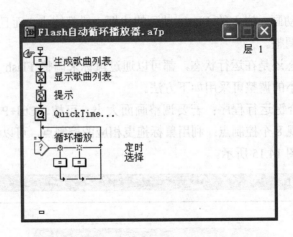

图 14.16　程序流程结构

（2）使用计算图标生成歌曲列表，其脚本代码如下：

```
GetFlashs:= Catalog(FileLocation^"Flash")

repeat with X := 1 to LineCount(GetFlashs)
    FlashFile := GetLine(GetFlashs, X)
    AddLinear(AllFlashs, FlashFile)
    FlashList:=FlashList ^ FlashFile ^ Char(13)
end repeat

FlashCount:=LineCount(GetFlashs)
PlayIndex := 1
FlashFile := AllFlashs [PlayIndex]
SetIconProperty(@"QuickTime...",#filename,FileLocation^"Flash\\"^FlashFile)
```

其中，函数 SetIconProperty 专门用来为外部插件设置属性，这里设置的属性是 Filename 文件名属性；自定义变量 FlashList 的作用是保存所有音乐的文件名，而另一自定义数组变量AllFlashs 则以数组形式保存所有音乐的文件名。

因此，脚本代码的作用很清楚，就是取得指定目录下的所有音乐名，并将其分别保存在数组 AllFlashs 里。

（3）在显示图标"显示歌曲列表"中使用文字工具输入"{FlashList}"，并将文本形式设置为"卷帘文本"，使得文本右边出现一个滚动条，如图14.17 所示。注意要在显示图标属性面板中选中"更新显示变量"复选框。

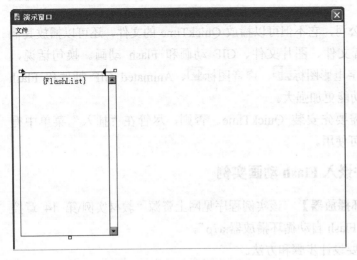

图 14.17　制作显示图标列表

（4）在显示图标"提示"中使用文字工具输入"正在播放{FlashFile}，片长{EndTime}秒钟"，将文本的对齐方式设为居中，如图 14.18 所示。注意，应在显示图标属性面板中选中"更新显示变量"复选框。

图 14.18　制作提示文字

（5）嵌入 QuickTime 图标。选择菜单"插入"→"媒体"→"QuickTime"命令，出现"QuickTime Xtra Properties"对话框。这时可以单击"Browse"按钮，选择所需要的动画。本例中不需要选择，如图 14.19 所示。

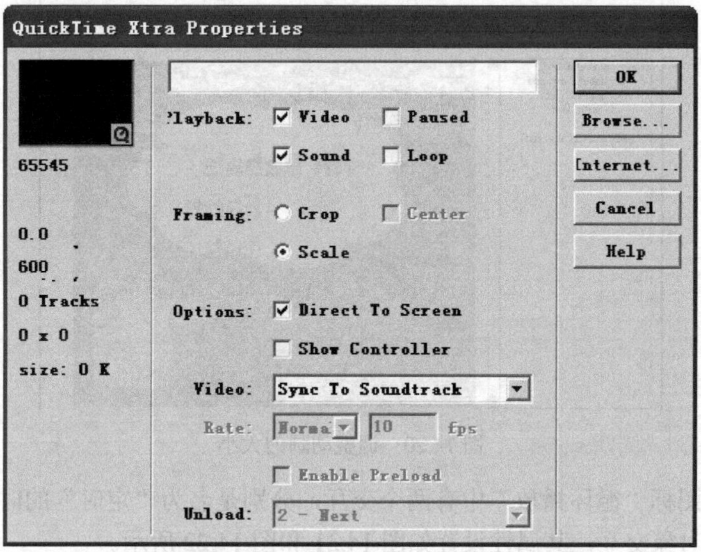

```
QuickTime Xtra Properties

65545                  Playback:  ☑ Video    ☐ Paused        OK
                                  ☑ Sound    ☐ Loop          Browse...
0.0                                                          Internet...
600                    Framing:   ○ Crop     ☐ Center        Cancel
0 Tracks                          ● Scale                    Help
0 x 0
size: 0 K              Options:   ☑ Direct To Screen
                                  ☐ Show Controller

                       Video:    Sync To Soundtrack  ▼
                       Rate:     Norma▼  10      fps
                                 ☐ Enable Preload
                       Unload:   2 - Next           ▼
```

图 14.19　"QuickTime Xtra Properties"对话框

下面介绍"QuickTime Xtra Properties"对话框中主要选项的含义。

"Playback"选项组：其中包括选项"Video（视频）"、"Paused（暂停）"、"Sound（声音）"和"Loop（循环）"，其具体功能如表 14.4 所示。

表 14.4　QuickTime 的"Playback"选项组

选 项	功 能
Video	播放视频，如果动画本身带有声音，不选此项时，演示窗口将只有声音而没有视频
Paused	播放静态图像，默认为动画的第一帧
Sound	播放音频，如果动画本身带有声音，不选此项时，演示窗口只播放视频，而不播放声音
Loop	循环播放动画或声音

"Framing"选项组：其中包括选项"Crop（锁定动画原来尺寸大小）"、"Center（锁定动画大小时居中）"和"Scale（不锁定动画大小，可以任意缩放动画）"，而"Crop"与"Scale"两者不可同时选中。

"Options"选项组：其中所包括的选项及功能如表 14.5 所示。

表 14.5 QuickTime 中 "Options" 选项组

选　项	功　能
Direct To Screen	选中该项，将动画层设为最高层，如果不选此项，后面的内容将覆盖在动画上面，包括显示图标中的内容（用动画图标调用动画时，动画层永远覆盖在其他图层上，不可以改变，这可以说是动画播放上的一个突破）
Show Controller	选中该项，播放动画时将出现控制条，控制条可以控制动画的播放、暂停、快进、快退及拖动观看；如果动画自带声音时，还可以控制音量的大小

（6）调整 QuickTime 图标画面大小。按 "Ctrl+R" 组合键运行程序；若要调整画面大小，可按 "Ctrl+P" 组合键暂停程序运行，动画周围出现 8 个控制点；利用鼠标拖动相应的控制点，可以调整动画的大小，如图 14.20 所示。

图 14.20　调整动画的大小

（7）在交互图标"循环播放"中有两个交互，分别是名为"定时"的时间等待交互和名为"选择"的热对象交互，其属性设置如图 14.21 和图 14.22 所示。

另外，在这两种交互的"响应"选项卡中，必须选中"范围"选项组的"永久"复选框。

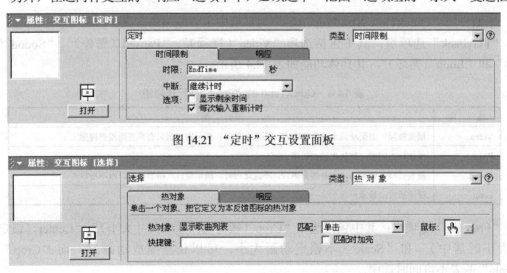

图 14.21　"定时"交互设置面板

图 14.22　"选择"交互设置面板

（8）在时间等待交互"定时"的响应计算图标中输入如下脚本程序：

```
PlayIndex:=MOD(PlayIndex+1,FlashCount)+1
FlashFile:=AllFlashs[PlayIndex]
SetIconProperty(@"QuickTime...",#filename,FileLocation^"Flash\\"^FlashFile)
```

（9）在热对象交互"选择"的响应计算图标中输入如下脚本程序：

```
PlayIndex:=ParagraphClicked
FlashFile:=AllFlashs[PlayIndex]
SetIconProperty(@"QuickTime...",#filename,FileLocation^"Flash\\"^FlashFile)
```

（10）交互图标"循环播放"需要相应的程序来获得 Flash 动画的时间长度。

选择交互图标"循环播放"，按"Ctrl+="组合键打开计算图标窗口，输入下列脚本程序：

```
EndTime:=CallSprite(@"QuickTime...",#trackStopTime,1)/60
```

（11）程序运行效果如图 14.23 所示。

图 14.23　程序运行效果

14.4　利用 QuickTime 插件嵌入 QuickTime VR 文件

14.4.1　VR 技术简介

一提起 VR（Virtual Reality，虚拟现实）这个词，人们马上就会联想到工作站组、数字手套、数字头盔等一大堆硬件和极为昂贵的价格。正是由于这个原因，使得 VR 技术通常只应用于一些专业需求极大、投入极多的领域，如飞行训练、医学内窥镜手术模拟等。然而，Apple 公司推出的 QuickTime VR 规范却使 VR 技术极大地大众化了，它使得广大 MAC 和 PC 用户在普通硬件环境下，也能领略 VR 技术的风采。虽然这与需要大量昂贵硬件支持下的 VR 还有不少的区别，但毕竟 VR 技术走近了普通个人微机用户，而且其质量已经满足了许多需要 VR 技术的项目的要求，达到了相应的实用水平。但是，如同 Windows 下的 QuickTime 是从 MAC 移植过来的一样，Windows 用户只能直接应用已经在 MAC 上制作好的 VR 影视，而不能享受自己制作 VR 影视的乐趣。

14.4.2 利用 QuickTime 插件嵌入 QuickTime VR 文件实例

【实例 14.4 全景图】 该实例程序见网上资源"教材实例\第 14 章控件的应用\QuickTime 播放器\QTVR 播放器.a7p"。

下面介绍实例 14.4 程序的主要设计步骤和方法。

（1）将数码相片存入计算机中，然后使用 VR ToolBox 或者其他软件将其合成一个扩展名为 MOV 的 QuickTime VR 文件。

（2）选择菜单"插入"→"媒体"→"QuickTime"命令，出现"QuickTime Xtra Properties"对话框，如图 14.24 所示。

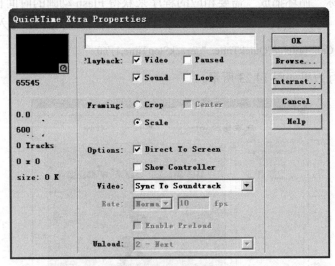

图 14.24 "QuickTime Xtra Properties"对话框

（3）单击"Browse"按钮，选择所需的动画（网上资源"教材实例\第 14 章控件的应用\QuickTime 播放器\QTVR\"），如图 14.25 所示。

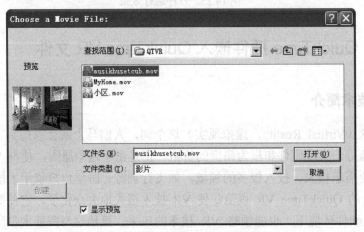

图 14.25 选择 QuickTime VR 文件

（4）由于运行 QuickTime VR 文件需要拖动鼠标，这样会使 QuickTime 画面也一起移动，所以必须让它不能移动。选择图标"QuickTime"，按下组合键"Ctrl+="，打开计算图标，输入下列脚本程序：

Movable:=False

（5）单击运行图标，程序运行效果如图 14.26 所示。

图 14.26　程序运行效果

上下左右拖动鼠标，一个虚拟的环境动了起来，你就仿佛置身于这个环境当中。将实例 14.3 介绍的"Flash 自动循环播放器"程序修改一下，你就可以播放 QuickTime VR 文件了，参见网上资源"教材实例\第 14 章控件的应用\QuickTime 播放器\QTVR 自动循环播放器.a7p"。

本 章 小 结

利用控件可撷取一些现成的功能化集成模块，非常方便地在你的作品中调用。它是 Authorware 作品的一个补充，它的功能强大且覆盖面广，让你觉得它比 Authorware 更加强大，不过不要喧宾夺主，不要沉迷于控件的调用，因为它会束缚你的手脚，让你丧失了无限的创意。

练　习

1．使用 GIF 插件制作一个调用程序。
2．使用 Flash Movie 插件制作一个 Flash 动画调用程序。
3．使用 QuickTime 插件制作一个 QuickTime VR 影片调用程序。
4．学习制作一个全景图。

第 15 章　模板与知识对象的应用

15.1　模板的创建和使用

15.1.1　模板的概念

模板指的是将流程线上的一段逻辑结构组合成一个小的模块，它包含各种设计图标和分支结构，可以保存起来，应用到程序其他部分，也可应用到其他程序和供他人使用。模板的概念与库很相似，其区别主要在于模板是功能的集合，而库是设计图标的集合。在使用模板时，Authorware 是把对应模板的内容复制到流程线上的，而不是库文件所保持的"调用"链接关系。使用完毕后，模板与程序流程并无任何关系，即它们之间的修改互不影响。

15.1.2　模板的创建

当我们设计了一个非常棒的小程序，希望在以后的设计中可以将它当成一个常用的工具时，这样的东西就是我们所说的模板。

创建模板前，首先要选中需要的流程。它可以是程序的全部图标，也可以是程序的部分图标。被选中的图标就是将要创建的模板的主体，它将完成模板的全部功能，如图 15.1 所示。

选择了流程图标后，"文件"菜单中的"存为模板"项变为可选，选择菜单"文件"→"存为模板"命令，如图 15.2 所示，将弹出"保存在模板"对话框。

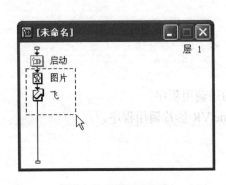

图 15.1　选择流程图标

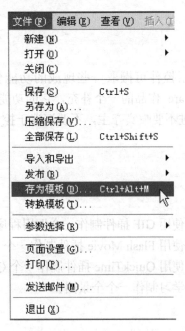

图 15.2　"存为模板"命令

"保存在模板"对话框的默认目录是 Authorware 目录下的"Knowledge Objects\RTF 对象"文件夹，"Knowledge Objects"目录是专门用来存放模板的，所以不需要选择其他保存目录；在文件名文本框中输入文件名"我的模块"，单击"保存"按钮；在"RTF 对象"目录中就多了一个名为"我的模块.a7d"的文件。模板创建成功，如图 15.3 所示。

15.1.3 模板的加载和卸载

加载模板的方法很简单，首先创建或者复制一个模板到"Knowledge Objects"文件夹中或"RTF 对象"文件夹中，然后单击"知识对象"面板中的"刷新"按钮，刚才建立的模板就会加载到知识对象的列表当中，如图 15.4 所示。

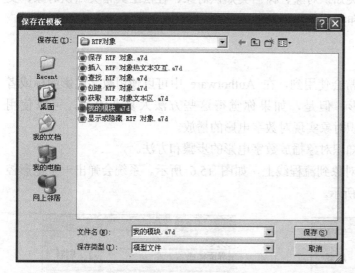

图 15.3 "保存在模板"对话框   图 15.4 被加载的自定义模板

卸载模板时，只需要到"Knowledge Objects"文件夹或"RTF 对象"文件夹中，将指定的模板文件或者文件夹删除即可。

15.1.4 模板的使用

模板的使用方法和库一样，可以将其从知识对象列表中拖到流程线上，也可以用鼠标双击模板，这样在流程线上就复制了一个该模板的副本。

15.1.5 模板格式转换

文件菜单中有一个"转换模板"菜单项，它的功能是将低版本的模板文件（扩展名为 a6d）转化为 Authorware 7.0 版本的模板文件。

15.2 知识对象的应用

15.2.1 知识对象的概念

从 Authorware 5.0 开始，模板就渐渐地从 Authorware 的前台隐退到了后台，继而又以知识对象（Knowledge Object）的形式出现，因此知识对象其实就是模板的扩展，是带有可视化配置向导的模板。通过类似"所见即所得"的使用属性配置向导，设计者可以方便、快捷地使用已有的知识对象，而无须再次经历一次重复性的流程设计工作。目前，越来越多的Authorware 扩展开发厂商开始进行知识对象的开发设计，为 Authorware 爱好者提供了许多实用的知识对象，使用户无须了解复杂的程序编写知识也可设计出专业的多媒体作品。

15.2.2　知识对象简介

Authorware 7.0 一共提供了十大类的知识对象，如图 15.5 所示。

这些知识对象分别是 Internet 类知识对象、LMS 类知识对象、RTF 对象类知识对象、界面构成类知识对象、模型调色板类知识对象、评估类知识对象、轻松工具箱类知识对象、文件类知识对象、新建类知识对象和指南类知识对象。

15.2.3　知识对象应用实例

数字电影在多媒体创作中经常会使用到，在 Authorware 中可以使用数字电影图标或者 QuickTime 插件来播放数字电影。但是，如果你觉得这些方法太复杂的话，可以使用 Authorware 中的"电影控制"知识对象实现对数字电影的播放。

下面介绍使用"电影控制"知识对象播放数字电影的步骤和方法。

（1）拖曳"电影控制"知识对象到流程线上，如图 15.6 所示。系统会弹出一个电影控制知识对象向导窗口，如图 15.7 所示。

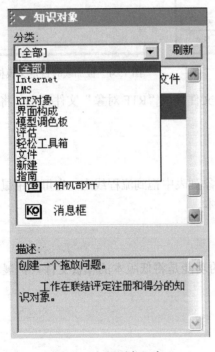

图 15.5　"知识对象"窗口　　　　　图 15.6　"知识对象"窗口中的"电影控制"对象

（2）向导窗口左侧是向导流程。首先是"Introduction"，即该知识对象介绍，在窗口右侧显示出对该知识对象的介绍信息。从介绍上可以知道，该知识对象支持的数字电影的格式有 AVI、DIR、MOV 和 MPEG。

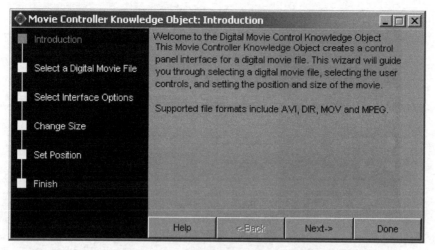

图 15.7　电影控制知识对象介绍

（3）单击"Next"按钮，执行第二步"Select a Digital Movie File"，选择一个数字电影文件。通过文件选择对话框选择的数字电影文件的绝对路径会被放到"Filename"文本框中，如果"Path is relative to FileLocation"复选框被选中的话，这条文件路径就是一条相对路径，如图 15.8 所示。

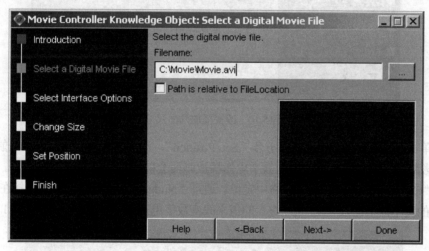

图 15.8　选择一个数字电影文件

（4）单击"Next"按钮，执行第三步"Select Interface Options"，选择交互按钮。这里有5 个选项，决定 5 个按钮的有无。这 5 个按钮分别是"Display Play Button（显示播放按钮）"、"Display Pause Button（显示播放暂停按钮）"、"Display Fast Forward Button（显示快进按钮）"、"Display Fast Rewind Button（显示快退按钮）"和"Display Stop Button（显示停止按钮）"，如图 15.9 所示。

（5）单击"Next"按钮，执行第四步"Change Size"，设置数字电影播放画面的大小。在"Set size to"选项的文本框中可以分别输入播放画面的宽度和高度。"Adjust"选项用于对数字电影文本框宽度和高度进行微调。在"Resize by"画面中可以通过调整数字电影文本框的宽度与高度的百分比来设置播放画面，如果选中其右侧的"Proportional"复选框，则锁定画面的宽高比，如图 15.10 所示。

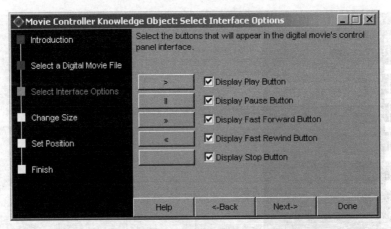

图 15.9　选择交互按钮

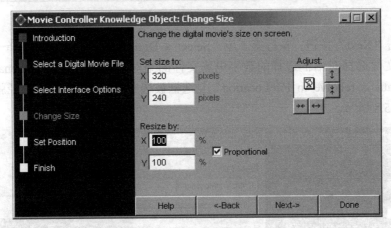

图 15.10　改变播放画面尺寸

（6）单击"Next"按钮，执行第五步"Set Position"，设置播放画面的位置。用鼠标拖动白框中的电影图标，这时演示窗口中的数字电影播放画面会随鼠标的移动而改变位置。另外，可以通过在"Click to position"的井字格中定位、通过"Nudge"进行微调，或者直接在"Position by value"的文本框中输入"X"和"Y"的值来改变数字电影的播放位置，如图 15.11 所示。

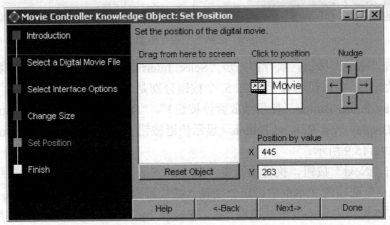

图 15.11　设置播放画面的位置

（7）最后单击"Done"按钮，全部设置完成，运行程序，其效果如图 15.12 所示。

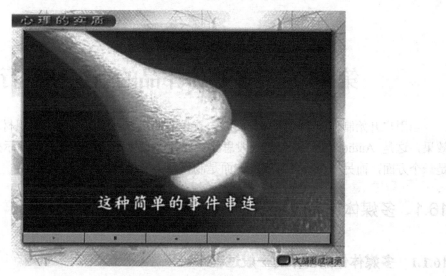

图 15.12　程序运行效果

本 章 小 结

库、模板和知识对象 3 个概念很相似，但是区别也很明显。当创建一个大型的 Authorware 作品时，经常会使用到这 3 样东西，所以为了能设计出出色的作品，必须将这 3 个概念搞清楚。知识对象是 Authorware 开发并且提倡使用的，不过随着插件功能越来越强，插件大有盖过知识对象之势。然而知识对象也有它的优点，它使得 Authorware 作品的功能更加全面。

练　习

1．什么是库？什么是模板？库与模板的区别是什么？
2．使用知识对象制作一个数字电影播放程序。
3．使用知识对象制作一个 Internet 浏览器程序（浏览器知识对象在"知识对象"中可以找到）。

第16章　多媒体作品的组织和发行

当用户开始制作一个多媒体作品时，首先要构思程序框架，然后组织材料，最后再添加效果，这是 Authorware 编程的一般思路。要使多媒体作品达到较好的演示效果，构思新颖是一个方面，而另一个不可忽视的方面是制作精美的素材。

16.1　多媒体作品的组织

16.1.1　多媒体作品创作的一般过程

多媒体创作以内容为导向，其功能和表现是多媒体技术的直接体现。

下面介绍多媒体创作的 6 个基本阶段。

（1）概念：确定项目目标，把应用软件的类型具体化。

（2）设计：详细确定项目所包含的内容和表现手法。

（3）准备素材：以恰当的数字方式收集和处理项目所需的全部数据、音频、视频和图像。

（4）集成：构建项目的整体框架，把各种表现形式集成起来并加入一些交互特征。Authorware 就是这样一种集成工具。

（5）测试：运行并检测应用程序以确信它能按作者意图运行。

（6）发行：重新制作（编译）应用程序并发送到最终用户。

16.1.2　多媒体作品设计原则

1．主题的选择

多媒体作品是一种软件，其特点是以内容为导向。多媒体作品的内容由软件本身所提供，用户可以尽情地阅读、观赏、倾听、浏览该系统所提供的内容。因此设计多媒体作品的过程与其说是设计一套软件，不如说是在写一本小说或在编导一部电影，多媒体作品的设计者犹如小说家或电影的导演一样，是在创作一个内容丰富、表现多样化的作品。一套好的多媒体作品必须依赖有天才的空间设计人员、绘图艺术家和编剧家来共同创作。

确定多媒体作品的内容必须先确定主题及其所要表达的哲学思想，在找主题时应搜集数据并评估其可行性，再来规划人员与资金。

当一个多媒体节目的主题与内容确定后，便可开始撰写计划书以便上司或主管人员做决策。在计划书中应包括各软件的分析与说明，以增强说服力。以下便是分析阶段应详细列于计划书当中的项目。

（1）用户需求分析。谁为基本的用户？在什么地方使用？他们的计算机使用经验如何？他们的知识程度如何？是否有机关或团体也可能成为该软件的用户？

（2）软件与硬件基础分析。硬件的基本需求是什么？需要哪些外部配置？有哪些可以借用？是否需要某种特定的界面卡？软件需求包括哪些？多媒体器材应包括些什么？

（3）成本效益分析。该作品是否具有市场潜力？需花费多少人力与时间？有哪些资源可以运用？有无其他赞助人？

（4）系统内容分析。系统设计流程图如何？包括哪些多媒体元素？系统是线性的还是非线性的？时间如何安排等？

在上述分析完成后，决策主管决定是否编写该项目的计划方案，接着便着手设计工作，整个多媒体作品的设计可分为脚本设计、创意设计与程序设计 3 部分。

2．脚本设计

这部分的工作类似于编写电影剧本，是整个多媒体作品的主干，脚本应能规划出各项显示的顺序与步骤，并且陈述其间环环相扣的流程，以及每一个步骤的详细内容。脚本设计必须兼顾多方面，除了整个系统的完整性和连贯性外，也要注意每一片段的完整性。除了表现整体的故事结构外，还要善于运用声、光、画、影等的多重组合来达到更佳的效果，使系统具有更高的活泼性与交互性。

编写脚本时要注意内容的科学性、正确性，并且要突出重点与难点以及各部分之间的联系，要使其更直观、形象，易于记忆、理解和通用。脚本设计一般包括下列内容：

（1）总体设计。应将软件内容按功能进行逐层分解，按照软件常用的以系统流程为主的设计方法，可将每一层的每个一功能设计成一个能够独立编程、调试、运行的功能模块。在每一个模块的正确性得以验证后，再按模块间的关系将其组合成一个可运行的软件系统。总体设计可用框图、菜单形式描述，也可用其他方法进行说明。

（2）脚本编写格式。对于多媒体软件的作者来说，如何将要讲述的内容用计算机画面表达出来是编写脚本的关键。正如拍摄电影前需要写出文学剧本和分镜头脚本一样。一个软件创作前也应将要表现的内容编写成适于计算机表达的文字脚本和分框面脚本，只是软件脚本目前还没有一个固定的格式。许多研制者根据软件的特点，采用了不同的书写格式。下面举两个例子供读者参考，如表 16.1 和表 16.2 所示。

表 16.1　顺序型格式

画面顺序号	画面内容	显示说明

表 16.2　卡片型格式

框面帧号	文本文件名	声音文件名	图像文件名	动画文件名	视频文件名	正确答案	限答时间

显　示　模　式			后　续　帧　号				
			R_1	E_1	R_2	E_2	R_3	E_3

在表 16.2 中，一帧就是计算机一个屏幕的画面，每一帧有一个帧号，可以是数字，也可以是字符串（帧名）。$R_i(i=1,2,3)$为第 i 次回答正确时所转到的帧号；$E_i(i=1,2,3)$为第 i 次回答错误时所转到的帧号。显示模式是指要显示的内容在屏幕上如何排放、显示方式、擦除方式、声音播放的时机、动画播放的次数、视频窗口的大小等。

（3）脚本编写注意事项。

① 精心选择内容。内容的选定至关重要，多媒体作品体现的内容如果恰好是人们所需要的信息，用户就必然多，作品就具有生命力，因而应精心选取内容。

② 保证脚本科学性与趣味性的统一。脚本内容要正确，要符合用户的认知规律，在保证脚本科学性的前提下，要努力使作品具有趣味性和活泼性。同时，也要防止过分注重活泼性而产生科学性错误。

③ 按总体设计要求编写脚本。按总体设计所划分的功能模块顺序编写脚本，每个功能模块应是一个足够小的显示单元，每一个单元表达一个内容。画面内容相近的单元应尽量放在一个模块中，这样后续画面可部分沿用前面的画面，从而大大减少清屏和重写，提高制作效率。

④ 合理设计框面。框面设计时，要根据屏幕大小和图形分辨率进行。文字、图形安排要合理、美观，画面可采用彩色、闪烁、平移、旋转、淡入、淡出等多种效果使其更加生动形象。

⑤ 注意"交互性"。尽量用简练的语言、表格、公式、模型、图形来表达内容，避免单一、冗长地呈现、陈述、演示，要适当穿插一些能活跃用户思维的交互操作。还可以设置一些控制用户进程的操作由用户自由掌握。

⑥ 脚本编写者与程序设计者的统一。脚本编写者必须考虑到计算机的实现，安排的内容要适当、合理。脚本设计者和程序研制者要密切配合，共同制订方案。脚本编写者要努力学习一些计算机知识，而程序设计者则应加深理解该学科内容，以免出现由于脚本设计不宜计算机实现而使得程序研制无法进行的情况。

3. 创意及界面设计

创意设计是继脚本编写之后的又一项重要工作。依据脚本，制作组当中的编剧、导演、美工等人员应互相沟通，激发思维力，来设计各个场景、动作或动画的细节。创意设计是多媒体活泼性的重要来源。好的创意可以使原本呆板、平凡的剧本显示出活泼生动的一面，也可使整个系统的可用性与可看性提高。

界面是用户与计算机系统的接口，它是联系使用者和计算机硬件、软件的一个综合环境。因此，在多媒体系统设计过程中，充分考虑人的视觉特性是十分重要的。在多媒体系统软件界面设计中，一定要进行用户分析和软件分析，掌握有关界面的一些概念和设计原则。

由易而难是源于认知心理学的学习原则。在设计多媒体的界面时，它是值得我们参考的原则。从由易而难这个大原则可扩展出许多界面设计原理，它们可归纳为下列 6 个方面。

（1）由具体到抽象。具体的对象可以让用户真实而肯定地掌握其所见所用的东西。虽然人类的学习有一大部分是属于抽象的观念与原理，但多媒体界面的设计应以提供具体对象给用户为原则。

（2）由可见的显示不可见的。百闻不如一见，亲眼所见的东西不但易于控制，更会留下深刻的印象。因此大多数的对象应明白显示，在画面上充分利用数字、图解、色彩等清晰爽目的方式来显示。即便是原理、公式或抽象概念亦应由可见的图表、动画来显示。

（3）由模拟到创新。人的头脑可以无限地发挥，因此人有一种创造发明的欲望。然而人类的行为却大部分是模仿而来的，在多媒体的界面中应尽量让用户有样可学。虽然也应保留一些空间给用户，让他们去自由发挥，但是最好不要要求用户回答问题或下命令，这样很容易让用户陷入极度的思考，甚至发生错误或导致挫折感。

（4）由再认到再忆。再认是从几个可能的答案中选择一个正确的或最好的，而再忆则是给予用户一个问题，要求用户输入正确的对象名称或事件的经过。在人类的记忆体系中再认比再忆容易，故显示几个明确的项目让用户指认，应比直接要求用户从键盘上将事件的名称完整输入容易得多。

（5）由编辑到编程。编辑是以系统已完成的各项对象或事件为基础，只要求用户提供适当的参数、信息或安排事件的顺序即可。执行一套程序可以由各种对话框及拖曳对象来完成。但是编写程序则必须根据计算机语言，经过逻辑思考、撰写、编译到执行等一系列繁杂的过程方可完成，因此对初学者而言应以编辑方式为宜。编辑可让用户省去繁杂的技术问题，但是也可能会使用户受限于编辑系统既有的功能，无法进一步开发。故在编辑之后，应考虑适度提高编写程序的能力。

（6）由交互到批量。所谓批量是指整组必须执行的命令与所需的参数完全在一次的安排当中完成，才开始执行。而交互则可以一个项目一个项目地要求用户提供数据，系统与用户之间依照项目相互对话，在心理上用户不必顾虑太多，认知负担得以减轻，亲和力也自然提高。但是交互的方式会花费较多的时间，对常用或熟悉的用户而言，可能也会要求以批量的方式处理，这样可以省去交互对话的时间，执行较快一些。

4. 屏幕设计

屏幕的设计应包括布局、文字、用语及颜色等。一个屏幕所显示的空间有限，如何处理才能使有限的空间发挥最大的作用，且不让用户具有局促感是相当重要的问题。

（1）屏幕布局应遵循下列 5 条原则。

① 平衡原则。注意屏幕的上下左右，力求平衡，数据尽量不要堆挤在某一处。

② 预期原则。每一个对象，如窗口、按钮、菜单条等的处理应一致化，使对象的动作可以预期。

③ 经济原则。提供足够的信息即可，去除累赘文字及图画，以最少的数据显示最多的信息。

④ 顺序原则。对象显示的顺序应依需要排列，不应先见到的对象不要先显示出来，每一次要求的用户动作尽量减至最少，以降低用户的认识负担。

⑤ 规则化原则。画面应具对称性，显示的命令或窗口应依据重要性排列，会造成不利影响的项目应尽量排在下面。

（2）文字与用语应注意下列 3 个方面。

① 格式。在一个画面上不要有太多的文字。若必须显示很多文字时，应尽量以分组、分页形式显示。除了关键字与特殊用语应进行加粗或加大处理外，在同一组或同一行的文字应以同一字形来表达。英文字除标语外，尽量用小写，且应适度空行。

② 用词。对话中所用语句，尽量不要采用专业性词汇，应以短而熟识的字词来表达。

英文应尽量避免缩写字，即使用到缩写字也应在最先出现的地方附上完整的字词。语气上应该以正面的语气来表示。不要以否定的句子来指责用户的错误。字词语句应以具有方向性、指示性的句子来取代责备性的句子。按钮标示应采用简单的行动字句，避免采用名词，让用户清楚按按钮后会有什么样的行动。至于多重或单一的选择，可用名词来显示排列，且应将同类的名词加以分组，以便用户归类。

③ 信息。提供给用户的信息应简洁、清楚地表示出来。信息内容应采用熟悉而简单的句子，且每句应确定句子完结的地方。一行的字数最好不超过 35 个。若必须以长而多的文字来提供信息时，应以空白行来分段，以小窗口来分组，切割成块状，以利于了解与记忆。重要字词可以采用粗体或闪烁来加强。

（3）颜色。文字应以同一颜色表示，除非是特殊的字词。活动对象的颜色与非活动对象的颜色应不相同。活动对象的颜色应鲜明，非活动对象的颜色应暗淡。以鲜艳色彩作为活动对象的前景，以暗色或浅色作为背景色。警告信息以红色表示，或以闪烁来引起注意。同一画面不要超过 4 种颜色，用不同层次及形状来配合颜色，增加变化。尽量避免将不兼容的颜色放在一起，如黄与蓝、红与绿或红与蓝等，作对比时可例外。以颜色来表示对象属性，如蓝色表示寒冷、绿色表示生态、红色表示警告等。

16.2 媒体库的创建与使用

在开发多媒体软件的过程中常常要用到某些相同的东西，如某个已设置好的图标或某组图标结构，这时使用库或者模块能够避免重复的设置与编辑。库和模块的基本功能类似，但它们又各有特点。库文件与程序之间是一种链接的关系，而不是将一个图标进行备份，因此在文件的保存上可以节省磁盘空间。模块的制作采用的是另外一种方式，它是将多媒体开发者经常使用的图标、按钮甚至是流程线的一部分制作成备份，在使用时可以直接添加。在Authorware 中，库的功能更像日常生活中使用的收藏夹，用户可以在库文件中添加图标，也可以对其进行移动、删除或更新。

16.2.1 库文件的使用

在使用库文件之前，必须先建立一个库文件。在建立库文件的同时， Authorware 会同时打开一个程序的设计窗口。用户可以在编辑程序之前建立库文件，也可以打开一个已经编辑好的程序来建立库文件。

打开"文件"菜单，然后单击"新建"子菜单下的"库"命令，Authorware 就会打开一个库文件窗口，如图 16.1 所示，新建的库文件窗口标题同样是"未命名"。

如果想根据某个程序来定制库文件，首先要打开这个程序，然后再新建一个库文件。下面我们打开网上资源"教材实例\第 16 章多媒体作品的组织和发行\库\创建库文件.a7p"程序文件，利用这个程序来制作库文件。如果希望将流程线中的"影片 1"图标保存为库文件，则可以直接用鼠标将它拖到右面的库文件窗口中，如图 16.2 所示。添加到库文件中的图标我们称之为库图标，在库图标的左侧显示一个链接标记，同时，该库图标的标题名与流程线上的图标标题名相同。

提示：流程线上的图标与库图标是一种链接的关系，流程线上的并没有被移走。

在库文件中只支持"显示"图标、"交互"图标、"声音"图标、"数字化电影"图标和"计算"图标，其他图标不能被制作为库图标。如果将其他类型图标拖曳到库文件中，则会弹出一个提示对话框。对于"计算"图标来说，也不是所有的"计算"图标都可以作为库文件。如果"计算"图标的文本框中有关于图标引用的语句，如"MediaPlay（@"IconTitle"）"，这样的

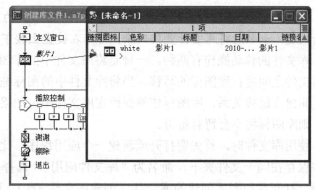

图 16.1　新建库文件　　　　　　　　图 16.2　添加库文件

"计算"图标将不能作为库文件。使用"计算"图标制作库文件，一般是用它来存储大量的语句和表达式。在库文件窗口中，可以添加多个图标，来组成更为丰富的库文件，这样的库文件才能体现出它的强大功能。

在一个程序下可以建立两个库文件，但不能将同一个图标保存于两个库文件中。保存库文件，可以单击"文件"菜单下的"保存"命令，Authorware 将弹出如图 16.3 所示的保存文件对话框。在"文件名"文本框中输入库文件的名称，如"创建库文件"，然后单击"保存"按钮，Authorware 就会把该库文件保存在指定的文件夹中了。在 Authorware 中，库文件的扩展名是.a7l。

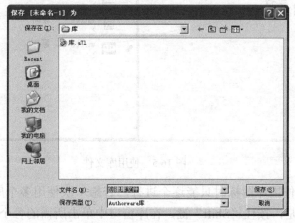

图 16.3　保存文件对话框

提示：如果没有保存库文件就直接单击设计窗口上的"关闭"按钮，Authorware 同样会弹出对话框提示你进行保存。

16.2.2　库的编辑

对 Authorware 库文件可以进行删除、移动、复制操作，另外，还可以对库文件进行各种各样的优化处理。

如果想将库文件中的图标删除，可以先选中它，然后再单击工具栏上的"剪切"按钮。

当单击该按钮后，Authorware 会弹出提示信息，如图 16.4 所示，提醒操作会断开链接，单击"继续"按钮，将执行删除操作。

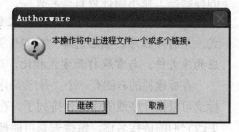

图 16.4　提示信息

提示：被剪切的库图标同样被暂时保存在系统的剪贴板上，可以单击"撤销"按钮进行恢复。如果想将库图标直接删除，可以在键盘上按下"Delete"键。

库文件的移动操作有两种，一种是将库文件中的库图标添加到程序中去，另一种是在两个库文件之间进行库图标的转移。当将库文件中的图标拖动到指定的程序中后，库图标与程序之间建立链接关系，库图标依然保留在库文件中。如果在两个库文件之间进行库图标的移动，则库图标将不会留有备份。

使用库文件时，首先要打开或新建一个应用程序。比如，我们创建一个新文件，与上一文件保存在同一文件夹下，命名为"库文件应用"，选择"文件"菜单"打开"下的"库"命令，打开我们刚才创建的库文件（创建库文件.a71），可以将库中的图标直接拖放到流程线上，也可以采用复制/粘贴操作来完成，如图 16.5 所示。采用移动方式与程序之间建立的是链接关系，在库图标前有链接标记，并且在流程线上对应的图标标题呈斜体字，如图 16.5 中的"影片 1"图标。如果采用复制/粘贴操作来使用库文件，则库图标会被复制到流程线上。如图 16.5 中的"定义窗口"图标，在库窗口中它前面没有链接标记，在流程线上图标标题为正常体，表明它不是链接的。

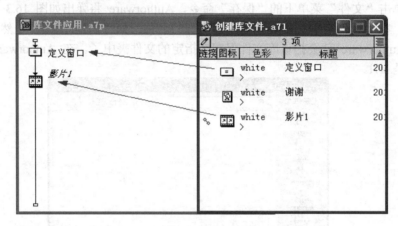

图 16.5　使用库文件

采用移动方法使用库图标时只能逐个进行，若想一次使用多个库图标，必须采用复制/粘贴的操作。方法是，按住"Shift"键，在库窗口中单击所需的各个图标，选择完后，选择"编辑"菜单下的"复制"命令，然后在流程线上单击目标位置，最后再单击"粘贴"按钮。注意如果要将流程线上的图标制作为库文件，则不能采用复制/粘贴的方法向库窗口中添加。除了以上库文件的编辑方式外，还可以对库图标进行排序、扩展/折叠、注释和读/写控制操作。打开库文件窗口，如图 16.5 右边部分所示，在列表框中有 3 个库图标，在窗口的标题栏上显示图标数目"3 项"。

提示：除了使用常规的库文件打开方式外，Authorware 还提供了另外一种打开方式。先打开程序，然后选择"窗口"菜单下的"函数库"命令，在弹出的子菜单中能找到对应的库文件。与常规打开方式相比，这种方式更为快捷，它省去了不必要的查找麻烦。

在标题栏的右侧有一个"升序/降序"按钮，如图 16.6 所示，单击该按钮，列表框中的图标就可以按升序或降序进行排列了。在库窗口的"链接名"列中是各个图标的链接名称，如果更改它们的链接名称，链接关系可能被断开。单击"链接"按钮，库图标将以链接与否进行排列，如图 16.6 所示，如果列表框中的图标与当前程序没有链接关系，这个按钮将呈灰色。

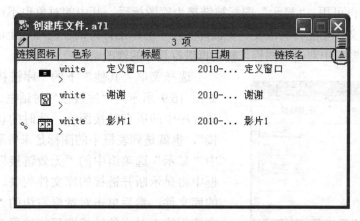

图 16.6 排序

提示：单击"图标"按钮后的升序排列顺序为"显示"图标、"交互"图标、"计算"图标、"数字电影"和"声音"图标。

在"升序/降序"按钮的上方还有一个按钮▤，该按钮具有折叠/扩展的功能，如图 16.7 中的黑圈所示。单击该按钮后，列表框中的库图标就会展开，再次单击后，图标又会折叠起来。如图 16.7 所示，用户可以在展开图标的">"符号旁边输入该库图标的主要内容和功能，它们作为该库图标的注释，便于以后使用。在标题栏的左侧，是库文件的读写状态按钮，如图 16.8 的黑圈所示，通常 Authorware 默认该按钮为打开状态，任何人都可以修改库文件。如果不想让别人更改库文件，可以单击该按钮使其变为只读状态。当该库文件变为只读状态时，该按钮的上方将出现一条斜线，如图 16.8 所示。注意如果库文件处于只读状态时，用户虽然能够修改，但却无法保存这种修改，这种设置对于网络上的多媒体开发者非常有用，它允许开发者随时使用库文件，但又能避免他们意外地改变库文件。

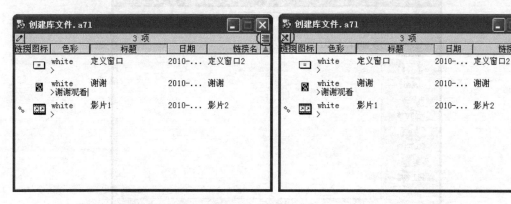

图 16.7　库图标的折叠/扩展及注释　　　　　　图 16.8　设置只读状态

16.2.3　库的更新

使用库的最突出的一个特点是它可以随时更新库文件。当很多程序中链接的库图标要进行改变时，只需更改对应的库文件，然后单击一下更新按钮就可以进行更新了。在这方面，模块则显得略逊一筹。当程序中的某些图标链接为库图标后，这些图标将不能进行编辑。例如，当"数字影片"图标链接为库图标后，打开数字影片图标属性对话框，其中的"导入"

按钮呈灰色,不再可用。"显示"图标被链接为库图标后,其中的对象也不可改变,只有通过更改对应的库文件才能将其改变。更改库文件中的库图标,同在流程线上的操作一样,用户可以直接在库窗口中双击库图标,然后再进行具体的修改。

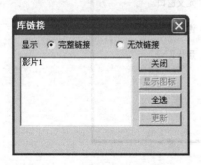

图 16.9 "库链接"对话框

选择菜单"其他"下的"库链接"命令,弹出如图 16.9 所示的"库链接"对话框。列表框中显示该程序中的所有链接图标,此时的状态是"完整链接",也就是列表框中的图标是未曾断开的。如果选中"显示"选项组中的"无效链接"单选框,列表框中将显示断开链接的库文件列表。选择列表框中的库文件,然后单击对话框右边的"更新"按钮,在流程线上对应的链接图标将被更新。如果想同时更新多个图标,可按住"Ctrl"键,然后在列表框中分别单击其他库图标。若要更新全部的库文件,可单击"全选"按钮,将所有的库文件全部选中,然后再单击"更新"按钮。

提示:如果单击列表框中的库图标,然后再单击"显示图标"按钮,Authorware 会将流程线上对应的按钮显示出来。

当遇到某种特殊的情况时,如库文件被改变路径或被删除,库文件就会断开链接,同时在链接图标的标题左侧出现一个断开标记。当程序被打开时,Authorware 会弹出一个"查找库"对话框,如图 16.10 所示。如果想将链接修复,可以浏览文件夹以查找丢失的库文件,找到库文件后单击对话框中的"打开"按钮即可将链接修复。

提示:如果库文件被删除,则无论用什么方法都不可能将其修复,这样程序中的链接图标将不能再使用。

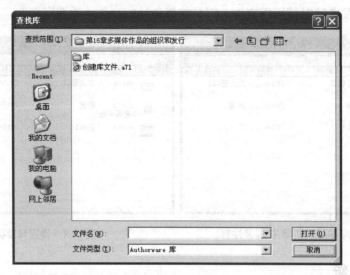

图 16.10 修复链接

【实例 16.1 中国经典故事】 该实例程序见网上资源"教材实例\第 16 章多媒体作品的组织和发行\库\中国经典故事\中国经典故事.a7p"。

这是一个库使用的例子。该路径下还有一个程序"中国经典故事(比较).a7p",可实现与程序"中国经典故事"相同的效果。但"中国经典故事(比较).a7p"文件的大小为

96KB，"中国经典故事"的文件大小为 18KB，从该例就可看出"库"的优越性了。

实例 16.1 的运行效果如图 16.11 所示。

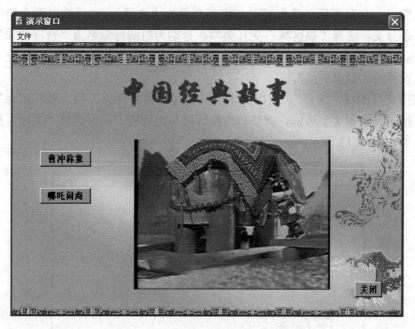

图 16.11 "中国经典故事"程序运行效果

实例 16.1 的程序如图 16.12 所示。

下面介绍实例 16.1 程序的主要设计步骤和方法。

（1）利用菜单"修改"→"文件"→"属性"命令设置程序的基本参数，选定分辨率为 640×480 像素。

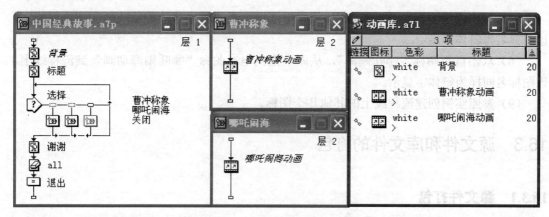

图 16.12 "中国经典故事"程序

（2）选择菜单"文件"→"新建"→"库"命令，新建一个库文件，拖动一个电影图标放入库中，将该电影图标命名为"曹冲称象动画"。双击该电影图标，在属性栏中单击"导入"按钮，将网上资源的文件"教材实例\第 16 章多媒体作品的组织和发行\库\中国经典故事\曹冲称象.mpg"导入。

（3）再拖动一个电影图标放入库中，用同样的方法在库中创建一个"哪吒闹海动画"的库文件。

（4）拖曳一个显示图标至流程线上，命名为"标题"，双击打开演示窗口，导入一张背景图片，并利用文本工具创建"中国经典故事"文字，设置合适的字体和大小。

（5）拖曳一个交互图标至流程线上，将其命名为"选择"。先后拖曳两个组图标到其右下方建立两条分支，选择"热区域"交互类型，分别为组图标命名为"曹冲称象"和"哪吒闹海"。再拖曳一个群组图标创建一条分支，命名为"关闭"，设置为"按钮"交互类型，响应分支方式设置为"退出交互"。

（6）双击交互图标"选择"，利用文本工具创建"曹冲称象"和"哪吒闹海"文字，并利用圆角矩形工具绘制文字边框，调整相应热区域与之适应。同时调整"关闭"按钮的大小和位置，效果如图 16.13 所示。

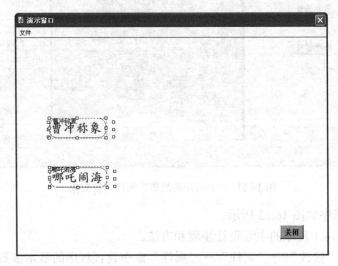

图 16.13 "中国经典故事"中交互图标演示窗口设置效果

（7）双击群组图标"曹冲称象"，从库中拖曳电影图标"曹冲称象动画"到流程线上，该图标名为斜体字显示。

（8）双击群组图标"哪吒闹海"，从库中拖曳电影图标"哪吒闹海动画"到流程线上，该图标名同样为斜体字显示。

（9）参照实例创建流程线上的其他几个图标。

16.3 源文件和库文件的打包

16.3.1 源文件打包

到目前为止，所建立的文件都是一种可编辑的程序，即源文件。这样的作品当然不可能在市场上发行。否则，只要用户拥有 Authorware 软件，他们就可以随意打开源程序进行浏览、模仿，你的成果也就无偿地对外公开了。而且，如果作品只是一个.a7p 文件，在计算机市场上也不可能畅销，因为要想使用它，用户必须拥有一套 Authorware 软件。为了解决这个问题，Macromedia 公司提供了文件打包功能，将文件打包后，作品就可以生成一个可执行的文件，该文件可脱离 Authorware 应用程序，在大多数的操作系统下正常运行。另外，它也成功地解决了软件的保密问题，从这种文件中不可能看到程序的源代码，也就无法进行仿制和利用了，这样便加强了文件的保密性能。

下面就来打包一个文件。首先打开或建立一个程序，然后选择菜单"文件"→"发布"→"打包"命令，弹出"打包文件"对话框，如图 16.14 所示。打开"打包文件"下拉列表框，表中显示了 Authorware 打包后的文件格式。

单击"无需 Runtime"选项，则文件打包后生成一个扩展名为 .a7r 的文件，这种文件通常很小，但它需要一个 Runtime 的应用程序来运行该文件；单击"应用平台 Windows XP,NT 和 98 不同"选项，则 Authorware 会把 RunA7w 文件内置在打包后的义件中，这样的文件就是可执行文件了，它可独立运行于 Windows XP、Windows NT 和 Windows 98 及以上系统。

图 16.14 "打包文件"对话框

🔊提示：在进行文件打包时，如果文件没有保存，Authorware 还会弹出一个保存文件对话框，提示进行保存。

Authorware 在"打包文件"对话框中为文件打包设置了 4 个选项，如图 16.14 所示。由于程序中的某个图标被剪切或被粘贴，图标的 ID 号有可能被改变，因此在程序打包时有可能断开链接，若选中"运行时重组无效的连接"复选框，则只要链接的标题没有改变，程序都能恢复断开的链接。

如果想将所有与当前应用程序有链接关系的库文件同时打包，可以选中"打包时包含全部内部库"复选框，这样生成的可执行文件在运行时将不再需要 Authorware 提供的库文件；选中"打包时包含外部之媒体"复选框，在文件打包时将把媒体链接方式转换为插入方式（但并不是所有的链接文件都能如此，只能采取插入方式的数字电影文件就不能转化为内部插入方式）。在打包文件时，如果要使打包以后的文件名仍然是当前的文件名，则可以选中"打包时使用默认文件名"复选框，如当前程序的文件名是 www.a7p，那么打包后生成的文件名称就是 www.exe。如果使用另外的文件名作为打包后的文件名，那么必须取消该复选框，在单击"保存文件并打包"按钮后，Authorware 会弹出一个对话框要求用户输入打包后的文件名。

两种格式打包时都要注意里面所用到的外部文件的路径，平时写程序时一般应采用相对路径，这样当包运行时才能较为方便。

Authorware 程序运行时，不论是打包文件还是未打包文件，都必须找到它所需要的外部引用文件，否则将出错，因此引用外部文件的路径要正确设置。

为了方便程序打包和可靠运行，一般在程序设计时要采用相对路径，所谓相对路径，即应用 FileLocation 变量保存的路径。

FileLocanon 变量保存的是当前执行文件所在的文件夹，也就是说无论当前执行文件放到什么路径下，FileLocation 变量总是保存该路径。因此，只要将需要引用的外部文件放在当前执行程序的同一目录下，设置文件引用路径为 FileLocation，则程序在当前运行以及打包后的运行中都不会出现找不到文件的错误。

例如，当前执行程序在"C:\Authorware7\showme\"目录中，将该程序引用的一个声音文件 001.midi 也放在此目录下，则引用时路径设置为：

FileLocation^001.midi

这样，程序运行时就能自动找到 001.midi 文件所在目录了。

Authorware 程序运行时，系统将在下列默认的路径中寻找引用的外部文件。

- Windows 9x 文件夹。
- Windows\system 文件夹。
- Authorware 7 文件夹。
- 用户第一次引入外部文件的文件夹。

另外，也可由用户指定搜索外部文件的路径，具体操作如下。

（1）选择菜单"修改"→"文件"→"属性"命令，打开文件属性面板。

（2）在"交互响应"选项卡中的"搜索路径"输入栏中输入指定的搜索路径，格式为"磁盘名：\目录\子目录"；若指定多个搜索路径，各路径之间用分号（；）隔开，如"e:\flash;music;"。

（3）单击"OK"按钮退出即可。

在进行文件打包时，打包对话框中有一个"打包时包含外部之媒体"选项，选择后表示将引用的外部多媒体文件打包到程序中。

在导入图像、文本、声音或动画、电影等文件时，有时在"导入哪个文件"对话框中选择了"链接到文件"选项。此时，导入的文件仍以外部多媒体文件的方式保存在程序文件的外部。因此，在打包时若选择了"打包时包含外部之媒体"选项，可将这些外部多媒体文件打包成程序内部文件。当打包成程序内部文件后，该文件就不必另外与程序一起发布了，因此减少了程序最终发布的文件数量；但是，打包到内部后将使程序文件增大，而且将来也不方便修改。

另外，能打包成内部文件的仅为图片，文本，MP3、WAV、SWA 格式的声音，以及FLC、位图动画和 MIDI 音乐；而 AVI、MPEG 格式的电影，以及 MOV、SWF、GIF 格式的动画仍只能以外部文件方式存在，在发布时要注意同时发布。

在利用电影图标引入视频文件播放时，最好先将视频文件复制到当前执行程序的同一目录下，此时引入视频文件时，文件引入路径自动设为"\视频文件名"。文件打包以后，将引用的视频文件与打包文件同时发布，让它们始终在同一目录下，则可保证程序运行时不会出现错误。

也可以在任意目录下引用，但最后还是要把视频文件与打包执行文件放在同一目录下，系统会自动转为相对目录，引入文件播放。

如果在程序设计中使用了 Xtras 插件，则需要将 Xtras 文件与程序文件一起发布，否则程序不能正常运行。Xtras 文件是不能被打包的，它必须单独发布，而且 Xtras 文件应该放在应用程序所在目录下的一个 Xtras 子目录中。

靠自己分析要完全搞清程序究竟用到了哪些 Xtras 文件是比较困难的。Authorware 7.0提供了一个查找命令，可自动找出程序中涉及的所有 Xtras 文件。

执行菜单"命令"→"查找 Xtras"命令，弹出"Find Xtras"对话框；单击"查找"按钮，系统将搜寻程序中用到的全部 Xtras 文件并将结果显示出来；单击"复制"按钮，在弹出的"浏览文件夹"对话框中选择一个目录，一般应选择当前程序所在的目录，然后单击"OK"按钮，此时搜寻得到的全部 Xtras 文件将复制到该目录下一个自动建立的 Xtras 目录中。

程序引用的外部 UCD 函数均对应有 U32 文件，这些文件要与程序文件一起发布，否则外部函数功能将无法实现。

根据程序需要，有时还要求把某些驱动文件、库文件、特殊字体文件等与应用程序一起发布，程序才能正常运行。

16.3.2 单独打包库文件

在进行打包时可能遇到下面的问题，即要打包的多数文件都要使用同一个库文件。如果把这些文件都采用上面的方式进行打包，不免有库文件被多次打包，这样就会浪费许多不必要的磁盘空间。为此，可以采取另外一种文件打包的方式，即单独打包库文件。将公用的库文件单独进行打包，这样，所有打包生成的文件将均可使用这个打包后的库文件。但要注意，当将一个库文件单独打包成一个文件时，必须将它与打包后的程序文件放在同一个文件夹中，或者在文件属性对话框的"搜索路径"文本框中指定打包的库文件所在的正确路径。只有这样设置，在程序运行时，程序才能找到所要的库文件。将库文件单独打包，可减小执行文件的长度，也便于将来修改。特别是当有多个发布文件都含有相同的库文件链接时，可将库文件单独打包提供给所有文件共用。单独打包的库文件以 a7e 为后缀。

下面介绍单独打包库文件的方法。选择"文件"→"打开"→"库"命令，在弹出的文件浏览框中选择需要打包的库文件（.a7l），单击"发布"→"打包"按钮，此时屏幕上弹出"打包库"对话框，如图 16.15 所示，单击"保存文件并打包"按钮，Authorware 将开始进行库文件打包。

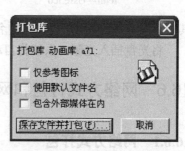

图 16.15　"打包库"对话框

🔔提示：选中"仅参考图标"复选框，Authorware 将只把与当前程序相链接的图标打包。选中"使用默认文件名"复选框，Authorware 将默认库文件名为程序的名称，并且在文件后面加上.a7e 扩展名。

注意，Authorware 库文件的扩展名为.a7l，如动画库.a7l，打包后对应的库文件名称为动画库.a7e。

将文件打包后，接下来就可以将该作品进行发布，在正式发布之前，最好检验一下打包后的文件是否能正常运行。最简单的检验方法是直接在 Windows 环境下运行打包后的文件，看运行是否正确。如果不能正常运行，程序会弹出信息，提示程序缺少哪个文件，或有哪个文件没有链接上。此时必须返回源程序，将丢失的文件重新链接上，然后再进行打包。

16.4　文件发行的随行文件

源程序文件打包后成为可独立运行的运行文件，但其用到的以下相关文件要与程序一起发布。

（1）程序中用到的所有 Xtras 插件文件（.x32）。

（2）程序中引用的 UCD 外部函数文件（.u32）。

（3）外部方式存在的多媒体文件（.avi、.mpg、.midi、.swf 等文件）。

（4）新的字体文件（.ttf 文件）。

（5）程序中用到的图像、声音数据的支持文件（.x32）。

（6）单独打包的库文件（.a7e 文件）。

（7）电影、动画播放的支持与驱动文件（.xmo 文件）。

（8）只是链接到应用程序的其他文件。

16.5　多媒体光盘的自运行

　　程序打包工作完成后，试运行无误，即可将程序进行刻录。在刻录之前，一定要将准备刻录的所有支持文件、外部函数文件，以及必要的驱动文件和字库文件等准备好，并按要求放到相应的位置，然后将准备好的文件全部刻录到光盘上。

　　在光盘根目录下再刻一个 AutoRun.inf 文件，文件内容为：

```
[autorun]
Open＝Usre.exe
   Icon＝Usre.ico
```

其中，User.exe 为用户程序文件名，User.ico 为光盘的图标。

　　将光盘插入光驱，系统将自动运行用户程序。

16.6　网络方式打包和网络发行方式

16.6.1　网络方式打包

　　Authorware 支持程序文件在网络环境中运行并且提供了网络打包工具"Web 打包"。下面介绍将程序发布到网上的操作步骤。

　　（1）打开网上资源"第 16 章多媒体作品的组织和发行\库\中国经典故事\中国经典故事.a7p"程序文件，将该程序文件首先打包成 a7r 格式文件（选择"无需 Runtime"方式进行打包）。

　　（2）执行菜单"文件"→"发布"→"Web 打包"命令，启动"Select File To Package For Web"对话框，并在弹出的文件浏览框中选择"中国经典故事"文件，如图 16.16 所示。

图 16.16　选择打包文件

（3）单击"打开"按钮，弹出"Select Destination Map File"对话框，指定生成的映像文件（.aam 文件）的保存位置，如图 16.17 所示。

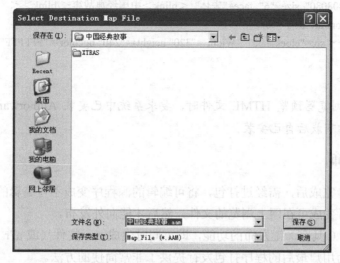

图 16.17　映像文件保存位置

（4）单击"保存"按钮，弹出"Segment Settings"对话框，为打包文件设置分段大小及文件名前缀（默认为对应 a7r 文件名的前 4 个字母），如图 16.18 所示。设置完毕，单击"OK"按钮，开始对文件分段打包。

（5）打包结束，系统自动打开映像文件（.aam 文件），显示出打包的结果，如图 16.19 所示。

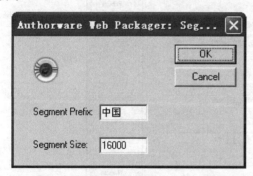

图 16.18　设置分段大小及文件名前缀　　　　图 16.19　.aam 文件

在.amm 文件中各项的意义如下。

● ver：声明 Authorware Web 打包的版本号。
● get：指定映像文件和外部文件在 HTTP 服务器中的位置。
● put：指定外部文件下载的路径。
● seg：显示可用的分段文件（.aas）。
● lib：显示库文件链接信息（如无库文件则不显示该参数）。
● bin：指定所需的各种外部文件（如无外部文件则不显示该参数）。
● opt：设置网络运行参数。
● Comment：以"#"开头的注释行，提供映像文件或程序的注释信息。

（6）使用 EMBED 标记，将 aam 文件嵌入到一个 HTML 文件中，例如：

```html
<html>
<td align="center"><font
color="#008080" size="6" face="宋体" <blink>中国经典故事</blink></ font><p>使用 IE
浏览 Authorware 例子<br>
<embed><src="clock.aam" Width="320" height="240" bgcolor="FFFFFF">
</ td>
</ html>
```

提示：用浏览器预览 HTML 文件时，要求系统中已安装 Authorware Web Player 程序，读者可从网站下载后自己安装。

16.6.2　一键发布

应用程序设计完成后，需经过打包，将可编辑的源程序变成不可编辑的、能独立运行的可执行文件，或者变成可在网上浏览的文件，然后才能向外发布。

Authorware 7.0 具有一键发布的功能，即可同时生成 exe 文件（或 a7r 文件）、aam 文件和 htm 文件，这为用户最后的程序打包发行提供了非常简便的方法。

下面介绍一键发布的基本操作步骤。

（1）选择菜单"文件"→"发布"→"发布设置"命令，打开"One Button Publishing"对话框。设置"Formats"选项卡中的选项，如图 16.20 所示。

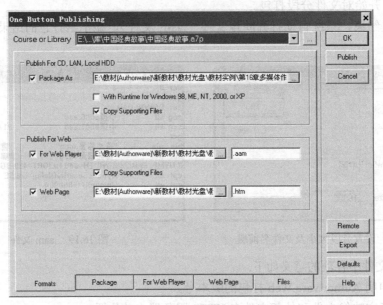

图 16.20　Formats 选项卡设置

● 在"Course or Library"文本框中设置要发布的.a7p 文件的完整路径及文件名。
● 在"Package As"文本框中设置打包后的.a7r 文件保存的位置。
● 选中"Copy Supporting Fils"复选框，将程序中用到的所有支持文件自动打包并放入相应文件夹中。
● 选中"With Runtime for Windows 98,ME,NT,2000,orXP"复选框，将生成可独立运行于 Windows 98、ME、NT、2000、XP 等系统中的可执行文件（.exe 格式）。

● 选中"For Web Player"复选框，设置网络播放的 aam 映像文件的保存位置。

● 选中"Web Page"复选框，设置网页应用 htm 文件的保存位置。

（2）设置"Package"选项卡中的选项，如图 16.21 所示。

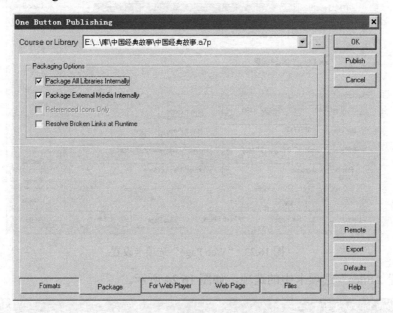

图 16.21 "Package"选项卡设置

（3）设置"For Web Player"选项卡中的选项，如图 16.22 所示。

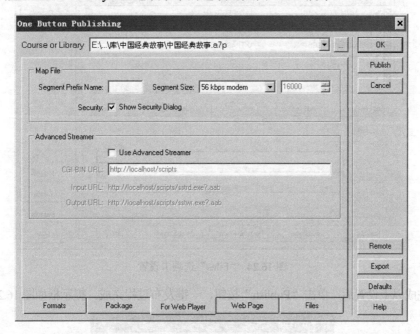

图 16.22 "For Web Player"选项卡设置

（4）设置"Web Page"选项卡中的选项，如图 16.23 所示。

● 在"Template"选项组中设置 HTML 模板及名称。

● 在"Playback"选项组中设置网页大小、背景色、播放程序及窗口风格。

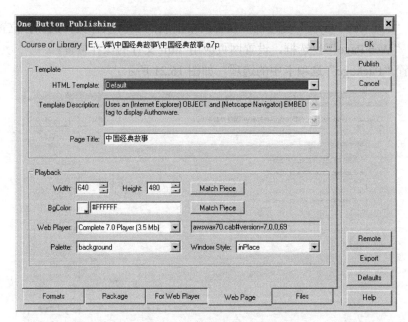

图 16.23 "Web Page"选项卡设置

（5）设置"Files"选项卡中的选项，如图 16.24 所示。

图 16.24 "Files"选项卡设置

（6）完成以上设置后，单击"Publish"按钮，一键发布过程完成。提示框如图 16.25 所示。

图 16.25 一键发布过程完成提示框

单击"Preview"按钮可预览网页画面。

单击"Details"按钮可展开对话框显示详细信息。

单击"OK"按钮发布成功，退出对话框。

实际上，如果用户默认以上各项设置，只需选择"文件"→"发布"→"一键发布"命令，程序即可立即进入一键发布过程。

16.6.3 批量发布

所谓"批量发布"，即一次可将多个被选中的程序文件同时发布，下面介绍具体的操作步骤。

（1）执行菜单"文件"→"发布"→"批量发布"命令，弹出批量发布对话框。

（2）单击"Add"按钮，在弹出的文件浏览框中选择需要批量发布的.a7p 文件。单击"打开"按钮，将所选文件添加到批量发布列表框中，如图 16.26 所示。

（3）单击"Publish"按钮，即以默认方式发布所有文件，发布成功提示框如图 16.27 所示。

图 16.26　添加批量发布文件

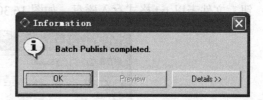

图 16.27　批量发布成功提示框

（4）单击"Details"按钮，展开对话框显示出全部详细信息，如图 16.28 所示。

图 16.28　详细信息

（5）单击"Files List"按钮，显示出生成文件的路径及文件名清单列表，如图 16.29 所示。

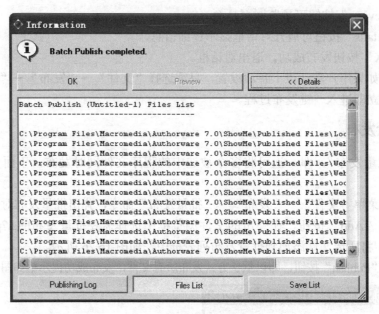

图 16.29　生成文件清单信息

（6）单击"Save List"按钮，弹出存储文件列表对话框，输入文件名，单击"保存"按钮，文件表以.txt 格式存入磁盘，如图 16.30 所示。

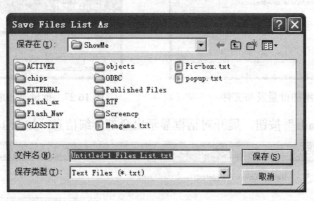

图 16.30　存储文件信息

"一键发布"和"批量发布"均具有一次性完成生成多种发布文件的功能。当只需要生成脱离原环境独立运行的执行文件时，还是应考虑 Authorware 的打包功能。

16.7　多媒体开发时应注意的问题

如果读者掌握了前面所讲述的内容，一般来说就可以独立进行一些程序的编辑了。但是对于完成某个课题，或是完成一个大型多媒体软件的开发，难免会遇到许多问题。其中有些问题是随机产生的，而有些问题却是必然会出现的，应当引起注意。

接手一项任务后，首先要弄清任务需求和任务内容，然后才能考虑用什么功能来实现。其次，还要为程序搭好框架，程序流程越明晰，软件出现的错误才会越少。最后，你才能考虑细节部分，如某个过程怎么实现、用什么样的控制方式、材料怎么处理等。

多媒体软件在运行时，有些画面或动画演示得不是很流畅，甚至有时会让观众等待很久。这是因为，在多媒体作品中一般要集成图像、动画、视频等文件，这些类型的文件大至数兆字节甚至上百兆字节，在运行时需要花费很多的时间。因此，在制作多媒体软件时，应尽量压缩这些类型的文件，特别是动画和视频，使用时要少而精，能够表现主题即可。如果计算机硬件的配置较高，也可以避免这方面的问题。

对大型多媒体软件的制作，还有一种普遍采用的技巧，就是尽量多使用子程序，这样会大大提高主程序的运行效率，同时还会使程序编辑更加条理化。在主程序中，一般使用"JumpFileReturn("filename", "variable1, variable2, …","folder")"函数进行调用就可以了。应当注意的是，如果调用的程序不是 Authorware 的生成文件，或者不是同一个版本的 Authorware 制作的可执行文件，此时就需要使用"JumpOutReturn("program", "document", "creator type")"函数来调用。与前一函数不同的是，JumpOutReturn 函数重新启动了另外的一个应用程序，在 Windows 下将打开另外的一个窗口，此时子程序与主程序同时运行，互不影响。

在素材的使用上，如图片、声音等，如果直接将它们嵌入文件，可以防止他人进行改动，同时还能避免文件路径上出现的问题。但大量使用这种方式，最后打包的文件就会很大，系统在运行时速度将变得很慢。因此，在制作大型多媒体作品时，最好对文件进行链接，如链接声音、链接图片等。

在文件打包发布时，还要将 Authorware 的库函数一并交给用户，否则多媒体程序不能正常运行。这个库函数包含在软件下的 Xtras 目录中。例如，在程序中如果使用了 bmp 格式的文件，那么在库函数中必须要有 bmpview.x16 或 bmpview.x32 文件；同样，如果程序中插入了 WAV 格式的声音文件，wavrade.x32 文件或 wavrade.x16 文件在库函数中就必不可少了。如果磁盘空间不紧张的话，最好将整个 Xtras 目录内的所有函数全部复制。需要注意的是，Xtras 目录必须与可执行文件在同一路径下。

另外，如果在多媒体作品中使用了 AVI、MPEG 等格式的文件，在磁盘的根目录下还应包含动画驱动程序文件，这种文件的扩展名为 XMO。例如，在程序中使用了 MPEG 格式的文件，那么在磁盘的根目录下必须有 a7mpeg16 文件或 a7mpeg32 文件。程序中如果使用了多媒体扩展函数，在根目录下还要有相应的 UCD 文件。如果觉得太麻烦的话，可以将 Authorware 7.0 目录下的所有驱动程序复制到可执行文件下。

多媒体软件如果需要在视频播放机上演示，在可执行文件的路径下还必须有视频驱动程序，它们的扩展名为 VDR，如 a7sony32.vdr 和 a7pion32.vdr 等。

最后还要提到的是"GoTo(Icon ID @ " IconTitle ")"函数的使用问题。对于初学者来说，GoTo 函数灵活多变，可以说是指哪儿打哪儿。但 GoTo 函数的使用往往会带来许多问题，如使结构产生混乱，画面跳转错误等。因此，用户最好不要过多使用这个函数，使用框架图标和导航图标往往会收到更好的效果。

本 章 小 结

本章主要介绍了多媒体程序发行的过程、方法，以及一些设计原则。读者通过对本章的学习，可以制作完整的单机环境下和网络环境下的多媒体程序。

练　习

一、简答题

1. 多媒体程序开发的步骤是什么？
2. 设计多媒体程序时应遵循哪些设计原则？
3. 多媒体程序屏幕设计的原则是什么？
4. 发行作品时，是否需要附带已引入 Authorware 程序内部的素材？
5. 什么样的素材适合放在 Authorware 程序以外？
6. 放在 Authorware 程序以外的素材怎样与 Authorware 程序建立链接？
7. 发行作品时，是否需要附带放在 Authorware 程序以外的素材？
8. 将素材组织在库中有什么优点和缺点？
9. 向库中引入素材有哪几种方法？
10. 文件打包时，在打包对话框中选择"无需 Runtime"选项或"应用平台 WindowsXP，NT 和 98 不同"选项时有什么区别？
11. 发行作品时通常需要提供哪些文件？
12. AVI 视频的驱动文件是什么？在哪里得到这个文件？
13. 发行作品时为什么要附带 Xtras 文件？
14. 实现"内部"类过渡效果是否需要相应的 Xtras 文件？
15. 从哪里得到上述问题中提到的 Xtras 文件？
16. 将程序设计成调用程序和被调用程序有什么优点？
17. 跳转函数 JumpFile 与 JumpFileReturn 有什么区别？
18. 如果调用文件和被调用文件不在同一个文件夹中，应当怎样给出跳转函数的参数？
19. 被调用文件还可以调用其他文件吗？
20. 被调用文件只能被一个调用文件调用吗？
21. 发行作品时调用文件和被调用文件都需要打包吗？
22. 调用非 Authorware 文件使用什么跳转函数？
23. 什么是自运行光盘？它有什么优点？
24. 怎样制作自运行光盘？

二、上机操作题

将前面章节的实例进行打包和网络发布。

参 考 文 献

[1] 毕广吉. Authorware 变量、函数、控件手册与范例. 北京：电子工业出版社，2003.

[2] 尹功勋. Authorware 实用操作 500 问. 北京：人民邮电出版社，2003.

[3] 朱诗兵，等. Authorware 与多媒体编程. 北京：清华大学出版社，2001.

[4] 魏建华. Authorware 6.5 教程. 北京：北京希望电子出版社，2003.

[5] 许书明. Authorware 6.5 实用培训教程. 北京：清华大学出版社，2003.

[6] 高志清. Authorware 课件制作动态指导. 北京：机械工业出版社，2003.